经典原创军事科普丛书

一本书看懂
枪械基础知识

王 洋 编著

机械工业出版社
CHINA MACHINE PRESS

《一本书看懂枪械基础知识》从枪械的分类和布局讲起，详尽解读了枪械的闭锁、退壳、复进、发射与击发机构，供弹、膛口和瞄准装置，自动方式，内外弹道与瞄准原理，以及枪弹构造与分类；系统介绍了枪械性能评价方法和常见枪械故障及排障方法。此外，还专门剖析了AK系列步枪、M16系列步枪、GLOCK系列手枪等众多经典型号。

本书力求使每一位对枪械感兴趣的朋友，都能以相对轻松、愉悦的方式，科学、系统地了解枪械的方方面面。本书既适合作为枪械爱好者的科普读物，也适合作为高等院校枪械相关专业师生的教辅读物，还适合作为枪械相关行业从业者的工具书。

图书在版编目（CIP）数据

一本书看懂枪械基础知识 / 王洋编著 . —北京：机械工业出版社，2022.7（2025.4 重印）
（经典原创军事科普丛书）
ISBN 978-7-111-71065-3

Ⅰ . ①一…　Ⅱ . ①王…　Ⅲ . ①枪械—世界—通俗读物
Ⅳ . ① E922.1-49

中国版本图书馆 CIP 数据核字（2022）第 119826 号

机械工业出版社（北京市百万庄大街 22 号　邮政编码 100037）
策划编辑：孟　阳　　　　责任编辑：孟　阳
责任校对：史静怡　王　延　封面设计：柴志宏
责任印制：张　博
北京利丰雅高长城印刷有限公司印刷
2025 年 4 月第 1 版第 12 次印刷
169mm×239mm ・16 印张 ・328 千字
标准书号：ISBN 978-7-111-71065-3
定价：99.90 元

电话服务　　　　　　　　　网络服务
客服电话：010-88361066　机　工　官　网：www.cmpbook.com
　　　　　010-88379833　机　工　官　博：weibo.com/cmp1952
　　　　　010-68326294　金　　书　　网：www.golden-book.com
封底无防伪标均为盗版　机工教育服务网：www.cmpedu.com

重要知识点索引

读者朋友请注意：图片注释中的“×.×.×/P××”代表知识点对应的正文标题号和页码，以“扳机保险 10.3.2/P161”为例，“10.3.2”是正文标题号，“P161”是正文页码。

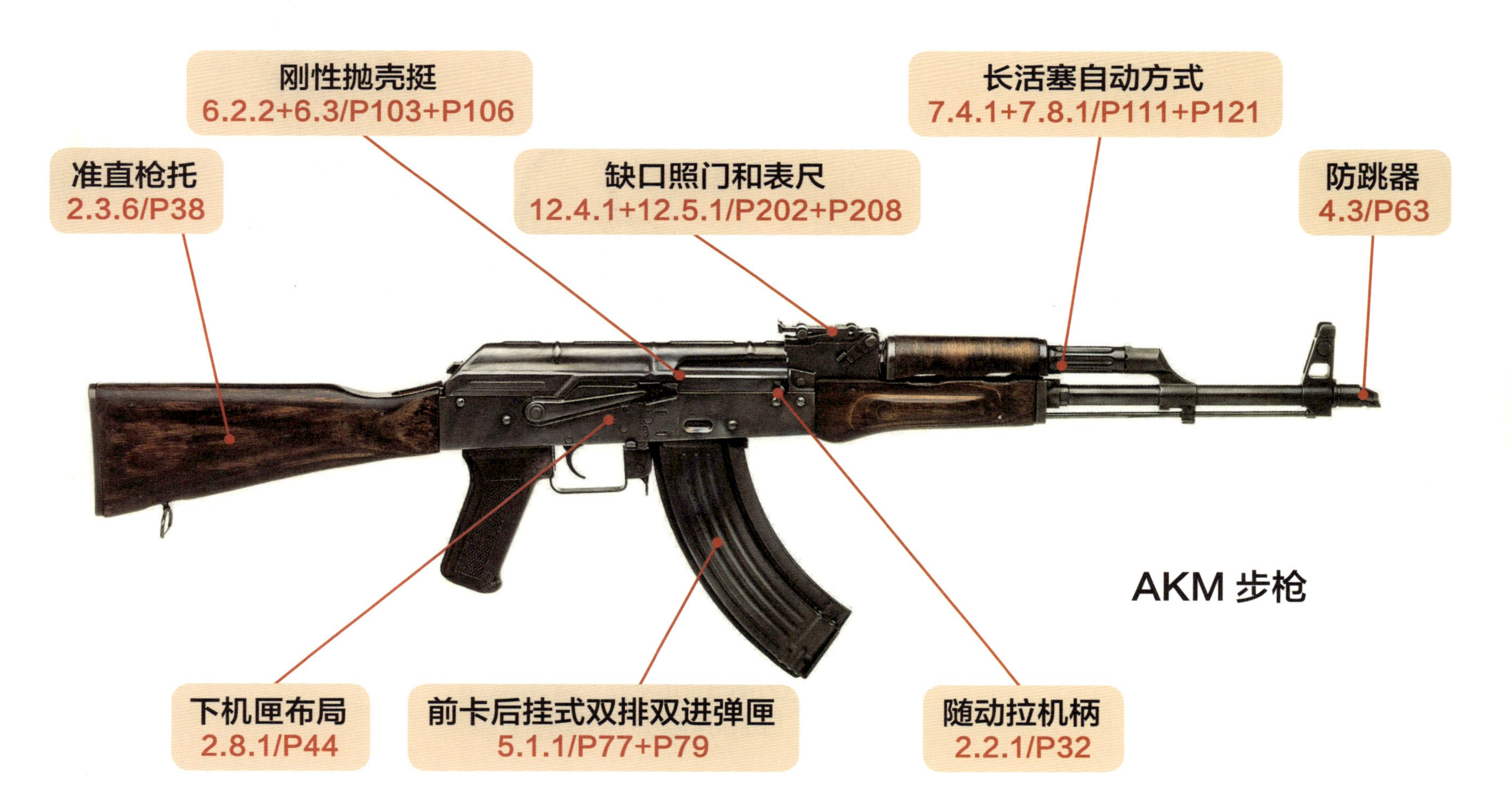

刚性抛壳挺
6.2.2+6.3/P103+P106
长活塞自动方式
7.4.1+7.8.1/P111+P121
准直枪托
2.3.6/P38
缺口照门和表尺
12.4.1+12.5.1/P202+P208
防跳器
4.3/P63
下机匣布局
2.8.1/P44
前卡后挂式双排双进弹匣
5.1.1/P77+P79
随动拉机柄
2.2.1/P32

AKM 步枪

直接导气式自动方式
7.4.3+7.8.3/P114+P124
上下机匣布局
2.8.2/P45
消焰器
4.7.2/P69
枪机回转式闭锁机构
8.3.1+8.5.4/P129+P138
觇孔式照门和表尺
12.4.1+12.5.2/P202+P209
直插式双排双进弹匣
5.1.1/P77+P79
单 / 连发（点射）发射机构
10.2.1+10.4.2/P155+P167
直枪托
2.3.6/P38

M16 步枪

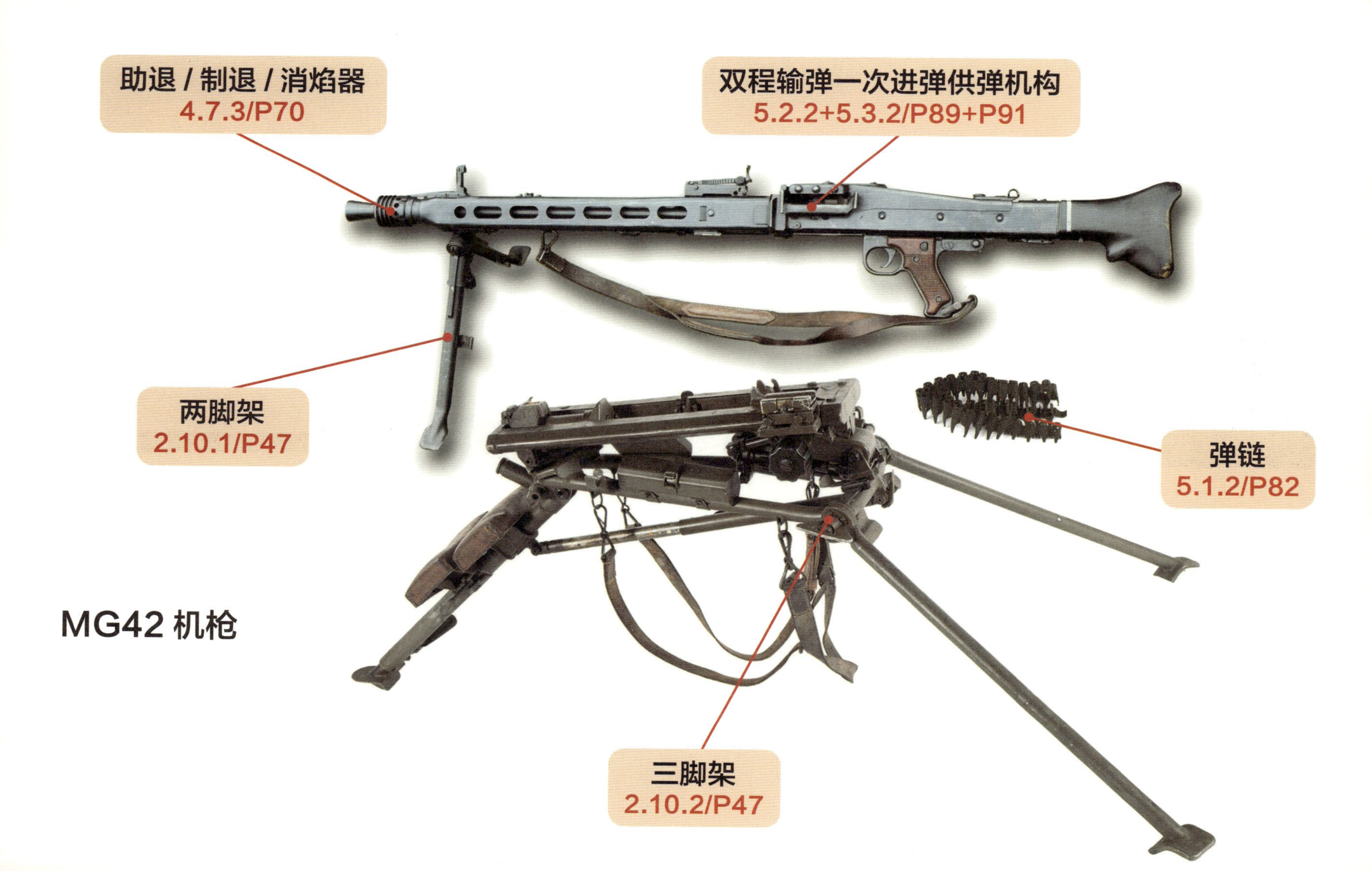
助退 / 制退 / 消焰器
4.7.3/P70
双程输弹一次进弹供弹机构
5.2.2+5.3.2/P89+P91
两脚架
2.10.1/P47
弹链
5.1.2/P82
三脚架
2.10.2/P47

MG42 机枪

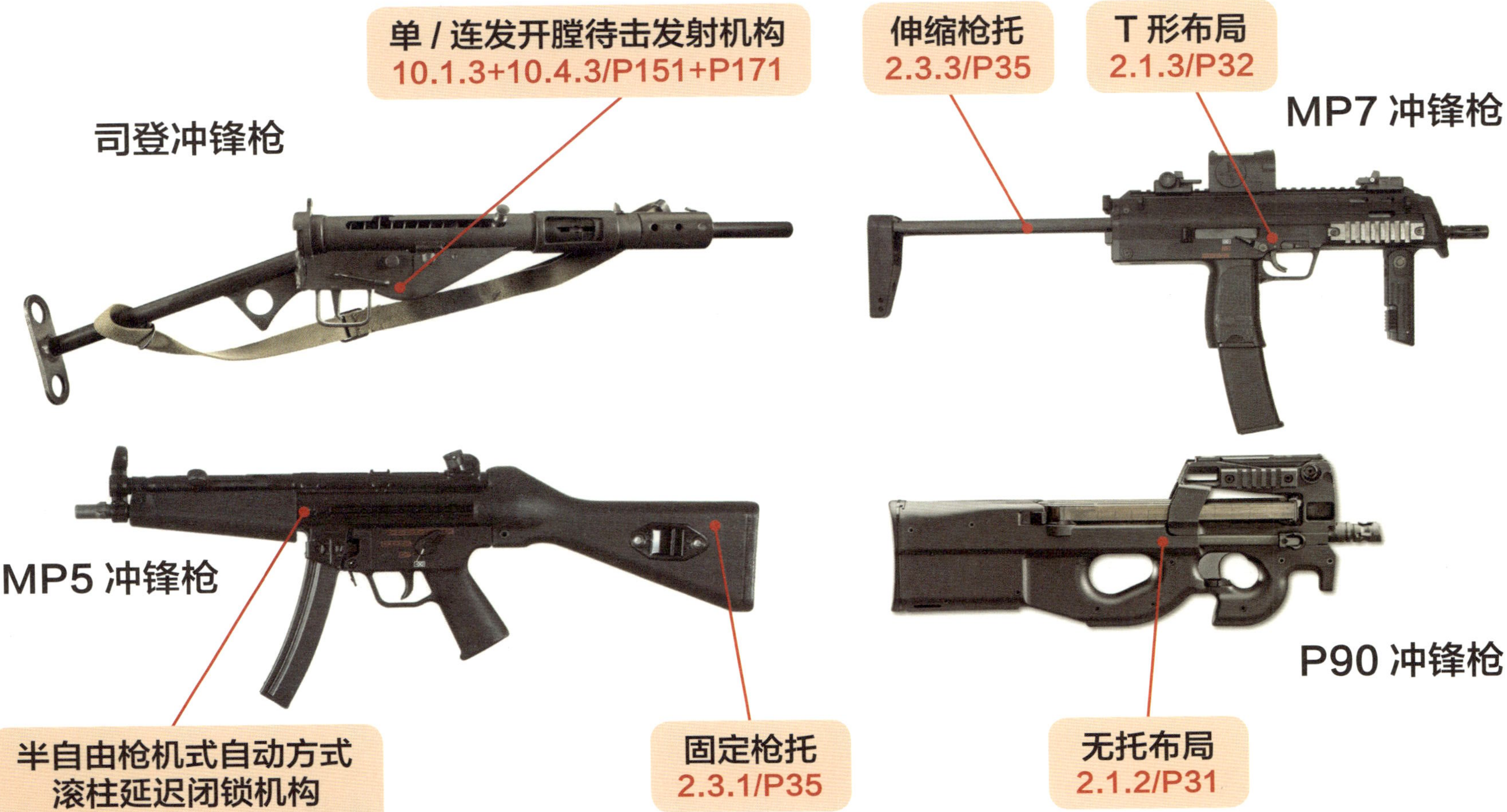
单 / 连发开膛待击发射机构
10.1.3+10.4.3/P151+P171
司登冲锋枪
伸缩枪托
2.3.3/P35
T 形布局
2.1.3/P32
MP7 冲锋枪
MP5 冲锋枪
半自由枪机式自动方式
滚柱延迟闭锁机构
8.2.2+8.5.2/P127+P132
固定枪托
2.3.1/P35
无托布局
2.1.2/P31
P90 冲锋枪

SVD 狙击步枪
贴腮板
2.3.5/P36
PSO-1 光学瞄具
12.4.2+12.5.4/P203+P211
分体式护木
2.5.2/P41
毛瑟 98 步枪
枪机回转式闭锁机构
8.3.1+8.5.3/P129+P136
弹仓
5.1.1/P74
一体式护木
2.5.1/P40

枪械自动 / 非自动方式与闭锁机构的对应关系

自动方式	分类	闭锁机构	典型枪械	备注
导气式	长活塞	枪机回转式闭锁机构	苏联 AKM 步枪、PKM 机枪	目前绝大多数机枪的典型设计
		枪机偏移式闭锁机构	捷克 ZB26 机枪	
		卡铁摆动式闭锁机构	美国 M240/ 比利时 MAG 机枪	
		闭锁片撑开式闭锁机构	苏联 DP28 机枪、RPD 机枪	
	短活塞	枪机回转式闭锁机构	德国 HK416 步枪、G36 步枪、奥地利 AUG 步枪	目前绝大多数步枪的典型设计
		枪机偏移式闭锁机构	苏联 SKS 步枪、比利时 FAL 步枪	
		卡铁摆动式闭锁机构	捷克 VZ58 步枪	
		闭锁片撑开式闭锁机构	较少见	
	直接导气式	枪机回转式闭锁机构	美国 M16 步枪	
		枪机偏移式闭锁机构	法国 MAS49 步枪	
		卡铁摆动式闭锁机构	较少见	
		闭锁片撑开式闭锁机构	中国 77 式机枪	
管退式	枪管短后坐	枪管回转式闭锁机构	意大利 P×4 手枪、中国 92 式手枪	
		枪管偏移 / 摆动式闭锁机构	奥地利 GLOCK17 手枪、美国 M1911 手枪	目前绝大多数手枪的典型设计
		卡铁摆动式闭锁机构	德国 C96 手枪、P38 手枪	
		肘节闭锁机构	马克沁机枪、德国鲁格手枪	
		滚柱闭锁机构	德国 MG42 机枪、捷克 CZ52 手枪	
		枪机回转式闭锁机构	德国 MG34 机枪、苏联 KPV 机枪	
	枪管长后坐	枪机回转式闭锁机构	法国绍沙轻机枪	
枪机后坐式	自由枪机式	惯性闭锁机构	德国 PPK 手枪、MP40 冲锋枪、以色列乌齐冲锋枪	曾经是绝大多数冲锋枪的典型设计
	半自由枪机式	机械延迟 – 滚柱延迟闭锁机构	德国 MP5 冲锋枪、G3 步枪	
		机械延迟 – 杠杆延迟闭锁机构	法国 FAMAS 步枪	
		机械延迟 – H 型滑块延迟闭锁机构	美国汤姆逊 M1928 冲锋枪	
		气体延迟闭锁机构	德国 P7 手枪	
非自动	栓动	枪机回转式闭锁机构	德国毛瑟 98 步枪、苏 / 俄莫辛 – 纳甘步枪	两次世界大战时期步枪的典型设计
	泵动	卡铁摆动式闭锁机构	美国雷明顿 M870 霰弹枪	

前言

我就是你熟悉的“晓枪老王”。老王既是千千万万枪械爱好者中的普通一员，也是千千万万默默为轻武器科研事业添砖加瓦的工作者中的普通一员。老王是幸运的，儿时的志趣贯穿了求学之路，本、硕、博都遨游在枪械的“海洋”里，专业的教育，让老王掌握了系统的知识与方法；前辈的教诲，让老王坚定了前行的信念。

本着分享知识的初衷，老王创办了“晓枪”微信公众号，得到了很多朋友的关注与支持，越来越多志趣相投的轻武器爱好者，通过“晓枪”相识相知，这让老王备感欣慰。与此同时，老王也意识到，自媒体平台并不是完美的知识载体，碎片化的信息传播方式，很难帮助刚“入坑”的爱好者们构筑起全面的知识体系，更无法帮助他们掌握严谨的认知方法。于是，老王编写了《一本书看懂枪械百年史：从无烟火药到理想单兵战斗武器》（以下简称《枪械百年史》）这本书，希望从知识体系和认知方法的角度，为爱好者们描摹一幅展现枪械演变动因的历史图景。

然而，《枪械百年史》中涉及的很多术语、构造、原理方面的枪械基础知识，对很多爱好者而言，仍然存在一定的“认知门槛”，很多读者朋友在阅读过后，可能仍旧是“知其然而不知其所以然”。因此，越来越多的读者朋友向老王提出建议，希望老王将发表过的碎片化的枪械基础知识文章集结成集，形成一本体系完整的“枪械入坑指南”。这让老王萌生了编写这本《一本书看懂枪械基础知识》的想法。鉴于国内外没有类似构思的参考作品，老王希望自己能担起一份责任，为爱好者们打造一把开启“枪械世界”大门的钥匙。

《一本书看懂枪械基础知识》从枪械的分类和布局讲起，以相对专业、严谨的视角与口吻，详尽解读了枪械的闭锁、退壳、复进、发射与击发机构，供弹、膛口和瞄准装置，自动方式，内外弹道与瞄准原理，以及枪弹构造与分类；系统介绍了枪械性能评价方法和常见枪械故障及排障方法。此外，还专门剖析了 AK 系列步枪、M16 系列步枪、GLOCK 系列手枪等众多经典型号。老王希望这本书能让每一位刚“入坑”的爱好者，以相对轻松、愉悦的方式，科学、系统地了解枪械的方方面面。

此外，老王还希望这本书能成为枪械专业学弟学妹们的教辅读物。作为“过来人”，老王深知枪械专业教材的“软肋”：知识密度大、行文抽象、图表简略。对很多学弟学妹而言，专业教材可能并不是理想的学科入门读物。老王在这本书中运用了大量三维建模图和实拍照片来讲解复杂的结构、过程和原理，所选实例也更为新颖。在老王看来，这本书会成为枪械专业教材的有效补充。

为方便不同需求的读者朋友快速检索知识点，老王为这本书梳理了两套目录：一套是文字目录，读者朋友可以按传统章节检索对应内容；另一套是基于 GLOCK17 手枪、M16 步枪等经典型号的图片目录，读者朋友可以通过引线注释检索对应内容。

最后，老王愿你有一个豁然开朗的“懂枪”之旅。

目 录

第 4 章 膛口装置 /59

枪械如何抑制后坐力、枪口焰和射击噪声？

第 5 章 供弹装置与进输弹机构 /74

枪械如何从供弹具中取出枪弹？

第 6 章 退壳机构 /100

枪械如何将弹壳抛出枪外？

第 7 章 自动方式与非自动方式 /109

枪械如何实现自动射击？

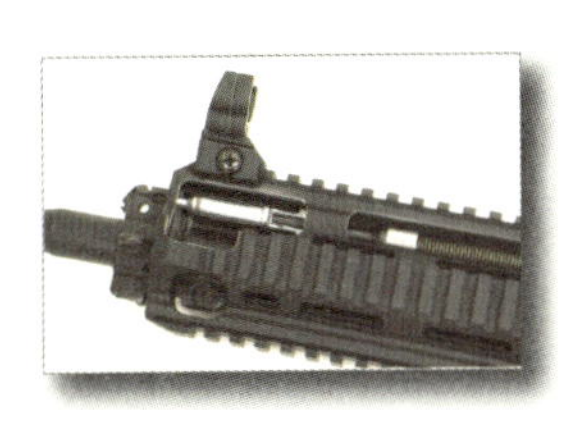

第8章 闭锁机构 /126

枪械如何让枪管实现密封？

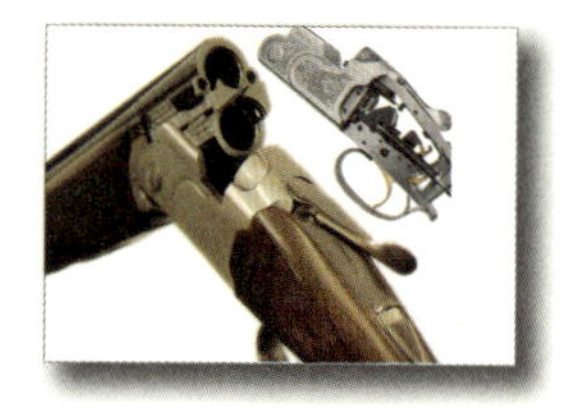

第9章 复进机构 /146

枪械的自动机如何复进？

第10章 发射与击发机构 /150

枪械如何切换单连发模式？

第11章 枪弹 /174

枪弹如何杀伤目标？

第 12 章　弹道与瞄准　/192

射手如何瞄准目标？

第 13 章　枪械性能评价　/214

如何判断枪械的性能优劣？

第 14 章　枪械故障与排障　/231

枪械通常会发生哪些故障？

Chapter 1

第 1 章

枪械分类

如何分类识别枪械？

枪械可以大致分为手枪、步枪、冲锋枪、机枪四个大类。其中，手枪是唯一的辅助武器，而不是主战武器。就体积、重量而言，机枪 > 步枪 > 冲锋枪 ≫ 手枪。

1.1 手枪

手枪是一种外形小巧、便于随身携带的枪械，主要使用手枪弹。手枪大多没有枪托，无法抵肩射击，射手只能单手或双手握持射击，射击时的稳定性不佳。因此，手枪的射击精度往往十分有限，理论有效射程在 50 米左右，实际有效射程只有十余米，甚至是 10 米之内（图 1-1）。

手枪可以按原理分为自动手枪和转轮手枪两大类。

图 1-1　现代手枪射击训练中，枪靶距离之近，可能超出很多人的想象

1.1.1　按照原理划分

1. 转轮手枪

转轮手枪的英文写作“Revolver”，它是一种人力驱动的非自动武器。转轮手枪轮巢的旋转、击锤的下压等动作，本质上都是由人力手动完成的，这与自动手枪完全不同。在装弹时，绝大多数转轮手枪的轮巢向左摆出枪身，因此转轮手枪也称左轮手枪。

作为一种手动操作的枪械，转轮手枪的射速完全依赖于射手的“手速”。在一些美国西部题材影视剧中，你会发现，牛仔们操作转轮手枪的动作几乎快到让人看不清，一瞬间就会有很多敌人被击倒。这种情形并非虚构或夸张，而是确有其事。转轮手枪“人有多快，枪就有多快”的特性，正是它的最大魅力所在（图 1-2）。

图 1-2　正在用转轮手枪快速射击的牛仔，他一手扣动扳机，一手快速拨动击锤

按照发射模式，转轮手枪可以分为单动、双动、单双动三种类型，在第 10 章中我们会详细讲解。

2. 自动手枪

自动手枪的英文写作“Pistol”。这里的“自动”与发射模式中的“全自动”没有关系，而是指自动方式中的“自动”，表明进弹、抛壳等动作是由枪械依靠火药燃气“自动”完成的，而不是依赖人力驱动（图 1-3）。

图 1-3　对现代自动手枪而言，射击时套筒后坐是最具标志性的特性

（1）单动、双动、单双动自动手枪

按照发射模式划分，自动手枪可以分为单动、双动、单双动三种类型，但与转轮手枪的定义稍有不同，在第 10 章中我们会详细讲解。

（2）击针式、击锤式自动手枪

按照击发机构划分，自动手枪可以分为击针式、击锤式两种类型，分别指采用击针式击发机构和击锤式击发机构的自动手枪。在第 10 章中我们会详细讲解这两种击发机构。

（3）全自动手枪 / 冲锋手枪

绝大多数自动手枪都只能“半自动射击”，但也有一些自动手枪不走寻常路，例如德国毛瑟冲锋手枪和苏联 APS 冲锋手枪（图 1-4），这类手枪能以半自动、全自动两种模式射击，且枪套往往可以兼作枪托。在全自动模式下，射手可以抵肩射击，动作更稳定，火力像冲锋枪一样猛烈。

然而，冲锋手枪实际上是一种很尴尬的武器，它的确小巧轻便，但枪管短、重量轻，全自动射击时的射速往往还很高，即使加装了枪托，可控性和射击精度也都较差。因此，冲锋手枪如今已经非常少见，更多地扮演着“噱头”类角色，很难成为制式武器，例如在电子游戏、影视剧中非常流行的 GLOCK18 全自动手枪。

图 1-4　驳接枪套后的 APS 冲锋手枪，注意其快慢机有 3 个档位，它的木质枪套主要存在两个缺点，一是作为枪托太短，二是中空结构不结实

枪械说

体积越大的转轮手枪威力就越大吗?

如今，一些电子游戏、影视剧中出现的转轮手枪，体积往往都比较大，很容易给人“威力也很大”的错觉。实际上，对任何枪械而言，无论杀伤力还是侵彻力，主要都取决于弹头的初速、结构和重量等参数，与枪身体积的关系并不大。转轮手枪的体积越变越大，其实是轮巢漏气这个顽疾导致的无奈之举（图 1-5）。对这一话题感兴趣的读者朋友，可以参阅《一本书看懂枪械百年史：从无烟火药到理想单兵战斗武器》（机械工业出版社，2019 年）一书。

图 1-5　转轮手枪的轮巢与枪管不同轴，因此漏气非常严重，火药燃气利用率很低，这就注定了它的威力不会大于同级别的自动手枪

3. 自动转轮手枪

在自动手枪淘汰转轮手枪的过程中，诞生过一种特殊的自动转轮手枪，其中最著名的产品就是英国的韦伯利 - 福斯伯里自动转轮手枪（图 1-6）。这种手枪的枪身分为上下两部分，上枪身像转轮手枪一样有轮巢及相关机构，可以像自动手枪的套筒一样，相对下枪身整体后坐、复进。轮巢上所刻的 Y 形凹槽，能与下枪身的相关机构配合，让轮巢在后坐、复进时各转动 1/12 圈（以 6 发弹巢为例）。

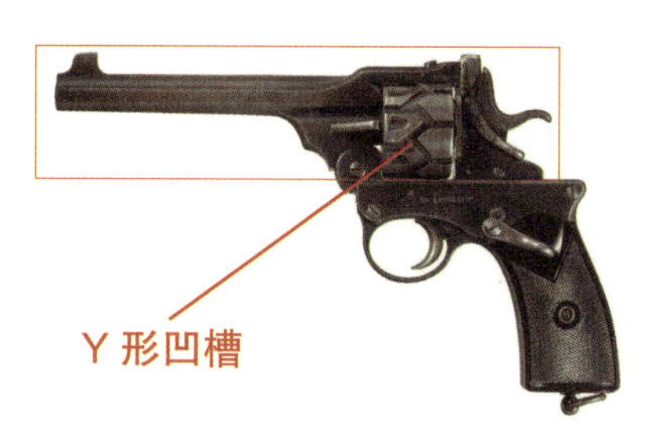

图 1-6　韦伯利 - 福斯伯里自动转轮手枪的上枪身（红色框）能整体后坐

遗憾的是，这位所谓的“集大成者”实际上并没有融合自动手枪和转轮手枪的优点，而是在继承了转轮手枪缺点的同时，使结构变得更为复杂，因此很快就被淘汰了。我们可以将韦伯利 - 福斯伯里自动转轮手枪视为转轮手枪被彻底淘汰出“手枪第一阵营”前的最后挣扎。

1.1.2　按照尺寸划分

手枪按照尺寸划分，可以分为标准型、紧凑型、袖珍型、大型、小型、口袋型等类型，但这种划分方式目前没有全球统一的严格标准，往往是各自为政。

例如美国军队新列装的 P320 手枪（使用 9×19mm 巴拉贝鲁姆弹版），标准型 / 全尺寸型称为 M17，紧凑型称为 M18。M17 的规格是 203 毫米（长）×35.5 毫米（宽）×140 毫米（高），重 833 克，枪管长 120 毫米；M18 的规格是 183 毫米（长）×35.5 毫米（宽）×131 毫米（高），重 737 克，枪管长 98 毫米。可见，紧凑型比标准型略小（图 1-7）。

相比之下，我国的 9 毫米口径版 92 式手枪，同样使用 9×19mm 巴拉贝鲁姆弹，规格为 190 毫米（长）×35 毫米（宽）×135 毫米（高），重 760 克，只比 M18 略大、略重些。如果按照 M17、M18 的划分标准，那么 9 毫米口径版 92 式手枪天生就是一种紧凑型手枪，但我国实际上并没有将它划分为紧凑型手枪的习惯。

图 1-7　美国军队装备的 M17 手枪（左）和 M18 手枪（右）

1.2 步枪

步枪是当前各国军队装备最广泛的枪械，主要使用步枪弹。它的体积大于手枪和冲锋枪，小于机枪。步枪能进行抵肩射击，射击稳定性优于不能抵肩射击的手枪，弱于加装两脚架或三脚架的机枪。个别步枪可以配装两脚架或单脚架。现代突击步枪的有效射程在 400 米左右。

1.2.1　按照自动方式划分

如今的步枪按照自动方式划分，可以分为非自动和自动两大类。

1. 非自动步枪（栓动步枪）

在两次世界大战时期，著名的沙俄 / 苏联莫辛 - 纳甘、德国毛瑟 98、英国李・恩菲尔德、瑞士 K31 等步枪，都属于非自动步枪，准确来说都是栓动步枪。射手通过旋转、后拉枪机（拉机柄），或直接后拉枪机（例如 K31 步枪），来完成抽壳等动作。

尽管栓动步枪的射速很慢，但它的结构简单可靠。枪械越简单，其随机故障的发生概率就越低，对射击精度的影响也越小。因此，栓动步枪很适合作为狙击步枪使用，例如著名的 M24/M40 狙击步枪，就是典型的栓动步枪。非自动步枪还包括杠杆步枪等种类，但它们早已淡出各国军队的装备序列，因此这里不展开介绍。

2. 自动步枪

自动步枪按照发射模式划分，可以进一步分为半自动和自动两类。

（1）半自动步枪

半自动步枪是一种特殊时期的特殊产物。在枪械发展史上，曾出现过一批能半自动却无法全自动射击的枪械，例如 M1 加兰德步枪和 SKS 步枪。这些枪械的射速比栓动步枪高，但综合性能提升有限，因此只是昙花一现。

（2）自动步枪

自动步枪往往指那些能全自动射击的步枪。绝大多数自动步枪都有多个发射模式，能进行半自动或全自动射击。绝大多数当代步枪都属于自动步枪，例如美国 M4 卡宾枪、苏联 AKM 步枪、德国 G3 步枪等（图 1-8）。尽管美国的 M16A2 步枪和 M4 卡宾枪只能进行半自动射击或三发点射，而无法全自动射击，但我们一般也将这两者视为自动步枪。

需要注意的是，作为分类方式，自动步枪这一概念出现了两次。如果自动步枪这一概念与半自动步枪同时出现，那么它的“自动”强调的就是“能全自动射击”。而如果这一概念与非自动步枪同时出现，那么它的“自动”强调的就是“不是非自动”。一般而言，我们对自动步枪的定义更偏向后者。

图 1-8　由上至下依次为德国毛瑟 Kar 98k 栓动步枪、苏联 SKS 半自动步枪和德国 G3 自动步枪，它们分别诞生于第二次世界大战前、第二次世界大战末期和冷战时期

1.2.2　按照长度划分

按照长度划分，步枪可以分为标准步枪和短步枪 / 卡宾枪两大类。

1. 标准步枪

以苏联的 AK74 枪族为例，AK74 是标准步枪，AKS74U 是短步枪，两者具有明显的血缘关系。AK74 是整个枪族的“基准”，装备量最大；相比之下，AKS74U 的枪

管短一些，弹头初速低一些，因此威力小一些，但全枪长度更短，重量更轻，便携性更好。

2. 短步枪 / 卡宾枪

在一些西方国家，短步枪称为“Carbine”，国内通常译为卡宾枪、骑枪或马枪。这种步枪原本专供骑兵使用。骑兵往往要将枪械挂在马鞍上携行，枪身如果过长，就会影响马腿的运动，因此，卡宾枪的长度一般比标准步枪短。现代步枪大多都会衍生出短步枪版，专供坦克装甲车辆车组成员、飞机 / 直升机驾驶员等人员使用。冷战以来，短步枪中最知名的型号非美国的 M4 莫属，它由 M16 步枪衍生而来，如今反而比 M16 更常见（图 1-9）。

图 1-9 M16A2 步枪（后）与 M4 卡宾枪（前）

步枪家族“一长一短”的设计传统由来已久，例如第一次世界大战时期的毛瑟 98 步枪（Gew98），枪管长 740 毫米，由它衍生而来的 Kar 98AZ 短步枪，枪管长 590 毫米。需要注意的是，步枪与卡宾枪这两个概念是相对的，例如第二次世界大战时期的德国 Kar 98k 步枪，枪管长 600 毫米，并不比 Kar 98AZ 短步枪长多少。Kar 98k 这个型号名中，Kar 代表德文 Karabiner，意即“卡宾枪”，k 代表德文 kurz，意即“短”，如果按命名直译的话，它就是“短枪管卡宾枪”，即短 - 短步枪。但由于并没有与它对应的所谓“标准步枪”，Kar 98k 在现实中就是被当作“标准步枪”使用的。与之类似的还有英国的李 · 恩菲尔德步枪和日本的九九式短步枪。

总之，“步枪”与“短步枪”的定义是相对的，并没有绝对的标准。

1.2.3 按照结构布局划分

有托布局、无托布局、T形布局是步枪的三种基本结构布局。由于弹匣宽度较大，现代步枪已经很少采用T形布局。

1. 无托步枪

无托步枪诞生于20世纪70年代，它的英文名是“Bullpup”，原意是“犊牛”，因此有时也称为“犊牛式步枪”。这种步枪取消了传统的枪托，直接以机匣作为抵肩部件，有效减小了全枪的长度和重量，相对有托步枪更短、更轻，重心更靠近射手，握持更舒适。典型的无托步枪有奥地利AUG（图1-10）、法国FAMAS、英国L85和比利时F2000等。

无托布局存在一些目前尚无法妥善处置的先天性缺陷，例如扳机手感较差（相对有托步枪）、退壳机构难以设计、抛壳方向对射手影响较大等，其整体的人机工效也不如传统有托步枪。

图1-10 美国的M16A2步枪（上）与奥地利的斯太尔AUG步枪（下）分别采用了有托与无托布局，它们的枪管长度相同（508毫米），但总长度差异非常明显

2. 有托步枪

有托步枪与无托步枪概念相对。对步枪而言，有托布局是一种传统的结构布局方式。

枪械说　突击步枪的准确定义是什么？

突击步枪是使用小口径枪弹或中间威力枪弹的自动步枪。客观而言，“突击步枪”这一定义并不完善，因为“突击”二字不是明确的定性描述，难以像“自动”与“非自动”、“有托”与“无托”那样二元对立地确定一个“非突击”概念。

突击步枪的设计精髓在于后坐力较小，可控性较好，点射、全自动射击时的精度较高。后坐力较小，是小口径枪弹或中间威力枪弹的典型特性。使用 7.62×51mm 全威力枪弹的美国 M14 步枪、比利时 FAL 步枪、德国 G3 步枪、俄罗斯 AK308 步枪等，都只能算作自动步枪，而不能算作突击步枪，它们都存在后坐力较大，可控性较差，点射、全自动射击时精度较低的问题。而使用 5.56×45mm 枪弹版的 G3 步枪（HK33），以及使用 5.45×39mm 枪弹的 AK12 步枪，都可算作突击步枪（图 1–11）。

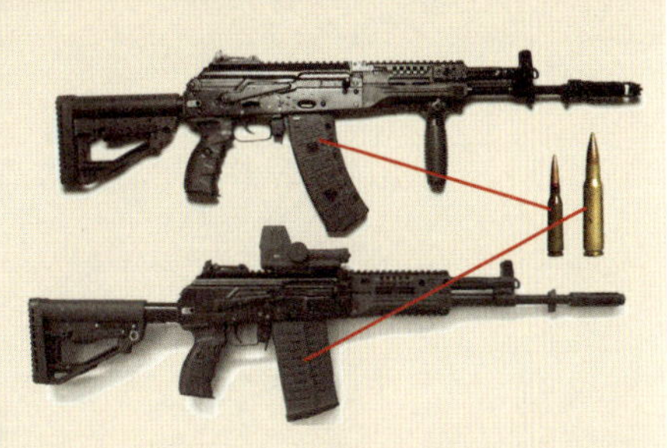

图 1-11　AK12 步枪（上）、AK308 步枪（下）与它们使用的枪弹

1.2.4　按照特殊用途划分

在步枪家族中，标准步枪、短步枪是主力选手，装备量大，使用范围广。除这两者外，还有一些特殊用途的步枪，例如狙击步枪、精确射手步枪和大口径狙击步枪 / 反器材步枪，它们通常会配备可以稳定支撑枪身的两脚架，以提高射击精度，个别型号还会配备专用于狙击的三脚架。

需要注意的是，狙击用两 / 三脚架与机枪用两 / 三脚架完全不同。机枪用两 / 三脚架要承受连发、点射时的较大后坐力，对结构强度和刚度要求较高。而狙击用两 / 三脚架只用于稳定支撑枪身，对结构强度和刚度要求不高，通常比较轻巧，且可调节范围较大，调节精度较高，以匹配不同的狙击姿态。

1. 狙击步枪

第二次世界大战时期，狙击步枪通常由步枪衍生而来，例如德国 Kar 98k 步枪、苏联莫辛 - 纳甘步枪和美国 M1 加兰德步枪，都衍生有狙击版。这些狙击步枪与标准步枪的差异往往只是加工精度更高且配有瞄准镜，专业性并不强。此外，它们也没有专用的狙击弹，而是与标准步枪通用枪弹。

进入冷战时期，狙击步枪开始逐渐专业化。典型的如美国 M40/M24 狙击步枪（图 1-12），它是由民用雷明顿 700 步枪衍生而来的栓动步枪。还有苏联 SVD 狙击步枪，是一型专为狙击用途设计的半自动步枪。这些专业化的狙击步枪都使用专用狙击弹，因此综合性能，尤其是射击精度相较此前的狙击步枪有了大幅提高。

图 1-12　使用 M24 狙击步枪的狙击小组，由 1 名狙击手和 1 名观察手组成，实战中，狙击手往往会采用更好的伪装措施

2. 精确射手步枪

精确射手步枪的英文写作“Designated Marksman Rifle”，简称 DMR，这是近些年才由美国人提出的新概念步枪。为准确定义精确射手步枪的概念，我们先要明确狙击手与精确射手的区别。一般而言，狙击手的培训难度高、周期长，可谓“军中骄子”，必须深度学习隐蔽、伪装、野外求生等技能（图 1-13）。而精确射手无需像狙击手一样深度学习这些技能，因此培训难度较低、周期较短。实际编制中，往往是每个步兵班都编有 1 名精确射手，他是班中枪法最好的士兵。而狙击手往往是一个排，甚至一个连中才有几名。作战中，狙击手大多组成小组 / 小队行动，很少跟随其他步兵集体行动，而精确射手往往要跟随步兵班集体行动（图 1-14）。

基于以上需求，精确射手步枪一般衍生自标准步枪，而不会专门独立设计；使用普通步枪弹，而非专业狙击弹；采用半自动射击方式，而非狙击步枪惯用的栓动射击方式。

美国最早列装的精确射手步枪就是加装了瞄准镜的 M16A4 步枪，以及由 M14 步枪改进而来的 M14EBR 步枪。而如今美国正在换装的 M110A1 SDMR 步枪，是由 HK417 步枪改进而来的。

3. 大口径狙击步枪 / 反器材步枪

两次世界大战时期，为对付防护力不高的坦克装甲车，很多国家以现役步枪为基础，改进出使用大口径、大威力枪弹的反坦克步枪。而随着坦克装甲车防护力的提高，反坦克步枪逐渐淡出了战争舞台（图 1-15）。

图 1-13　伪装良好的双人狙击小组，可见狙击步枪配装了狙击三脚架。一般而言，在伪装、野外求生等技能上，狙击手比精确射手更专业

图 1-14　2013 年 3 月 3 日，美国陆军第 23 步兵团 2 营 B 连，一名使用 M14EBR 步枪的精确射手，他身着普通迷彩服，身后是两名使用 M4 卡宾枪的普通士兵，而不是观察手

到了 20 世纪 80 年代，反坦克步枪又以“反器材步枪”之名重生。尽管相较各类火炮和导弹，反器材步枪的威力要小很多，但它胜在便于单兵携行和操作，使用方便灵活。美国巴雷特公司研制的 M82/M107 就是反器材步枪中的优秀代表。

图 1-15　第一次世界大战中，与德军装备的 13.2 毫米口径毛瑟反坦克步枪合影的英军士兵

反器材步枪大多采用半自动射击方式，主要用于打击雷达、储油设施、轻型机动车、坦克装甲车观瞄装置等防护力低但价值高的目标，也可打击悬停状态的直升机或地面状态的飞机等目标。反器材步枪通常使用大口径机枪弹，且以穿甲弹、燃烧弹等弹种为主。近年来，有些反器材步枪也开始用于反人员，具备了一定的狙击属性。

一般而言，使用 7.62×51mm 枪弹的狙击步枪，有效射程在 1000 米以内，而使用 12.7×99mm 机枪弹的大口径狙击步枪 / 反器材步枪，有效射程能达到 1500 米以上。然而，当目标距离超过 1000 米时，弹头要飞行很长时间，受风向影响非常大，下坠量也很大。此外，弹头处于飞行阶段时，目标也可能在移动，不断远离射手的瞄准点。因此，大口径狙击步枪 / 反器材步枪的命中难度是非常大的。迄今为止，世界最远狙杀纪录的前五名，都是由大口径狙击步枪 / 反器材步枪创造的（图 1-16）。

图 1-16　目前的最远狙击纪录（3540 米）是由 TAC-50 大口径狙击步枪创造的，它采用栓动射击方式，使用 12.7 毫米口径枪弹，整体性能偏向于狙击，而非反器材

1.3 冲锋枪

与步枪类似，冲锋枪也有枪托，可以进行抵肩射击，射击稳定性比手枪好，但比有两脚架、三脚架的机枪差。冲锋枪大多能进行全自动射击，但由于使用威力较小的手枪弹，有效射程通常只有 200 米左右。

1.3.1 按照结构布局划分

冲锋枪通常采用有托布局、无托布局或 T 形布局三种结构布局（图 1-17）。

图 1-17 由上至下依次为 MP5A3 冲锋枪、MP7 冲锋枪 /PDW、P90 冲锋枪 /PDW，三者分别采用有托布局、T 形布局、无托布局，长度分别为 700/550 毫米（枪托伸展 / 收缩）、638/415 毫米（枪托伸展 / 收缩）、505 毫米。可见 T 形布局冲锋枪并不比有托布局冲锋枪短很多

1. 无托冲锋枪

大多数冲锋枪本身长度就不大，没有必要进一步减小长度，因此很少采用无托布局。无托冲锋枪的典型代表有比利时FN公司的P90冲锋枪/PDW、我国的05式冲锋枪。

2. 有托冲锋枪

有托冲锋枪是当今的设计主流。冲锋枪使用手枪弹，射击时产生的后坐力不大，相对容易控制，因此大多采用可伸缩或折叠的简易枪托，以进一步减轻重量。有托冲锋枪的典型代表是德国HK公司的MP5冲锋枪。

3.T形冲锋枪

采用T形布局的冲锋枪，长度通常介于无托冲锋枪与有托冲锋枪之间，具有较好的扳机手感和人机工效，因此应用较多。T形冲锋枪的典型代表有以色列的乌齐冲锋枪、德国HK公司的MP7冲锋枪/PDW。

1.3.2 按照特殊用途划分

按照特殊用途划分，现代冲锋枪可以分为微型冲锋枪、微声冲锋枪和PDW三大类。

1. 微型冲锋枪

两次世界大战时期，冲锋枪的体积普遍较大，例如德国的MP18冲锋枪，长度为832毫米，重量为4.2千克；MP40冲锋枪，长度为833毫米，重量为4千克。相比之下，Stg44突击步枪长度为940毫米，重量为4.6千克，可见并不比同时期的冲锋枪大很多。

在突击步枪发展成熟后，由于用途上有所重合，冲锋枪开始向专业用途方向发展，为适应专业任务需求，体积和重量都逐渐减小，形成了所谓“微型化”趋势。其典型代表是以色列的乌齐冲锋枪（UZI，标准型），长度为640/470毫米（枪托展开/折叠），重量为3.5千克，以及德国HK公司的MP5A3冲锋枪，长度为700/550毫米（枪托伸展/收缩），重量为2.9千克。

图1-18 Vz61蝎式冲锋枪是一型设计非常成功的微型冲锋枪，折叠枪托后，它的体积并不比M1911手枪大很多，而且可控性依然不错，更重要的是火力很猛

有些在“微型化”上追求极致的冲锋枪，例如捷克的Vz61冲锋枪（图1-18），长度为517/270毫米（枪托展开/折叠），重量为1.3千克，以及波兰的PM63冲锋枪，长

度为 583/333 毫米（枪托展开 / 折叠），重量为 1.6 千克，成为坦克装甲车辆车组成员、机动车驾驶员等二线作战人员的制式武器。

冷战时期也有一些体积较大的冲锋枪，例如瑞典的卡尔・古斯塔夫 m/45 冲锋枪，长度为 808/550 毫米（枪托展开 / 折叠），重量为 3.9 千克，但它的设计工作实际上是在 1944 年完成的。总体而言，两次世界大战后，冲锋枪的“微型化”已经成为不可逆的发展趋势。

2. 微声冲锋枪

冲锋枪通常使用手枪弹，由于手枪弹装药量较少、弹头重量较大，初速普遍不高，以使用 9×19mm 巴拉贝鲁姆弹为例，初速普遍在 400 米 / 秒左右，仅略高于声速。如果采取一定措施，就可以使弹头初速低于声速。因此，冲锋枪很适合改装为专业微声武器，德国的 MP5SD 微声冲锋枪就是典型代表（图 1-19）。

图 1-19　MP5SD 发射标准 9×19mm 巴拉贝鲁姆弹时，弹头初速只有 285 米 / 秒，低于声速（340 米 / 秒），而普通版 MP5 发射标准 9×19mm 巴拉贝鲁姆弹时，弹头初速为 400 米 / 秒

枪械说　微声步枪为什么不常见？

步枪弹的初速普遍在 700 米 / 秒以上，改为微声武器的难度很大。如今，尽管很多步枪都会配装枪口消声器，但其弹头依然以超声速飞行，降噪效果并不显著。当然，也有一些使用专用亚声速枪弹的专业微声步枪，例如俄罗斯的 AK9 和 VSS。这类步枪的体积要比微声冲锋枪大得多。

3. PDW

PDW 是英文 Personal Defense Weapon 的缩写，通常译为单兵自卫武器，可算作微型冲锋枪概念的升级版。

现代军队中有大量所谓“二线人员”，例如机动车和坦克装甲车驾驶员、火炮炮组成员、后勤人员等。这些“二线人员”的本职工作并不是接敌作战，因此对武器的需求不同于前线作战人员，他们更需要小巧、便携、易于操作的自卫性武器。第二次世界大战结束后，微型冲锋枪在很大程度上扮演了“二线人员”的主力武器角色（图 1-20）。

图 1-20　冷战时期，波兰军队的坦克车组以 PM63 微型冲锋枪作为自卫武器

到 20 世纪 80 年代，随着防弹衣的性能提升和规模化普及，单兵防护力大幅增强。为此，很多国家开始给“二线人员”配发短步枪（图 1-21）。然而，相较标准步枪，短步枪因枪管更短、重量更轻，在后坐力相当的情况下，可控性反而不如标准步枪，射击精度也更差，实际效能还不如标准步枪，而且体量对“二线人员”来说仍显累赘。

图 1-21　携带 AKS74U 短步枪的苏联军队直升机飞行员，AKS74U 的长度为 730/490 毫米（枪托展开 / 折叠）

于是，一些北约国家提出了 PDW 概念，意在为“二线人员”打造一种理想单兵自卫武器。比利时 FN 公司、德国 HK 公司都选择以枪弹为突破口，通过设计穿透力更强的枪弹来打造理想的 PDW。

实际上，PDW 在一定程度上可算作是“冲锋枪 Pro”，设计师的初衷是塑造一个独立的新概念枪种。然而，随着苏联的解体，北约各国防御压力骤降，缺乏需求引导的 PDW 最终没能修成正果。德国 HK 公司不得不将自己潜心研发的 PDW 更名为 MP7 冲锋枪，才打开了销售市场。

枪械说 PDW 与传统冲锋枪的区别

传统冲锋枪通常使用手枪弹，而 PDW 使用的是专用枪弹。目前，MP7 使用的 4.6×30mm 弹没有应用于手枪，而 P90 使用的 5.7×28mm 弹可用于 FN57 手枪。

1.4 机枪

机枪可以分为轻机枪、重机枪、通用机枪和大口径机枪四类。

1.4.1 轻机枪

顾名思义，轻机枪是一种轻量化机枪，它的重量较轻，机动性强，便于携行转换阵地。结构上，轻机枪一般具有枪托、握把和两脚架。射手可以直接抵肩射击，也可以趴在地上，依靠两脚架支撑枪身，进行更稳定的射击。

轻机枪往往采用结构相对简单的弹匣、弹鼓或弹盘供弹，而不是复杂的弹链供弹，因此备弹量有限，火力持续性不及使用弹链供弹的重机枪和通用机枪。有些轻机枪采用了可更换的风冷枪管，以交替散热的形式保障火力持续性。

在实际使用中，轻机枪主要装备班一级作战单位，因此也称为班用机枪。1 个步兵班通常装备 1~2 挺轻机枪。

1. 专用轻机枪

早期的轻机枪都属于专用轻机枪范畴，例如英国刘易斯轻机枪（图 1-22）、苏联 RPD 轻机枪、捷克 ZB26 轻机枪等，它们都是独立研发的产品，不是步枪的衍生品，同时因为只能使用两脚架而区别于通用机枪和重机枪。如今，大多数所谓的专用轻机枪也可以使用三脚架（图 1-23）。

2. 枪族化轻机枪

枪族化轻机枪是以步枪为基础发展而来的新概念枪种，相较标准步枪，它的枪管更长、更厚，通常采用大容量弹匣或弹鼓供弹，备弹量大于步枪，是一种实际意义上的“步枪 Pro”。其代表型号是苏联的 RPK 轻机枪（图 1-24），它以 AKM 步枪（全长 880 毫米，枪管长 415 毫米）为基础研发，全长 1040 毫米，枪管长 590 毫米。

枪族化轻机枪的成功，要拜它所使用的小口径枪弹或中间威力枪弹所赐，使用这类枪弹射击时后坐力较小，以较小体量的枪身，也能保证一定的射击精度。一些“反其道而行之”，使用全威力枪弹的枪族化轻机枪，例如由 FAL 步枪衍生而来的加拿大 C2A1 轻机枪，实际上并不太成功。

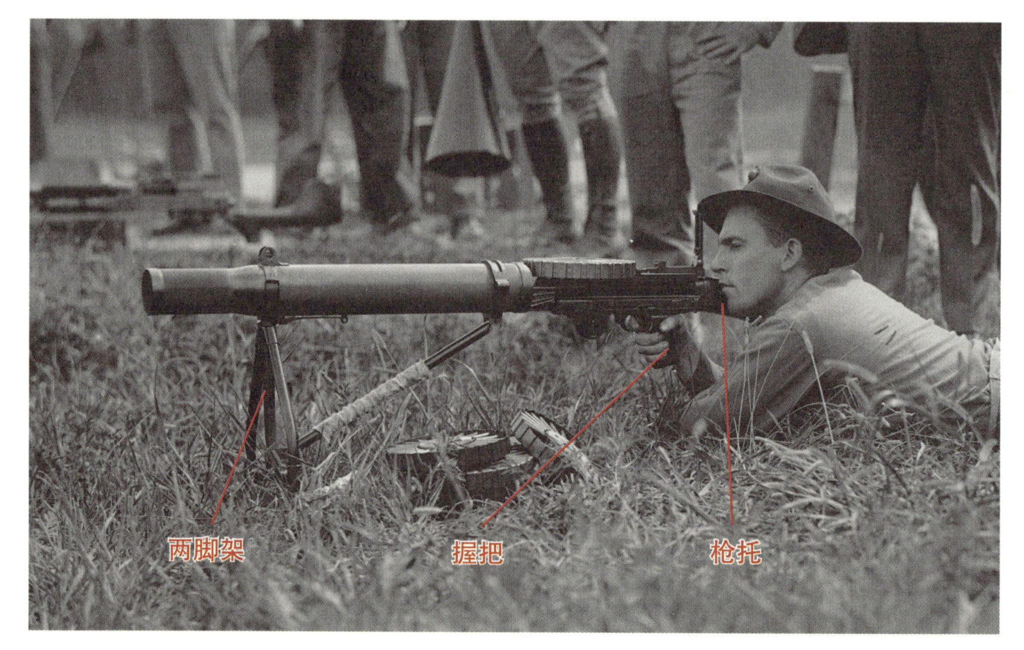

图 1-22　刘易斯轻机枪诞生于第一次世界大战时期，具有枪托、握把和两脚架，采用弹盘供弹

图 1-23　以三脚架状态射击的 M249 轻机枪，注意，轻 / 通用机枪在三脚架 / 重机枪状态下依然需要抵肩射击，而重机枪往往是不需要抵肩射击的

图 1-24　RPK（上）是由 AKM 步枪（下）发展而来的枪族化轻机枪，采用 75 发弹鼓或 40 发长弹匣（图中未展示）供弹，也可以使用 AKM 的 30 发弹匣

相较专用轻机枪，枪族化轻机枪的结构和操作方式与步枪更接近，因此生产、训练成本更低。

1.4.2　重机枪

相较轻机枪，重机枪的体积、重量更大。这种机枪火力猛，火力持续性好，但机动性弱于轻机枪。

重机枪通常具有三脚架和双 D 形握把，射手坐或蹲在枪身后方，手握双 D 形握把进行射击（图 1-25、图 1-26）。

重机枪大多采用弹链供弹。两次世界大战时期的重机枪，枪管往往会外套一个硕大的水冷散热筒，散热筒内装循环冷却水，能帮助枪管散热，保障火力持续性。如今，重机枪已经被通用机枪替代。

图 1-25　正在射击中的英国维克斯 - 马克沁重机枪，可见射手坐在机枪后手握握把

1.4.3 通用机枪

图 1-26 美国的 M2 大口径机枪诞生于 20 世纪 20 年代，也采用了双 D 形握把，注意它独特的扳机

通用机枪是专用轻机枪和重机枪的"替代者"，它通常具有枪托和握把，既能像轻机枪那样采用两脚架支撑射击，也能像重机枪那样采用三脚架支撑射击。它大多采用可更换的风冷枪管和弹链供弹，以保障火力持续性。

如今的通用机枪有明显的"轻重偏向"。例如美国的 M240 通用机枪（图 1-27），在轻机枪状态下也重达 12.5 千克，因此在实际使用时更偏向"重机枪"用途，装备排一级作战单位。

又如 PKM 通用机枪，在轻机枪状态下仅有 7.5 千克重，射击时的后坐力也不大，因此在实际使用时更偏向"轻机枪"用途。

图 1-27 两脚架 / 轻机枪状态（上）与三脚架 / 重机枪状态（下）的 M240 通用机枪

1.4.4 大口径机枪

在国外，大口径机枪一般被视为重机枪的子类，例如美国的 12.7 毫米口径 M2 机枪通常称为重机枪，而不是大口径机枪。但在我国，大口径机枪是一个独立的类别。

大口径机枪的设计初衷，是固定在飞机 / 直升机、机动车、坦克装甲车辆或舰艇上，用于毁伤硬目标，遂行防空或反装甲任务。相较其他机枪，这种机枪体积、重量更大，威力也更大，一般不会配发到连级作战单位或由单兵操作，装备量相对较少。

第二次世界大战结束后，面对飞机 / 直升机、坦克装甲车辆等目标防护力不断提升的趋势，大口径机枪的定位和用途发生了一定转变，其原有的防空、反装甲用途被逐渐弱化，同时走上了“轻量化”道路，并开始下放到连级作战单位，成为所谓“强化版重机枪”。著名的大口径机枪除 M2 外，还有苏联 / 俄罗斯的 NSV 等（图 1-28）。有些大口径机枪甚至会配装两脚架，能像轻机枪、通用机枪那样射击，例如俄罗斯的 Kord。

图 1-28 苏联 / 俄罗斯的 NSV 大口径机枪，全重（带三脚架）41 千克

由于军用车辆普遍对机枪的重量不敏感，而对威力、射程有较高要求，如今的大口径机枪已经成为名副其实的“车上机枪”，大量配装坦克、步兵战车和轻型军用车（图 1-29）。

图 1-29 安装在车辆上的 M2 大口径机枪，全重（带三脚架）58 千克，100 发枪弹（不计弹链）的重量超过 11 千克

1.5 枪械的发展脉络

如图 1-30 所示，为了更清晰地呈现枪械的分类逻辑，下面我们按照时间顺序梳理步枪、冲锋枪、机枪的发展脉络和呈递关系。

直到 19 世纪 80 年代中期，枪械大家族中还只有“栓动步枪”一个主战枪种（注意，手枪是辅助枪种，而非主战枪种）。1886 年，无烟火药的问世催生了火力远超栓动步枪的马克沁重机枪。但实战表明，重机枪过于沉重，机动性很差，难以适应所有作战场景。因此，在重机枪的基础上，又衍生出更轻巧、机动性更强的轻机枪。第一次世界大战时期，为解决堑壕战中的近距离火力不足问题，冲锋枪应运而生。

第一次世界大战结束后，枪械大家族中包含了栓动步枪、轻机枪、重机枪、冲锋枪这四个主战枪种。日益繁杂的枪种大幅增加了生产和后勤负担，于是，枪械家族随后又走上了精简之路。

第二次世界大战时期，德国试图以突击步枪取代栓动步枪和冲锋枪，并在一定程度上替代轻机枪，同时试图以通用机枪取代轻机枪和重机枪。战争结束后，大多数国家接受了德国的理念，使突击步枪成为单兵主战枪械且近乎“一统天下”，通用机枪则在经历了一段摸索期后逐渐分化出轻、重两种偏向。与此同时，少数栓动步枪和半自动步枪转向了狙击用途，而少数冲锋枪转向了以微型、微声为特性的特殊用途。

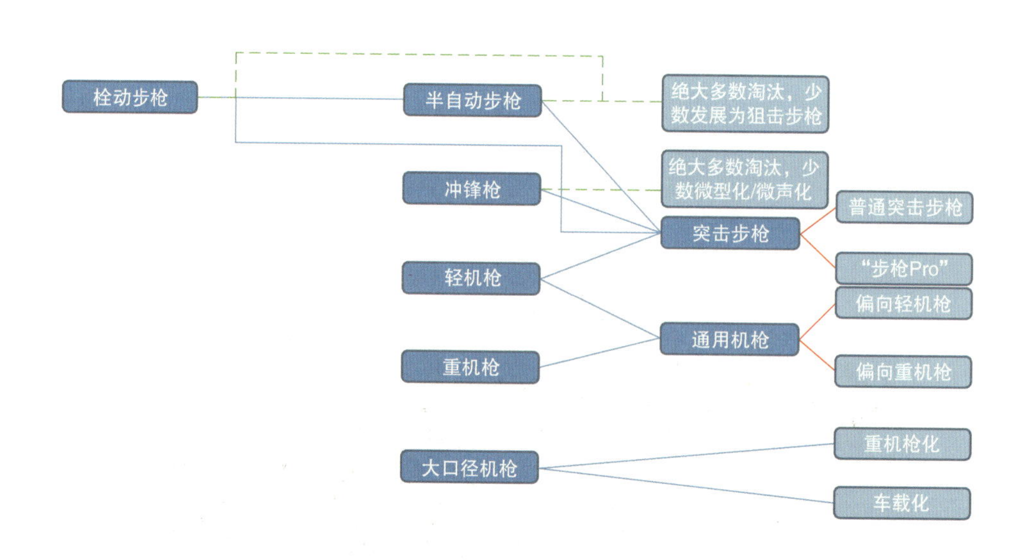

图 1-30　1886 年后的枪械发展脉络

1.6 枪族化概念

枪族化通常指由一型枪械延伸开发出多个不同种类 / 用途枪械的设计概念，在第二次世界大战结束后开始流行。

一般而言，枪族化定义的核心在于是否衍生出轻机枪。绝大多数步枪都会衍生出短步枪，但不一定会衍生出轻机枪。例如美国的 M16 步枪衍生出了 M4 卡宾枪，但没有衍生出轻机枪，并不算是真正的枪族化设计。美军中轻机枪的职责是由 FN Minimi/M249 承担的。

相比之下，苏联的 AK74 步枪衍生出了 AKS74U 短步枪和 RPK74 轻机枪。这三型枪的绝大多数零件都可以通用，使用的枪弹完全相同，操作方式也大同小异，因此整个枪族的生产和训练成本都比较低（图 1-31）。

图 1-31　由上至下依次为 RPK74 轻机枪、AK74 步枪和 AKS74U 短步枪

1.7 模块化概念

模块化概念是枪族化概念的进一步发展。如果说枪族化是“多枪一族，一枪一用”，那么模块化就是“一枪多管，一枪多用”。例如比利时 FN 公司的 SCAR 步枪（图 1-32），配有长度不同的多种枪管，装标准枪管时做步枪用，装短枪管时做卡宾枪用，装长枪管时做狙击步枪 / 精确射手步枪用。目前，模块化步枪仍然处于探索发展阶段。

图 1-32 FN SCAR 分为使用 5.56 × 45mm 弹的 L 型 /Mk16，以及使用 7.62 × 51mm 弹的 H 型 /Mk17，L 型与 H 型间无法互换枪管和弹匣，但很多零件是通用的

1.8 其他枪械

除手枪、步枪、冲锋枪和机枪外，还有一些特殊用途枪械。

1.8.1 霰弹枪

霰弹枪是一种滑膛枪，它发射的通常不是一颗弹头，而是多颗弹头。霰弹枪的射程通常很近，中远距离射击精度很差。在有效射程内，霰弹枪发射的弹头会充分散开，达成类似“面杀伤”的效果。霰弹枪的枪管越短，发射霰弹时，弹头散布的面积就越大，也越容易击中目标。

1. 非自动霰弹枪

目前，非自动霰弹枪依然是霰弹枪家族的主流，较为常见的是双管和泵动两种非自动霰弹枪。除霰弹外，非自动霰弹枪还能发射豆弹、橡皮弹、催泪弹和独头弹。

（1）双管霰弹枪

双管霰弹枪有横双管、立双管两种。射手可以将枪管翻开，在每个枪管中各装入一发枪弹。这种翻开枪管的设计也称“撅把式”。

双管霰弹枪多用于狩猎和竞技运动，很少用于作战，典型代表是意大利伯莱塔公司的银鸽霰弹枪（图 1-33）。

（2）泵动霰弹枪

美国雷明顿公司的 M870 霰弹枪是泵动霰弹枪的优秀代表（图 1-34）。M870 看似有两根枪管，但实际只有上部的是枪管，下部的是管状弹仓，它的游体 / 护木套在管状弹仓上，射手前后推 / 拉游体 / 护木，即可前推 / 后拉枪机（框），完成开锁、抽壳、闭锁和推弹等动作。换言之，游体 / 护木就是 M870 的拉机柄。

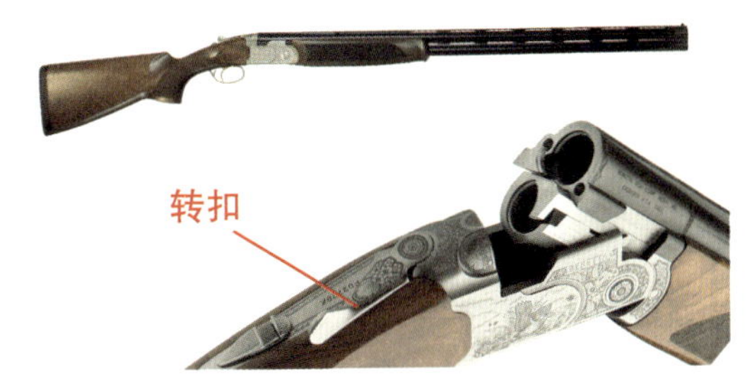

图 1-33　意大利伯莱塔公司的银鸽霰弹枪，射手转动机匣上方的转扣，即可翻开枪管装弹或抛壳

2. 自动霰弹枪

相对非自动霰弹枪，半自动 / 自动霰弹枪对枪弹有更高要求，所用弹种单一，无法发射多种枪弹。

（1）半自动霰弹枪

当前的半自动霰弹枪有两种设计思路：第一种更像传统泵动霰弹枪，例如意大利伯奈利公司的 M4 超级 90 半自动霰弹枪（美军称为 M1014），沿用了传统泵动霰弹枪的管状弹仓，操作方式也与传统泵动霰弹枪类似；第二种由自动步枪衍生而来，例如苏联 / 俄罗斯在 AK 步枪基础上研发的 Saiga12 半自动霰弹枪（图 1-35），采用自动步枪风格的弹匣，而不是管状弹仓，操作方式与 AK 步枪类似。

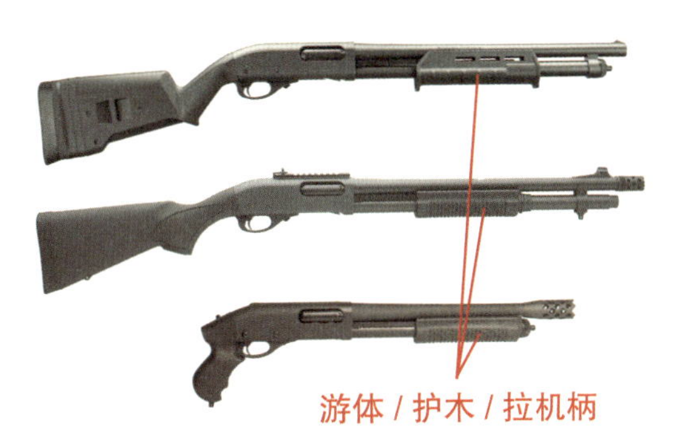

图 1-34　雷明顿 M870 霰弹枪的三种改进型

一般而言，半自动霰弹枪都有拉机柄，这是它在外观上与非自动霰弹枪最显著的差别。

（2）自动霰弹枪

自动霰弹枪指能够全自动射击的霰弹枪。目前很少有自动霰弹枪投入实际应用，美国的 AA12 自动霰弹枪

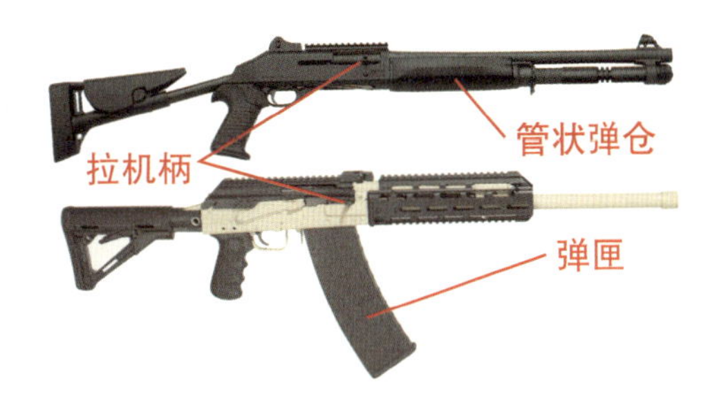

图 1-35　M4 超级 90（上）与 Saiga12（下）半自动霰弹枪，M4 超级 90 的护木是固定的，拉机柄位于抛壳窗附近

尽管人气很高，但并未装备部队（图 1-36）。

限制自动霰弹枪规模化装备的问题包括：其一，霰弹体积较大，自动霰弹枪的射速较高，必须匹配大容量弹鼓或弹匣，这会导致霰弹枪体量过大，影响操作体验和机动性；其二，自动霰弹枪射击时的后坐力非常大，难以保障射击精度；其三，自动霰弹枪的有效射程很近，实战效能不高。

图 1-36　正在射击的 AA12 霰弹枪，它甚至能发射高爆弹，这在霰弹枪中非常罕见

1.8.2　水下枪械

水下枪械是用于水下作战的特殊枪械。由于水的密度远大于空气，普通枪械射出的弹头在水中会迅速失速、失稳，通常只前进 2 米左右就会丧失杀伤力。水下枪械与普通枪械的主要差异就在于采用了特殊枪弹，其弹头外形细长，水下射程远超普通弹头。

苏联 / 俄罗斯的 SPP1 水下手枪使用 4.5 × 40mmR 弹，采用四枪管设计，每根枪管内各装 1 发枪弹。射击完毕后，射手要将枪管向上翻开，手动装填新枪弹（图 1-37、图 1-38）。苏联 / 俄罗斯的 APS 水下步枪属于自动步枪，配用 26 发

图 1-37　SPP1 水下手枪与 4.5 × 40mmR 弹

弹匣，能全自动射击，它使用的 5.66×39mm 弹结构与 4.5×40mmR 弹类似。为容纳细长的枪弹，APS 的弹匣非常宽大（图 1-39）。

水下枪械在空气中也能正常射击，但有效射程相较普通枪械短一些。

图 1-38 翻开枪管的 SPP1 水下手枪，这种上翻机构在双管霰弹枪上很常见

图 1-39 射击中的 APS 水下步枪

1.8.3 榴弹发射器

严格讲，榴弹发射器是一种面杀伤武器，概念更像炮，而非枪，但由于它通常伴随枪械出现，我们在这里一并介绍。

1. 枪发榴弹

枪发榴弹俗称枪榴弹。枪械利用枪弹击发时产生的火药燃气能量将安装在枪口处的枪榴弹射出。枪发榴弹目前已经很少使用（图 1-40）。

图 1-40 安装在 89 式步枪上的日本 06 式枪发榴弹，此时枪械无法正常射击

2. 枪挂榴弹发射器

枪挂榴弹发射器是目前的主流榴弹发射器，一般安装在枪管 / 护木下部。这种榴弹发射器有独立发射管，枪械安装后仍然能正常射击。绝大多数枪挂榴弹发射器也可以拆下来独立使用（图 1-41）。

3. 独立榴弹发射器

独立榴弹发射器，例如美国的 M79

榴弹发射器、南非的 MGL 转轮榴弹发射器（图 1-42），严格意义上讲并不是枪械，只是与枪械同属轻武器范畴。

图 1-41　安装在 M16 步枪上的美国 M203 榴弹发射器，此时枪械仍然能正常射击

图 1-42　MGL 转轮榴弹发射器的体积非常大，士兵使用它时往往只能配备手枪作为辅助武器

1.8.4　理想单兵战斗武器（OICW）

OICW 是英文 Objective Individual Combat Weapon 的缩写，通常译为理想单兵战斗武器。它是小口径步枪与榴弹发射器的结合体，既能发射传统小口径步枪弹，也能发射榴弹，因此也称“步榴合一”。相对于枪挂榴弹，OICW 的榴弹口径更小、初速更高、弹道更平直、射击精度更高。OICW 的火控系统能给榴弹编程，使榴弹飞行到目标上空爆炸，从而打击掩体后的目标（图 1-43）。

图 1-43　韩国的 K11 是目前为数不多投入现役的 OICW

1.8.5　特种枪械

一些用于侦察、暗杀等特殊作战任务的枪械，例如匕首枪、钢笔枪和口红枪等，都可以归为特种枪械。这里简单介绍匕首枪。匕首枪通常用于侦察任务，枪身上有触发机构，士兵可以根据作战场景灵活转换匕首或枪械模式。匕首枪的枪管非常短，射程很近，几乎没有射击精度可言。苏联 / 俄罗斯的 NRS2 是匕首枪的典型代表，射手在射击时要使刀身朝后，刀柄朝前（图 1-44）。

图 1-44　苏联 / 俄罗斯的 NRS2 匕首枪

枪械说　枪械按口径分类为什么不严谨?

以使用 5.56 毫米口径枪弹的 M16 步枪为例，此前的步枪多使用 7.62 毫米口径枪弹，即所谓“中口径枪弹”，5.56 毫米口径枪弹相对“中口径枪弹”显然要小一些，因此很多人就将 M16 称为“小口径步枪”，以区别于使用“中口径枪弹”的步枪。大口径机枪的“大”，例如 12.7 毫米和 14.5 毫米口径，同样是相对于 7.62 毫米这个级别的口径来说的。

然而，18.4 毫米口径霰弹枪虽然口径很大，但从没人将它称为“大口径霰弹枪”，因为对霰弹枪而言，根本没有所谓“中口径”或“小口径”的概念。总之，按口径分类是一种源于相对概念的“约定俗成”的分类方式，并不能对枪械进行科学归类。

Chapter 2

第2章

枪械布局术语

枪身上的部件有哪些功用？

2.1 布局

对冲锋枪、步枪和机枪而言，一般可分为有托、无托、T形三种布局，手枪的布局则相对统一。

2.1.1 有托布局

有托布局是最常见的布局，也是相对传统的布局。采用有托布局的枪械，尽管全枪长度较大，但可通过折叠、收缩枪托的方式缩短全枪长度。苏联的AKM步枪、美国的M16步枪都采用有托布局。

2.1.2 无托布局

无托布局发端于20世纪70年代末，也称“犊牛式”。采用无托布局的枪械没有枪托，扳机等零部件相对有托布局枪械前移，射手直接以机匣抵肩射击。

相较有托布局枪械，无托布局枪械的优势包括：在同样的枪管长度下，无托布局枪械的全长更短、重量更轻，更便于携行；无托布局枪械的重心更靠后，与整枪中心基本重合，握把往往也设计在重心位置，射手主手（绝大多数人以右手为主手）握住握把，即可基本持稳枪身，操作便利；无托布局枪械的重心更靠近射手，因此射击时自动机后坐、复进动作产生的振动幅度更小；加装消声器或加挂榴弹发射器后，无托布局枪械的重心不至于过度靠前，依然便于操作；无托布局枪械的抵肩位置更高，枪管轴线更接近抵肩位置，射击时的枪口上跳量更小。

相较有托布局枪械，无托布局枪械的劣势包括：无托布局枪械的扳机往往设计有较长的连杆，很难保证良好的扣压手感；无托布局枪械的弹匣过于接近射手身体，导致更换弹匣不便，使用弹鼓、弹链供弹时会加剧这一问题；抛壳窗过于接近射手脸部，换手射击时，抛出的弹壳就在射手脸前飞过，容易干扰射手，甚至可能伤及射手；无托布局枪械的抛壳窗处泄漏的火药燃气更容易影响射手，配装消声器时会加剧这一问题；在刺刀对峙时，全长更短的无托布局枪械无疑处于劣势。

2.1.3 T 形布局

T 形布局多应用于冲锋枪，这类枪械的弹匣设计在握把之内，外形类似于加装枪托的手枪。步枪因弹匣宽度较大，无法插入握把之内，很少采用 T 形布局。机枪的弹链根本不可能塞入握把之内，因此不会采用 T 形布局。

T 形布局枪械的特性处于无托布局枪械与有托布局枪械之间，它在便携性、操作稳定性方面优于有托布局枪械，但不及无托布局枪械；在人机工效、操作舒适性方面优于无托布局枪械，但不及有托布局枪械。整体而言，T 形布局属于相对冷门的布局。

图 2-1　手枪的套筒、握把和防滑纹

2.1.4 手枪布局

现代手枪的布局相对统一。以自动手枪为例，整体呈 L 形，可分为套筒、握把两部分，弹匣位于握把内部（图 2-1）。

2.2 拉机柄

拉机柄俗称枪栓（注意，从文字释义的角度看，“栓”字其实改作“闩”字更合适，但现有专业文献一般都使用“栓”字），射手上膛、排障时都会用到拉机柄。一般而言，拉机柄可分为随动拉机柄、非随动拉机柄、双状态拉机柄三种。

2.2.1 随动拉机柄

随动拉机柄固定在枪机或枪机框上，射击时它会随自动机运动。随动拉机柄的操作手感很好，既可以向后拉（枪口方向为前），也可以向前推。在出现自动机复进、闭锁不到位的故障时，射手可前推随动拉机柄，迫使自动机复进、闭锁。

随动拉机柄的缺点包括：随自动机往复高速运动，很容易击打射手的手掌；采用随动拉机柄时，机匣上必须加工出较长的让位槽，导致机匣设计难度增大，且强度相对较低；随动拉机柄的让位槽形似存钱罐的投币孔，异物很容易由此侵入枪内，因此往往要设计防尘盖遮住让位槽，或通过特殊设计使自动机遮住让位槽。

随动拉机柄可分为两类。第一类与枪机 / 枪机框一体加工成型，强度相对较高；缺点是在机匣上除需设计自动机运动时的拉机柄让位槽外，还需设计取下自动机时的拉机柄让位槽，导致机匣的设计难度大幅增加。苏联的 AKM 步枪采用了这类随动拉机柄（图 2-2）。第二类是独立加工成型后，再插入枪机或枪机框中，在不完全分解时，射手可先取下随动拉机柄，再取出自动机，因此机匣上不必设计取下自动机时的拉机柄让位槽，设计难度较低；缺点是强度较低，同时有意外遗失的风险。瑞士的SG550步枪采用了这类随动拉机柄。

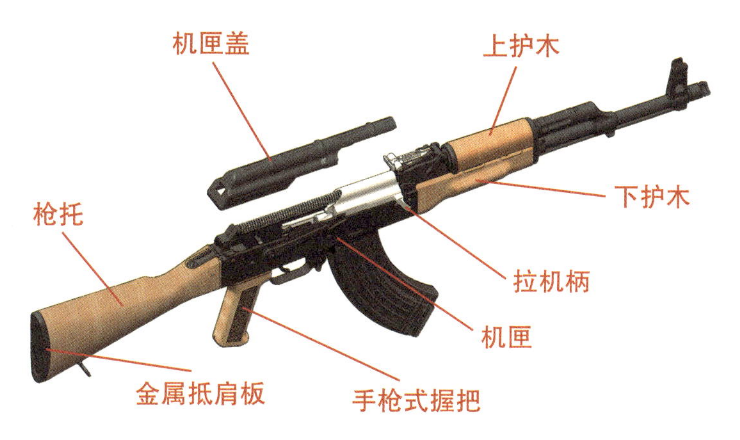

图 2-2 拆下机匣盖的 AKM 步枪。机匣盖只起密封作用，拆下后枪械依然可以射击

2.2.2 非随动拉机柄

非随动拉机柄位于下机匣或护木上，不随自动机运动，不存在往复运动伤及射手的风险，但采用这种拉机柄的枪械的自动机通常只能后拉而不能前推，因此不便于排障（图 2-3）。

图 2-3 M16 步枪的非随动拉机柄和辅助推机柄，可见金属护木上部的皮卡汀尼导轨上装有护木片

M16步枪采用了非随动拉机柄，它的拉机柄只能后拉，不能前推，因此又额外设计了辅助推机柄。当自动机复进、闭锁不到位时，射手可推动辅助推机柄，迫使自动机复进、闭锁。然而，M16的辅助推机柄设计并不成功，自动机出现严重的复进、闭锁不到位情况时，即使拍击辅助推机柄往往也无济于事（图2-4）。

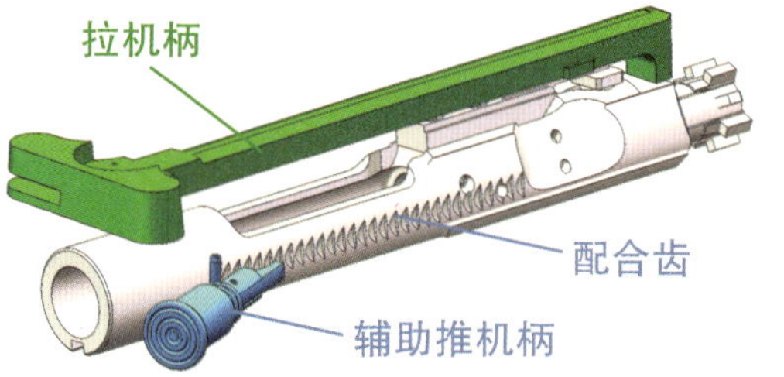

图2-4　M16步枪的非随动拉机柄和辅助推机柄示意，辅助推机柄必须与枪机框上的齿配合

2.2.3　双状态拉机柄

双状态拉机柄是一种新兴的设计形式，可以简单理解为非随动拉机柄的升级版。顾名思义，它具有随动、非随动两种状态。正常射击时，双状态拉机柄处于“非随动”状态，不存在伤及射手的风险。而需要排障时，射手只需触动双状态拉机柄上的一个机关，就能使它转换到“随动”状态。奥地利的AUG步枪采用了这种拉机柄（图2-5）。

双状态拉机柄的问题在于结构复杂、强度较低，且排障时的可用性并不比辅助推机柄高。

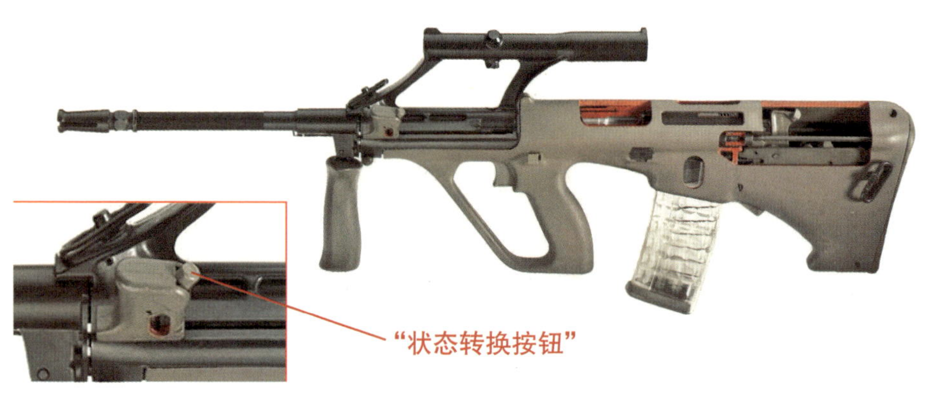

图2-5　AUG步枪的双状态拉机柄“状态转换按钮”，按下后可使拉机柄转换至“随动状态”，松开后按钮会在弹簧力作用下复位，使拉机柄恢复“非随动状态”

2.2.4　手枪“拉机柄”

一般而言，冲锋枪、步枪和机枪都有独立拉机柄，而手枪没有独立拉机柄。手枪套筒上为方便射手拉动套筒上膛而设计的防滑纹，起到了实际上的拉机柄作用。

2.3 枪托

枪托是射手射击时用于抵肩的部件。手枪一般没有枪托。无托步枪没有真正的枪托，而是以机匣尾端的抵肩板来充当枪托。枪托可分为固定枪托、折叠枪托、伸缩枪托和组合式枪托等类型。

2.3.1 固定枪托

固定枪托是最传统的枪托形式，也是最稳定且强度最高的一种。相比之下，折叠枪托、伸缩枪托的动作机构磨损后，就很容易变松垮，影响射击精度。然而，采用固定枪托的枪械，长度往往较大，不便于在车辆等机动载具内部携带或使用。

2.3.2 折叠枪托

折叠枪托是现代有托步枪采用的主流枪托形式。根据折叠方向，可分为上下折叠、左右折叠等类型。枪托折叠后，枪械长度会大幅缩短，进而有效提高便携性。折叠枪托的设计原则是，枪托折叠后不能影响上膛、射击、抛壳、开关保险等正常操作。

2.3.3 伸缩枪托

伸缩枪托可设计多个长度档位，例如美国的 M4 卡宾枪，其伸缩枪托有 6 个长度档位可调。对绝大多数人而言，立姿、卧姿状态的最舒适枪托长度是不一样的，卧姿状态下枪托长一些舒适，而立姿状态下枪托短一些舒适。

伸缩枪托的问题在于，如果档位较多就很容易造成紧急情况下误操作，导致射手不愿使用伸缩功能。仍以 M4 卡宾枪为例，假设一名射手的立姿舒适射击枪托长度档位是 3 档，我们设想一个场景：正常行军中为方便携带，他将枪托长度缩短到 1 档，突发战况时，他必须立即射击，来不及调整枪托长度档位，或误将枪托长度调整到非舒适射击档位，因此贻误战机或险些丧命。这名射手脱险后恐怕宁可牺牲便携性，也会将枪托长度一直置于 3 档，但这就使伸缩枪托失去了存在的意义。

2.3.4 组合式枪托

组合式枪托兼有伸缩、折叠两种功能。射手可先找到最舒适射击长度档位，再用折叠方式缩短全枪长度以便携行。组合式枪托的缺点在于成本高，动作机构复杂，机构磨损后易变松垮。不过，由于实用性强，它目前仍然是很流行的枪托形式，FN SCAR 步枪的枪托就是其中的代表（图 2-6）。

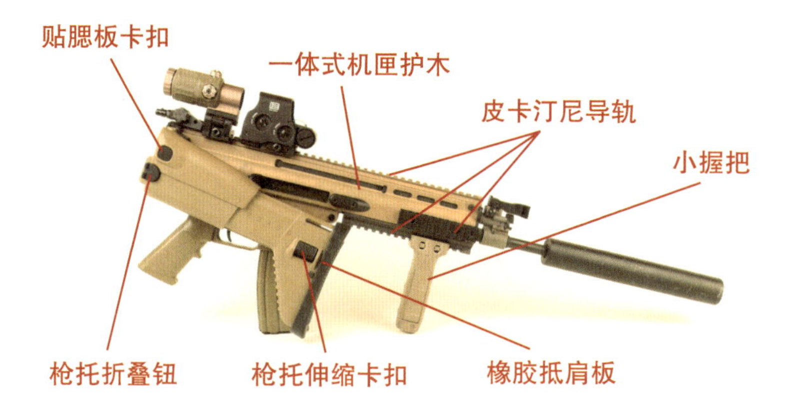

图 2-6　FN SCAR 步枪的枪托，枪托向右折叠，长度 6 档可调，抵肩板由橡胶制成，贴腮板高度 2 档可调

2.3.5　枪托上的配件

1. 贴腮板

一般而言，枪械的机械瞄具和光学瞄具（瞄准镜）的瞄准基线并不重合，光学瞄具的瞄准基线往往更高一些。采用高度可调的贴腮板，就能使射手视线分别对应机械瞄具、光学瞄具的瞄准基线。此外，金属质枪托通常都会采用由塑料或橡胶制成的贴腮板，避免寒冷气候条件下冻伤射手。

2. 单脚架

单脚架，也称后支撑，是较常见的狙击步枪枪托配件，位于枪身后部，长度可调（通常可无级精调），与枪身前部的两脚架共同起到稳定、准确支撑枪身，精确调节枪身俯仰角度的作用，可大幅缓解射手的疲劳感（图 2-7）。

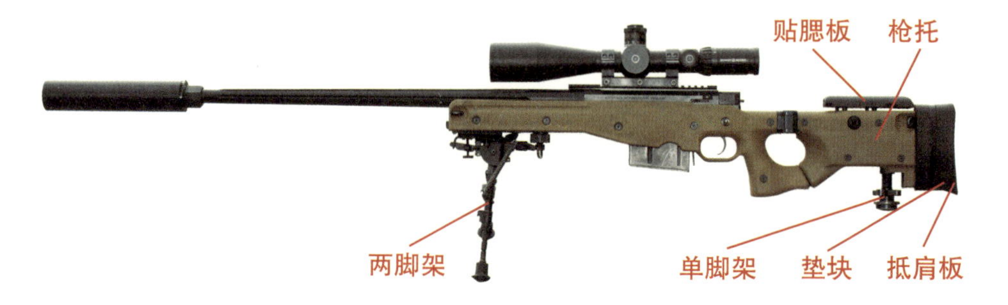

图 2-7　L115 狙击步枪的两脚架和单脚架，其贴腮板高度调节不分档位，可无级精调，射手可在枪托与抵肩板之间增减垫块，以调节枪托整体长度

3. 抵肩板

一些老式步枪，例如 M14 步枪和 AKM 步枪，枪托后部会加装一块钢板充当抵肩板，以提高枪托的强度，防止在格斗时或长期使用后，枪托因强度不足而开裂。当下的枪械抵肩板多由橡胶等软质材料制成，可缓冲后坐力，提高射击舒适性。

4. 抵肩撑板

抵肩撑板，也称搭肩板，是较常见的机枪枪托配件，它的作用与单脚架相似。抵肩撑板可搭在射手肩部，防止枪托抵肩不牢时下滑，同时起到稳定枪身的作用（图 2-8）。

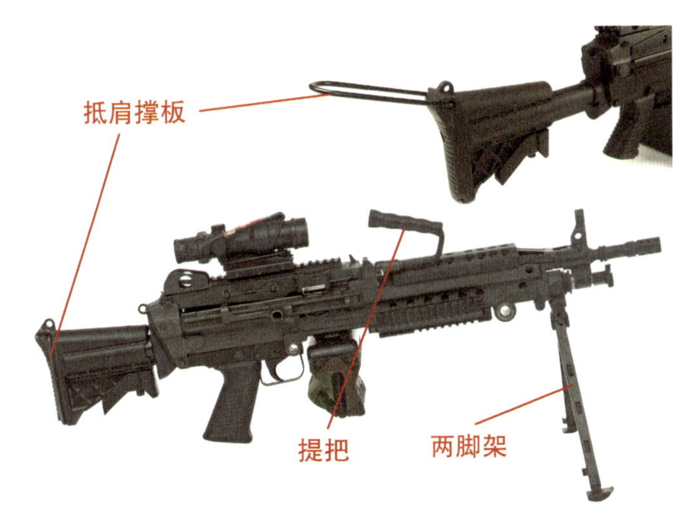

图 2-8　M249 轻机枪的抵肩撑板和两脚架

2.3.6　枪托位置

根据枪托与枪管轴线的相对位置，可将其分为弯枪托、准直枪托、直枪托三种形制。

1. 弯枪托

弯枪托与枪管轴线间的高度差较大，抵肩位置较低，是老式栓动步枪和半自动步枪枪托的主流形制。射手贴腮抵肩射击时，枪管轴线处于其头部偏上位置。依托掩体射击时，射手往往会将枪管 / 护木垫在掩体上，此时枪托相对枪管轴线的位置越低，射手的头部暴露面积就越小。因此，相对准直枪托和直枪托，弯枪托可最大限度减小射手头部的暴露面积。弯枪托的缺点是实际抵肩位置低于枪管轴线，射击时的后坐力会使枪身产生上抬趋势，从而导致较大幅度的枪口上跳。这种现象会影响连发射击精度，以及快速单发射击时的反应速度。老式栓动步枪和半自动步枪射速较低，因此采用弯枪托并无大碍。

2. 准直枪托

准直枪托与枪管轴线间的高度差介于弯枪托和直枪托之间，苏联的 AKM 步枪采用了这种枪托。

3. 直枪托

直枪托与枪管轴线间的高度差较小，是当今自动步枪枪托的主流形制。直枪托的抵肩位置较高，接近枪管轴线。采用直枪托的枪械，射击时的枪口上跳较小，连发射击、点射时的精度较高。直枪托枪械的缺点是瞄准基线往往较高，瞄准具安装位置较高，射手易暴露。

直枪托与枪管轴线的相对位置并无定式。例如 M16 步枪的直枪托，枪管轴线实际上位于抵肩板的偏上位置，而我国 95 式步枪的直枪托，枪管轴线则接近抵肩板中心。无论弯枪托、准直枪托还是直枪托，贴腮高度线与机械瞄具的瞄准基线的高度差都是相近的，而贴腮高度线与枪管轴线的高度差则有较大差异（图 2-9）。

图 2-9　自上至下依次为 AK47 步枪、AKM 步枪、M16A1 步枪和 95 式步枪，绿线为贴腮高度线，红线为枪管轴线，蓝线为机械瞄具瞄准基线，可见 AK47、AKM 的贴腮高度线与枪管轴线重合

2.4 握把

枪械的握把可分为直握把、手枪式握把和D形握把三种。

2.4.1 直握把

直握把也称枪托颈，是老式栓动步枪、半自动步枪握把的常见形制。直握把往往位于机匣后部，占整枪长度。当今的狙击步枪沿用了这种握把。

2.4.2 手枪式握把

手枪式握把是当今自动步枪握把的主流形制，它往往位于机匣下部，不占整枪长度，使整枪结构更紧凑。

2.4.3 D形握把

D形握把是重机枪握把的常见形制，通常成对出现，射手射击时需双手握持。采用D形握把的枪械，往往无法配装枪托进行抵肩射击，只能依托三脚架或台架射击。除老式重机枪外，在当今的车载机枪上也能看到这种握把（图2-10）。

图2-10 正在射击的M2重机枪

2.5 护木

护木的原意是起保护作用的木质部件。在寒冷气候条件下，金属质枪械部件的表面温度过低，难以握持且易冻伤射手，而经过多发射击后，金属质枪械部件的表面温度又会过高，同样难以握持且易烫伤射手。在枪身上，尤其是枪管外包覆导热率相对较低的木质部件后，就能在一定程度上解决上述问题。

当今的枪械已经极少采用实木材料，而是以成本更低、更便于量产的合成材料代替。

2.5.1 一体式护木

一体式护木指枪托与护木一体化设计的超长型护木，是老式栓动步枪和半自动步枪护木的主流形制。这种设计需要消耗体积较大的优质原木，加工工序非常繁琐，成本极高。在当今的枪械中，只有对成本敏感性较低的运动步枪才会采用这种设计。

枪械说　枪械上的木材比钢铁贵

你可能无法想象，对当今的枪械而言，使用木材的成本其实比使用钢铁材料更高。

用于枪械的木材必须具备优异的防蛀、防潮性能，同时质地紧密、强度一流、重量较轻，能满足这些要求的木材并不多。一般而言，欧美国家会选用胡桃木、桦木和山毛榉木等木材制作枪托和护木（图 2-11），而我国曾选用核桃楸木制作枪托和护木。就笔者曾接触过的第二次世界大战时期的枪械而言，日本三八式、九九式步枪的枪托木质疏松、易受潮，强度也很低。笔者拆下其枪托后，发现钢木相接的部位往往锈迹斑斑。而苏联的莫辛 – 纳甘步枪所选用的木材就非常好，很少有“木包锈”的情况。

两次世界大战时期，木材是相对廉价的材料，硬度较低，易于制造，因此当时的枪械往往大量选用木材制造部件。而如今，受长期滥砍滥伐和成材周期漫长的影响，优质木材已经愈发稀缺，因此大幅推高了选用木材制作枪械部件的成本。当下可见的一些所谓木质枪械部件，很可能并不是实木，而是用木屑、廉价木材等材料人工合成的“木材”，实际使用性能很不理想。

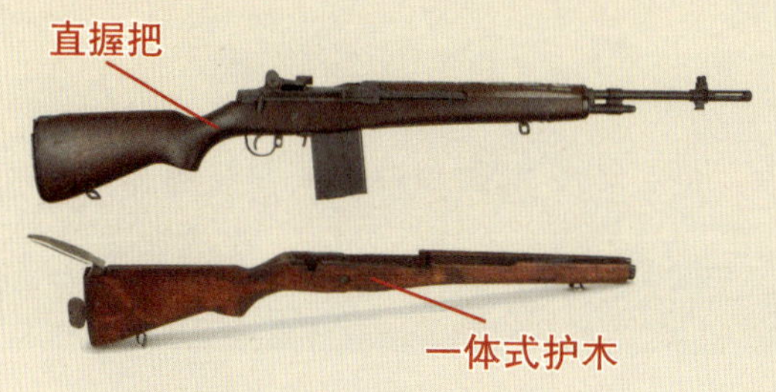

图 2-11　M14 步枪使用一体式护木，这种护木的制作成本非常高

2.5.2 分体式护木

顾名思义，所谓分体式护木，就是护木与枪托相互独立，对原木的体积要求较小。典型的如AKM步枪，其枪托独立，护木分上下两部分，每一部分的体积都相对较小，可以选用一些廉价木材制作。当今枪械的分体式护木多由金属材料或聚合物（塑料）制成。

2.5.3 一体式机匣护木

当今，有些步枪不再设计专用护木，而是设计有超长机匣，超长机匣的前端包裹部分枪管，起到类似护木的作用，FN SCAR步枪和CZ 805步枪就采用了这样的设计，因此严格来讲，两者都没有真正意义上的护木。一体式机匣护木的尺寸通常偏大，且外形较方正，握持感并不舒适。

2.5.4 护木上的配件

1. 小握把

小握把是射手用于握持枪械的“第二握把”，通常安装在金属护木上，位于主握把之前。射手射击时，手握在小握把上，不接触护木。小握把大多由塑料制成，具体形制没有定式。

2. 护木片

护木片安装在附件导轨（例如皮卡汀尼导轨）上，就像导轨的“衣服”。直接安装在金属护木上的附件导轨并不能隔热、隔冷，且边角较锋利，易割手，而护木片能在很大程度上解决这些问题。不过加装护木片也会带来负面影响，金属护木与附件导轨的组合本身就使护木的握围较大，再加上护木片，护木握围会进一步增大，导致握持舒适性降低。

3. 隔热板

无论木材还是塑料，隔热性能都相当有限，因此当今的枪械往往会在护木与枪管间再加装多层薄金属板，即隔热板，以进一步增强隔热效果。安装隔热板的护木，经过多发射击后也能握持。

一般而言，采用金属护木的枪械，多以安装小握把的方式解决射击后护木过热难以握持的问题，而不像采用木质或塑料护木的枪械那样加装隔热板。

枪械说 浮置护木

浮置护木和浮置枪管实际上是同一个概念。为保证射击精度，很多狙击步枪的护木与枪管间并不接触，而是特意留有间隙，以防止护木变形或受力后影响枪管，降低射击精度（图 2–12）。这样的护木相对枪管是“浮置”的，因此称为浮置护木 / 枪管。

对以单发射击为主的非自动狙击步枪、以半自动射击为主的步枪而言，浮置护木 / 枪管的确有助于提高射击精度。而对以连发射击和点射为主的机枪而言，浮置护木 / 枪管并不一定能提高射击精度，设计师有时甚至可能反其道而行之。例如 M134 转管机枪，如果选择纯粹的浮置设计，其枪管在高速旋转射击时就会因离心力作用而向外甩动，严重影响射击精度。为此，设计师选择将 6 根枪管固定在一起，以提高整体刚度的方法对抗离心力，由此保障了一定的射击精度（图 2–13）。总之，浮置护木 / 枪管设计不能与高射击精度划等号，要根据具体情况辩证分析。

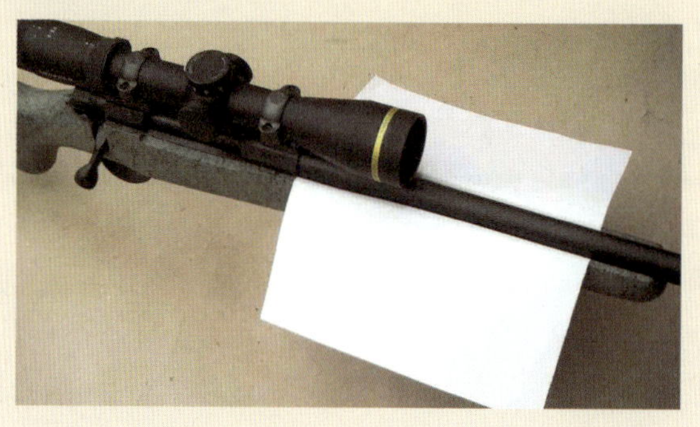

图 2-12　采用浮置护木 / 枪管的枪械，枪管与护木间可轻松塞入纸张

图 2-13　M134 转管机枪的枪管“垛子”，如果没有“垛子”，枪管高速旋转时就会像“开花”一般散开，严重影响射击精度

2.6 附件导轨

附件导轨是枪械上用于安装瞄准镜、小握把、手电筒等附件的机构，是当今枪械上的常见设计元素。

2.6.1 皮卡汀尼导轨

皮卡汀尼导轨的英文写作“Picatinny Rail”，它是目前最常见、最成熟的附件导轨，由美国皮卡汀尼兵工厂设计，标准号为Mil-STD-1913，于1995年列装美国军队。尽管皮卡汀尼导轨的截面形状相对复杂，但定位精度较高。

皮卡汀尼导轨的缺点是体积较大、生产难度较高，此外边缘较为锋利，易割手。一些四面均设计有皮卡汀尼导轨的护木俗称“鱼骨护木”。

2.6.2 KeyMod导轨

KeyMod导轨是近年出现的新型导轨，安装孔外廓类似钥匙。KeyMod导轨的安装孔不会像皮卡汀尼导轨的凸轨那样占用空间，此外还可兼作散热孔。

2.6.3 M-LOK导轨

M-LOK导轨同样是近年出现的新型导轨，安装孔外廓为圆角矩形。相比KeyMod导轨，M-LOK导轨的加工难度和成本都较低，强度更高，同样可兼作散热孔（图2-14）。

目前，KeyMod导轨和M-LOK导轨多用于安装手电筒、小握把等附件，瞄准镜则仍然高度依赖皮卡汀尼导轨。

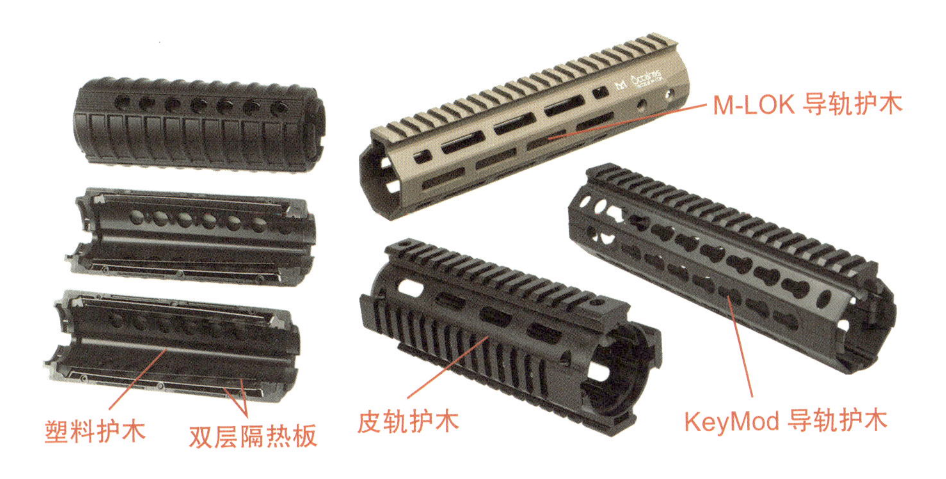

图2-14 M4卡宾枪配用的带双层隔热板的塑料护木、四面皮卡汀尼导轨护木、M-LOK导轨护木及KeyMod导轨护木，后两种护木的上表面仍采用皮卡汀尼导轨

2.6.4 燕尾槽

燕尾槽是一种老式枪械附件导轨。与以上三种导轨不同，燕尾槽只是强调接口形状为燕尾状，而不是规格统一的通用导轨（图 2-15）。不同的枪械，使用的皮卡汀尼导轨或 M-LOK 导轨的规格都是一致的，而不同的枪械使用的燕尾槽则至今没有统一规格。因此，采用燕尾槽的附件往往无法通用，造成了极大浪费，也对通用附件的研发形成了掣肘。

图 2-15 GLOCK 手枪的照门与套筒就使用燕尾槽连接，准确说是以燕尾槽为接口的过盈配合

需要注意的是，说燕尾槽“落后”，并不是说它强度不足或安装附件不稳定，而是说它没有形成统一规格。皮卡汀尼导轨在某种程度上讲其实就是一种变形的燕尾槽。

2.7 自动机

有关自动机的讲解详见第 7 章。

2.8 机匣

从布局上看，机匣是枪械“承前启后”的重要部件，如骨架一般。机匣的首端一般是连接枪管的节套，尾端则是连接枪托的枪托接口（注意，如果是无托步枪，机匣尾端就要设计抵肩板等部件）。在机匣外部，往往设计有抛壳窗盖等部件，此外还加工有拉机柄让位槽等机构。机匣内部可谓“沟壑纵横”，既有负责引导自动机、发射机等机构正常工作的诸多导轨和限位，也有用于提高强度、刚度的支撑“补丁”。本书讲解的很多核心内容，例如自动机的后坐与复进，以及枪械整体的供弹与退壳、发射与击发，都与机匣密切相关。

一般而言，机匣可分为下机匣、上下机匣两种布局。

2.8.1 下机匣布局

下机匣布局枪械的典型代表是 AKM 步枪（图 2-16），其发射机构、自动机、节套和弹匣都位于下机匣内，而上机匣只发挥“盖子”的作用。这样的布局紧凑且轻量，缺点是不利于安装瞄准镜（瞄准镜的最佳安装位置是机匣上部，而下机匣布局步枪的所谓“上机匣”只是一个薄盖子，强度和刚度不足以稳定支撑瞄准镜）。

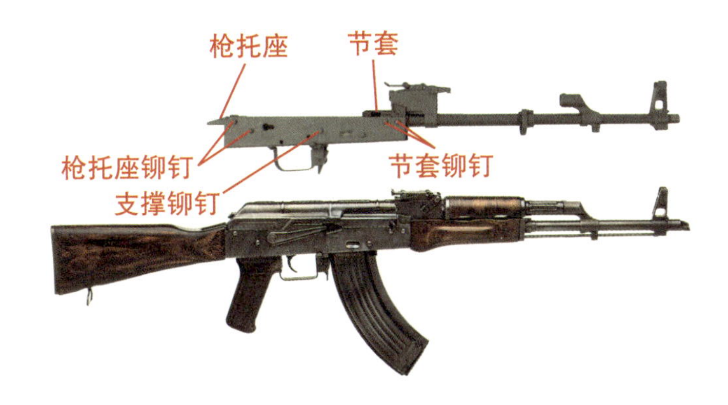

图 2-16　AKM 的机匣示意，机匣首端为节套，尾端为枪托座，中间的支撑铆钉能防止机匣鼓包或凹陷，提高机匣刚度

2.8.2　上下机匣布局

上下机匣布局枪械的典型代表是 M16 步枪（图 2-17），其自动机、节套、枪管位于上机匣内，而发射机、弹匣位于下机匣内。日常维护时，射手可拆下整个上机匣进行操作，而不必拆下瞄准镜。

上下机匣布局的缺点是上、下机匣都较为厚实且沉重。

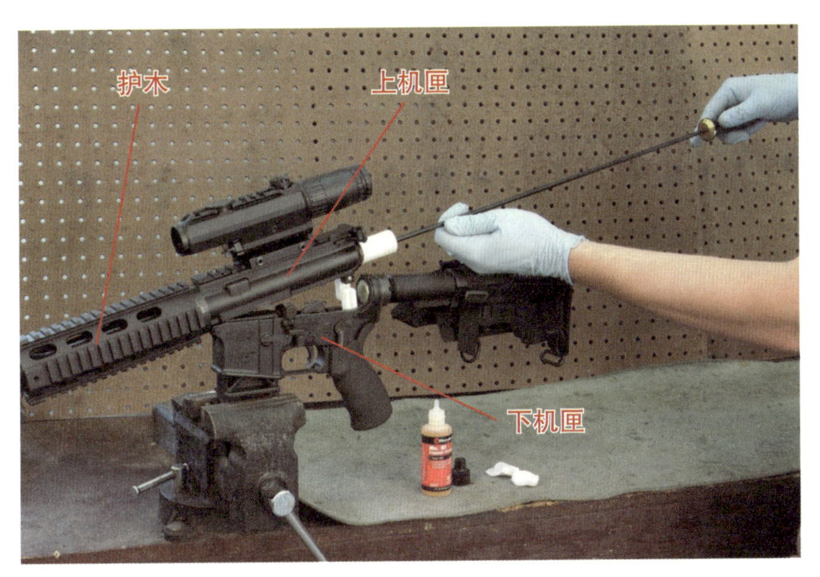

图 2-17　维护中的 M16 步枪，可见枪管安装在上机匣内，维护时无须拆下瞄准镜

2.8.3 机匣上的配件

1. 节套

从文字释义的角度看，节套的“节”字其实写作“接”字更合适。节套往往安装在机匣首端，是枪管与机匣的“连接点”。当今步枪的闭锁机构，通常是在节套中实现闭锁和开锁的。AKM 步枪的节套凸出于机匣外，而 M16 步枪的节套则隐藏在机匣内。

2. 防尘盖

许多枪械的抛壳窗处都设计有防尘盖，这能有效阻止外界异物从抛壳窗处侵入枪械内部引发故障。一般而言，抛壳窗上装有扣合机构，当射手拉动拉机柄上膛或射击时，向后运动的自动机就能将防尘盖撞开。一些采用随动拉机柄的枪械，在机匣拉机柄让位槽处也设计有防尘盖。采用弹链供弹方式的机枪“开口”较多，因此防尘盖也较多。

2.9 提把

手枪的重量相对较轻、体积相对较小，不需要提把，步枪和冲锋枪的重量和体积虽然比手枪大，但射手可握住握把或护木携行，也不需要提把。只有机枪，由于重量和体积较大，为方便携行，通常设计有提把。提把一般位于整枪的重心处。绝大多数机枪的提把都置于枪管上，兼作快速更换枪管时的支点，避免炙热的枪管烫伤操作者（图 2-18）。

图 2-18　M60 机枪的提把最初设计在机匣上，因此快速更换枪管时副射手必须戴隔热手套操作

2.10 枪架

枪架是用于提高枪械射击精度的辅助支撑设备，其作用类似于相机脚架，可分为两脚架和三脚架两大类。

2.10.1 两脚架

两脚架大致可分为机枪用、狙击 / 精确射手步枪用两种。机枪主要进行点射和连发射击，因此机枪用两脚架通常具有结构简单、强度高的特点，能承受较大冲击和暴力操作。狙击 / 精确射手步枪主要进行单发射击和半自动射击，因此狙击 / 精确射手步枪用两脚架通常具有结构复杂、可精密调节的特点，由于不必承受较大冲击，强度不及机枪用两脚架。

目前，一些小握把也整合有简易两脚架，多应用于步枪。

2.10.2 三脚架

三脚架也大致可分为机枪用、狙击 / 精确射手步枪用两种。狙击 / 精确射手步枪的三脚架类似于相机三脚架，主要作用是提供多方位、多角度支撑，不必承受很大外力，射手甚至可以用雪橇等非专用物品搭建临时三脚架。机枪的射速比狙击 / 精确射手步枪高得多，其三脚架必须能承受较大后坐力，因此普遍更为粗壮，但结构相对简单。机枪用三脚架又可分为刚性和弹性两大类。

1. 刚性枪架

刚性枪架的特性是“不动如山”，强度和刚度都非常高，整体重量也非常重，机枪架在刚性枪架上能实现较为稳定的射击，从而保证射击精度。早期的马克沁机枪普遍使用刚性枪架。

2. 弹性枪架

弹性枪架的特性是“动而一致”，强度和刚度不及刚性枪架，但整体重量要轻得多，机动性更好。机枪架在弹性枪架上射击时会产生较大幅度的振动，但振动规律与枪架的固有振动规律相匹配，仍然能保证一定的射击精度。弹性枪架的典型代表是苏联 PKM 机枪所配用的三脚架（图 2-19）。

图 2-19　安装在三脚架（弹性枪架）上的 PKM 机枪，该枪所用枪弹规格与 MG08 重机枪相当，两者后坐力相近，但前者的三脚架要轻薄很多

2.10.3 雪橇架

德国的 MG08 重机枪采用了典型的雪橇架，将该枪架折叠后，射手可像拉雪橇一样拖动机枪，其设计理念与轮架相似。雪橇架本质上是一种刚性枪架（图 2-20）。

图 2-20 安装在雪橇架上的 MG08 重机枪，雪橇架实际上有四个支撑脚，算是四脚架

2.10.4 轮架

第二次世界大战时期，苏联军队大量装备了采用轮架的机枪。轮架便于人力或畜力拖曳，相较刚性枪架机动性稍强，有些轮架还配有护盾，设计理念类似火炮。不过，由于对路面要求较高，轮架的机动性仍然有限，其稳定性也不及刚性枪架，如今已经基本淘汰（图 2-21）。

图 2-21 安装在轮架上的 SG43 机枪

Chapter 3

第3章

枪管

枪管里暗藏哪些玄机?

枪管是枪械的核心，一支枪可以没有弹匣，也可以没有枪托，但一定要有枪管。

3.1 枪管构成

根据有无膛线，可以将枪管分为线膛枪管（有膛线）和滑膛枪管（无膛线）两类。在枪械中，滑膛属于“非主流”形式，只有霰弹枪和少部分特制枪械才会采用。

从枪管末端到枪口（准确说是膛口），可以将枪管内膛分为弹膛、坡膛、线膛/滑膛三部分（图 3-1、图 3-2）。

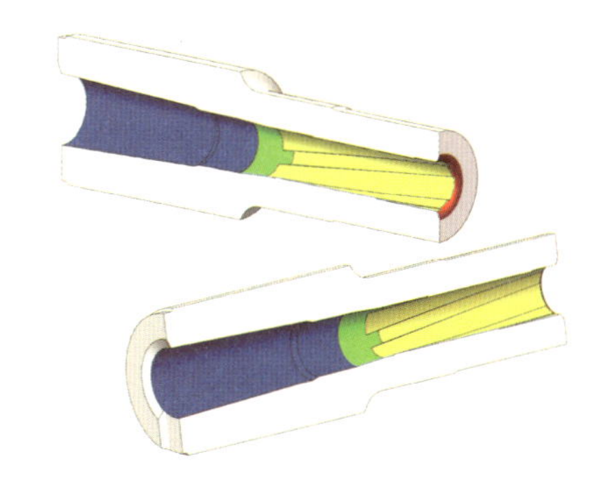

图 3-1　AKM 步枪枪管的弹膛（蓝）、坡膛（绿）、线膛（黄）、膛口弧形（红）示意，注意枪管长度未按比例绘制

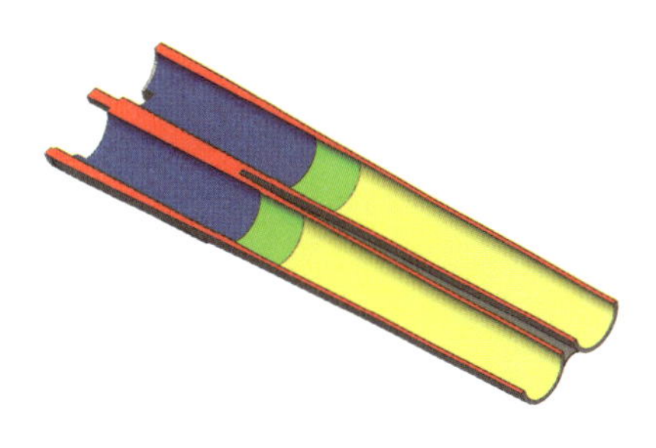

图 3-2　一支双管霰弹枪的枪管剖示图，尽管属于滑膛枪，但其枪管内依然可以大致分为弹膛（蓝）、坡膛（绿）、滑膛（黄）三部分

3.1.1　弹膛

弹膛是枪管内容纳枪弹的部分，它的几何形状为多椎体，与枪弹相似。弹膛主要起密闭气体和承受膛压的作用（图 3-3）。对转轮手枪或转膛式武器而言，硕大的弹巢（转轮）就是弹膛。为便于加工，弹巢的内孔多为简单的圆柱体结构，因此转轮手枪弹大多采用直筒形弹壳。

有些枪械会在弹膛内刻纵槽，这样一来，射击时，火药燃气沿槽体流向弹壳外表面，枪弹与弹膛不会贴得很紧，有助于减小抽壳阻力，法国的 FAMAS 步枪、德国的 G3 步枪（图 3-4）和 MP5 冲锋枪（图 3-5）就采用了这种设计。还有些枪械会在弹膛内刻横槽或螺旋槽，使弹壳膨胀嵌入槽中，增大抽壳阻力，以降低自动机的后坐速度，进而降低射速，我国的 77 式手枪就采用了这种设计。

总体而言，弹膛刻槽的弊大于利。弹膛内刻槽既提升了加工难度，又降低了弹膛强度，如果是纵槽的话，射击时部分火药燃气还会从中溢出，导致抛壳窗“冒黑烟”。如今，已经很少有枪械采用弹膛内刻槽的设计。

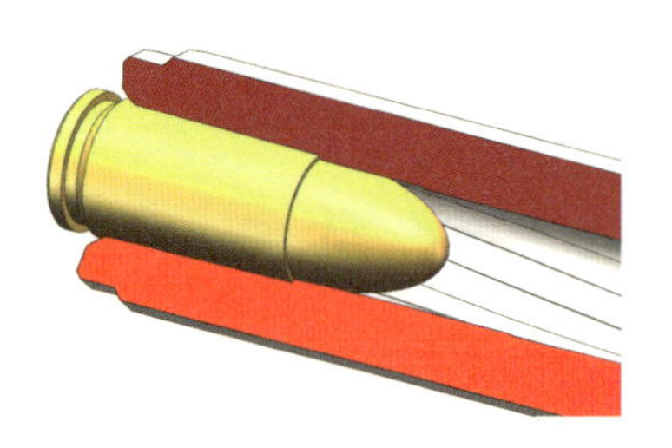

图 3-3　装入弹膛的 9×19mm 弹，弹壳与弹膛的贴合度很高，枪弹装入弹膛后，弹尾都会露出，以便抽壳钩抽壳

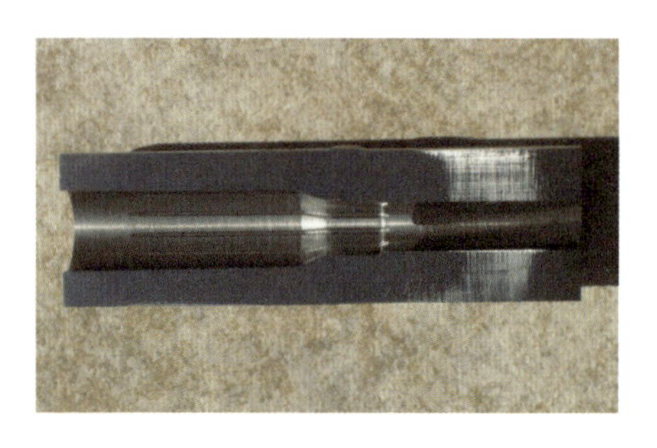

图 3-4　G3 步枪的弹膛内刻纵槽，纵槽方向与枪管轴线方向相同

图 3-5　射击后的 MP5 冲锋枪弹壳，弹壳会在纵槽处膨胀，且会被熏黑

3.1.2　线膛

线膛是枪管内膛中加工有膛线的部分（图 3-6）。弹头飞行时依靠自身旋转保持稳定，而膛线的作用就是使弹头转起来。在线膛内，弹头要一边旋转一边前进。如果你不太理解“边旋转边前进”的概念，可以仔细观察拧螺母的过程，螺母在螺栓上就是“边旋转边前进”的，只不过螺栓的螺纹间距（螺距）很小，螺母要旋转好几圈才能前进一小段距离，而弹头在线膛里的运动特性是前进较长一段距离只旋转几圈，因为线膛内的膛线螺距较大。

图 3-6　枪管的直径较小，膛线较浅，难以观察，而炮管的直径较大，膛线较深，相对更易观察，图中的英国 L7 型 105 毫米口径坦克炮的炮管膛线清晰可见，注意该炮采用了内膛镀铬工艺，因此有明显的银色光泽

3.1.3 坡膛

坡膛是枪管内线膛与弹膛之间的过渡部分，负责引导弹头进一步对齐并“挤入”线膛。从外观上看，坡膛是膛线的“源头”。在弹膛位置，弹头要以过盈配合㊀的方式“挤入”线膛，这是一个十分重要的过程，对射击精度、枪管寿命和内弹道性能影响很大，因此坡膛的重要性不言而喻。

3.1.4 其他枪管相关术语

1. 膛口弧形

枪管口部往往设计有膛口弧形，通俗而言，就是枪口会设计一个圆角或倒角。加倒角或圆角后，膛线的末端就相当于“缩”在枪口内，这样可以避免膛线末端因磕碰受损。如果膛线末端受损，就会严重影响射击精度。

2. 三膛同轴

必须严格保证线膛、坡膛、弹膛三膛同轴，理想条件下三者应该一体加工成型（实际很难实现）。如果三膛不同轴，那么弹头在运动过程中就会像过山车一样多方向偏移，导致运动阻力增大、射击精度降低，还可能降低枪管使用寿命，导致弹头留膛等一系列故障（图 3-7）。

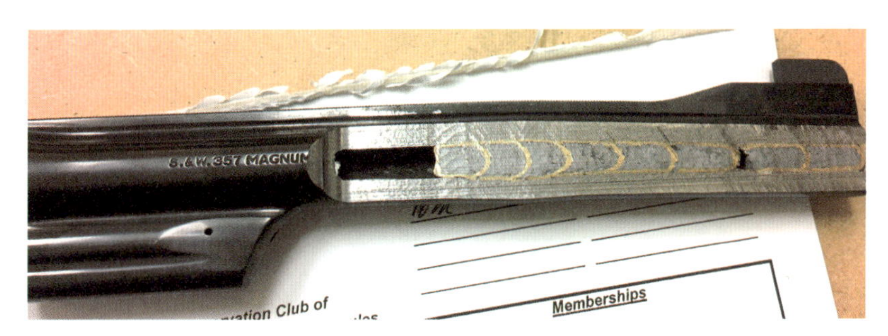

图 3-7 弹头留膛严重的转轮手枪，往往会有多枚弹头同时留膛，导致枪管鼓包甚至破裂

3. 内膛镀铬

膛线的存在使枪管内壁很容易锈蚀，同时，膛线的阴线内很容易积聚发射药、底火药的残渣，这些残渣会严重腐蚀枪管内壁。因此，枪管的内壁上往往会电镀一层铬金属，防止其直接接触空气和火药残渣。

㊀ 过盈配合是一种常见的配合方式，指利用材料的细微弹性变形实现紧密连接，例如将直径 8.02 毫米的铜棒强行插入直径 8 毫米的钢孔中，铜棒与钢孔之间就是过盈配合。这种配合方式非常紧密，气密性高。通常，变形件的材料质地要比非变形件软，因此，枪管多由钢制成，而弹头的被甲多由铜、覆铜钢等质地比钢软的材料制成。

枪械说 内膛镀铬的玄机

铬金属层的表面硬度极高，耐腐蚀性较好，能大幅提升枪管的抗腐蚀能力，进而增加枪管的使用寿命。越南战争中，美国的 M16 步枪最初没有采用内膛镀铬工艺，在湿热的气候条件下出现了严重的腐蚀现象，枪管内壁遭腐蚀后变得“坑坑洼洼”，大幅增加了抽壳阻力，导致了很多故障。

需要注意的是，镀铬也存在一些副作用。首先，镀铬会在一定程度上降低射击精度，因此当今的狙击步枪大多采用不锈钢材料制造枪管。尽管不锈钢的质地相对较软，会降低枪管的耐磨性，进而降低使用寿命，但其耐腐蚀性较强，不必采用内膛镀铬工艺，从而能保持相对更高的射击精度。其次，镀铬工艺产生的废水废料会对环境造成严重污染。

3.2 膛线相关术语

3.2.1 缠距

缠距也称导程。如果将膛线视为一种特殊的螺纹，则可以将缠距简单地理解为螺距。缠距指膛线旋转一周，在枪管轴线方向（枪管末端到膛口方向）前进的距离。通俗而言，就是膛线转一圈走过的距离。例如，一根 600 毫米长的枪管，如果缠距为 300 毫米，那么弹头飞出枪管就要旋转 2 周，如果缠距为 200 毫米，那么弹头飞出枪管就要旋转 3 周。缠距越大，膛线越“平直”，弹头因自转而消耗的能量就越小（即转速较低），由此能保持较高的初速，但转速较低会导致飞行的稳定性降低，进而影响射击精度（图 3-8）。

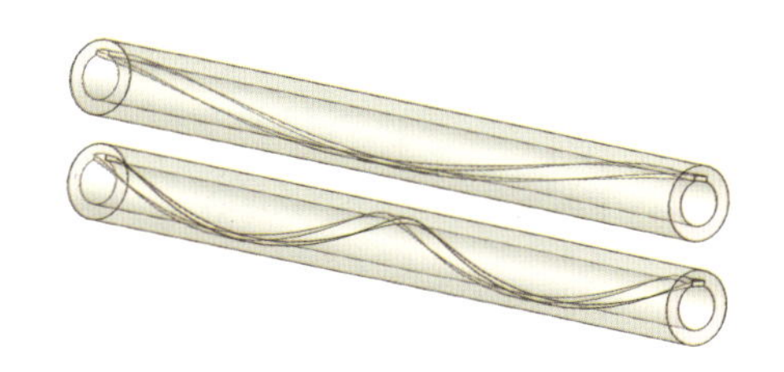
图 3-8 100 毫米缠距（下）与 200 毫米缠距膛线示意，缠距越小，膛线越“陡斜”

在西方国家，缠距也用比例来表示，例如 5.56×45mm M855/SS109 弹的缠距是 7 英寸（178 毫米），意即弹头每前进 7 英寸就旋转 1 周，因此其缠距可表示为 1 ∶ 7。这种“圈数 : 距离”的表示方式其实并不严谨，因为左右单位不统一，很容易产生误解。国内有些文献将“缠距 1 ∶ 7”误写作“缠距 1/7 英寸”，这就贻笑大方了。1/7 英寸约等于 0.36 厘米，显然，缠距只有 0.36 厘米的枪管是根本不可能正常射击的。

3.2.2 缠度与缠角

缠度是膛线缠距与口径的比值。例如 5.56×45mm M855/SS109 弹，缠距是 7 英寸，口径按英制是 0.223 英寸，缠度 = 缠距 / 口径 =7/0.223≈31.4。

缠角是膛线参数角度化的表示方法，定义为膛线上的任意一点的切线与枪管轴线平行线的夹角。如果将膛线在纸面上展开，那么图 3-9 所示的 α 角就是缠角，它符合公式 $\alpha=\arctan\pi d/L$，其中 L 是缠距，d 是口径，arctan（反正切）是反三角函数。再以 5.56×45mm M855/SS109 弹为例，缠距 7 英寸，口径 0.223 英寸，缠角 =arctan π0.223/7≈1.82 度。

3.2.3 阴线与阳线

膛线分为阴线和阳线，阳线是“凸”的部分，阴线是“凹”的部分，阴线直径通常大于阳线（图 3-10）。枪弹弹头的最大直径往往与阴线直径相当。所谓膛线磨损，实际指的是阳线磨损。

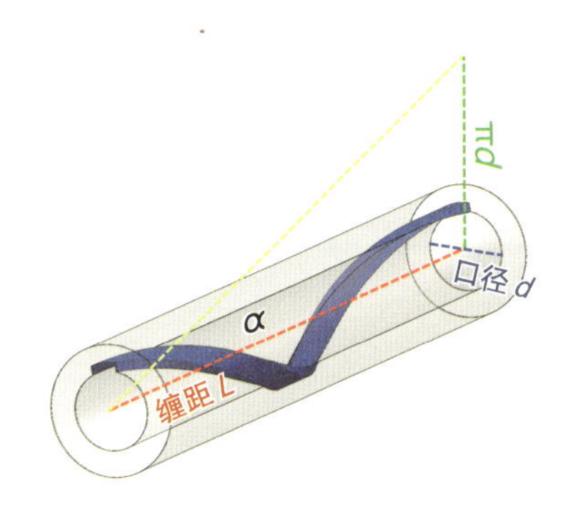

图 3-9 黄线与红线之间的夹角就是缠角 α

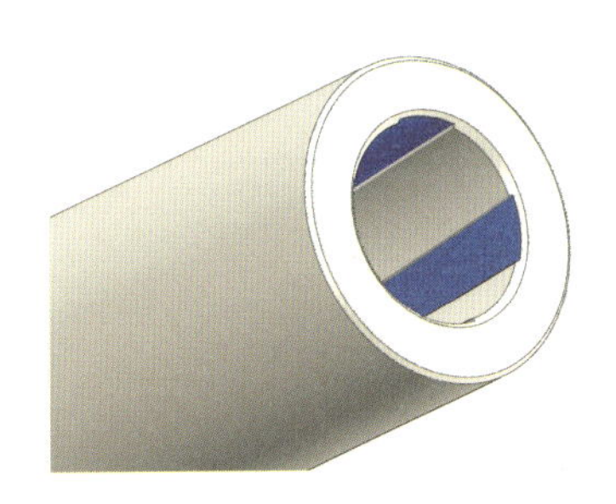

图 3-10 膛线示意，标蓝部分为阴线，共 4 根膛线

3.2.4 左旋与右旋

膛线有左旋和右旋之分，我国通常采用右旋膛线，与日常生活中螺钉 / 螺栓的螺纹旋向相同（图 3-11）。旋向的辨别方法是，以枪管轴线方向作为竖直方向，旋向从右下到左上的为右旋，从左下到右上的为左旋（注意，膛线为内螺纹，而螺钉 / 螺栓为外螺纹，两者的旋向辨别方法稍有不同）。

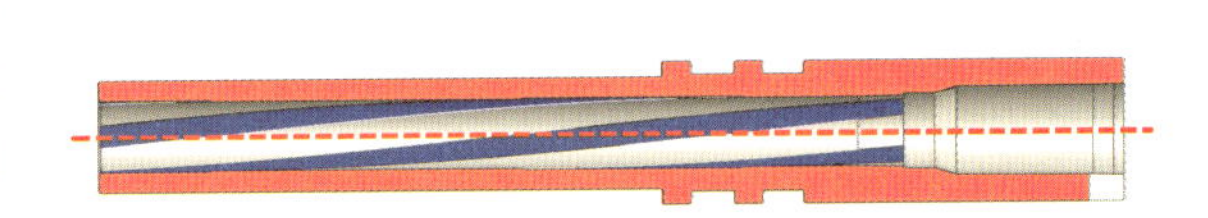

图 3-11 右旋膛线剖视图，红色枪管轴线竖直，膛线旋向从右下到左上

3.2.5 导转侧面

无论左旋还是右旋，膛线都只有一侧真正引导弹头旋转。这就像手握鼠标，无论向左还是向右移动鼠标，都只有一侧的手指发力。枪管导转侧面的数量等于膛线数量，例如有 4 根膛线就有 4 个导转侧面。

3.3 膛线的分类

3.3.1 按照展开线（缠角）分类

膛线可以按照展开线（缠角）的不同，分为等齐膛线、渐速膛线和混合膛线三类。

1. 等齐膛线

等齐膛线是最常见的膛线，它的展开线是一条直线，即缠角不变，易加工，成本低。由于弹头在枪管内运动的加速度并不恒定，而是随膛压变化而变化，等齐膛线与弹头的加速规律并不匹配。

2. 渐速膛线

渐速膛线的缠角沿枪口方向逐渐增大，展开线是一条曲线（图 3-12）。这种膛线能匹配弹头的加速规律，在不提升膛压的情况下提高弹头的枪口初速，但难以加工。

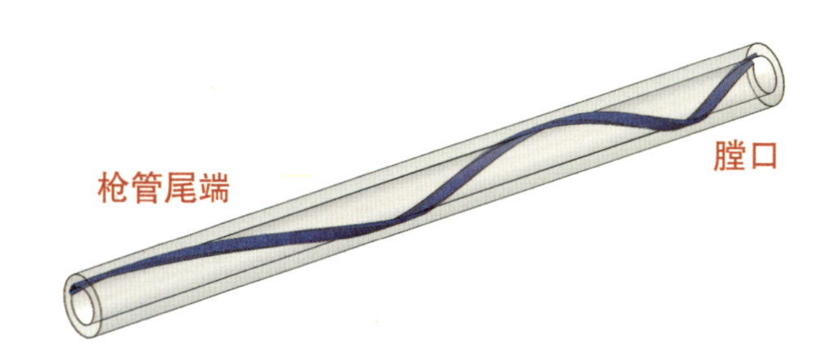

图 3-12　渐速膛线示意，它的作用是先提高弹头的直线运动速度，再提高弹头的自转转速

3. 混合膛线

所谓混合膛线，就是前半部分（靠弹膛）采用渐速膛线，后半部分（靠膛口）采用等齐膛线。这种膛线融合了渐速膛线与等齐膛线的优点，较渐速膛线更易加工，较等齐膛线性能更优，但在枪械中鲜有应用。

3.3.2 按照断面形状分类

膛线还可以根据断面形状来区分，国内一般分为矩形、梯形、圆形、多弧形、多边弧形和弓形六类，常见的是矩形膛线和多边弧形膛线两类（图3-13）。矩形膛线易加工、成本低，但有尖角，易产生应力集中，会影响枪管强度和使用寿命（图3-14）。多边弧形膛线没有尖角，加工难度不大，具有更优的理论性能，GLOCK手枪就采用过这类膛线（图3-15）。

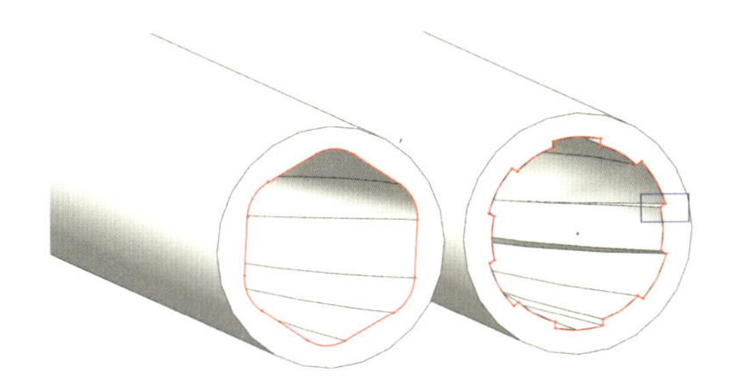

图3-13　矩形膛线与六边弧形膛线对比，矩形膛线的尖角（共12个）用蓝框标示，现实中的矩形膛线都会在尖角处加圆角，在一定程度上避免应力集中

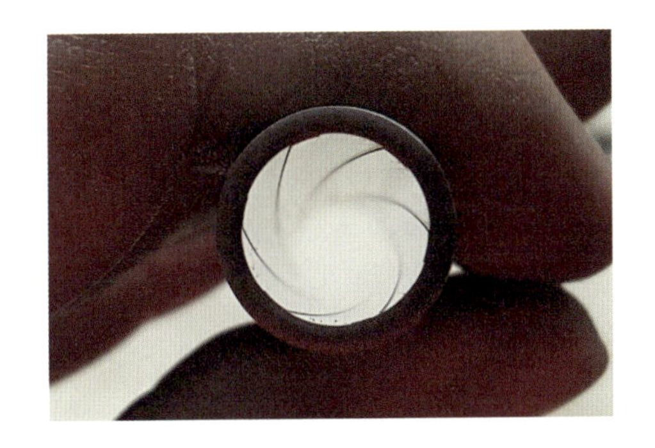

图3-14　M1911手枪的矩形膛线，注意它采用了少见的左旋膛线

图3-15　第五代GLOCK17手枪枪口特写，六边弧形膛线有6边6圆角，圆角半径较大，外形接近直线，很容易让人误以为有12条膛线

3.4 膛线加工方式

枪管加工的工序一般是，先对毛坯进行深孔加工，使其成为壁厚很大的枪管，再在枪管内壁上加工膛线。膛线加工有拉削、冷挤压、电解、精锻等方法。

3.4.1 拉削

拉削又称拉丝，通过去除一部分材料来加工出膛线，操作方法类似于雕刻。早期线膛步枪的膛线大多采用拉削加工方式。工人师傅将拉刀安装到拉线机上，转动拉线机，使拉线机沿枪管轴线方向前进，按事先设定的缠距加工出膛线。由于枪管的硬度较高，往往要进行多次拉削和调刀，才能加工出一条合格的膛线。

从本质上讲，拉削加工就是“一层一层地去除材料”，加工效率很低。但这种加工方式不需要像冷挤压和精锻一样加工挤压头和芯棒，前期成本更低。因此，小批量生产时，拉削加工方式相对更划算。此外，拉削加工只是去除一部分材料，不会使枪管内部剧烈变形，加工的内应力很小，加工精度较高。如今的狙击步枪枪管膛线依然会采用拉削加工方式。

3.4.2 冷挤压

冷挤压又称挤丝，与拉削不同，冷挤压不是切出膛线，而是挤出膛线。冷挤压所用的挤压头上，加工有与膛线相同的外轮廓。挤压时，枪管相对挤压头边旋转边前进，挤压头在枪管内壁上挤出膛线。这种加工方式最大的优点是，加工后的枪管内壁会出现冷作硬化现象，在一定程度上提高了枪管内壁的表面硬度，有利于提高使用寿命。此外，冷挤压不需要像拉削那样反复去除材料，而是一次成型，加工效率更高。

3.4.3 电解

电解加工利用金属阳极溶解的电化学原理来加工膛线。加工时，枪管接直流电源阳极，具有特定外形和尺寸的电解芯棒接直流电源阴极，两极之间保留很小的间隙。使氯化钠（食盐）电解液从两极间隙中高速流过，枪管内壁表面金属就会被不断电解，电解产物随即被电解液冲走，直到达到加工要求为止（图 3-16）。这种加工方式多用于大中口径机枪枪管，且便于加工渐速膛线。

图 3-16　电解芯棒与待加工的枪管，芯棒实际上是一种反向膛线，外表面涂有保护漆

电解加工的效率高，加工工具使用寿命长，缺点是对环境和人体有较大危害。

上述三种加工方式，尤其是电解加工，加工完成后都要进行线膛修饰，即俗称的浇铅擦膛。工人师傅将铅液浇入枪管后铸成铅条，再使铅条沿阴阳线边旋转边前后运动，对枪管内壁进行打磨。铅条混合有金刚砂和油类混合剂。浇铅擦膛工序对环境和人体都有极大危害。

3.4.4 精锻

精锻又称冷锻，方式与冷挤压类似。不过，冷挤压的膛线是挤出来的，而精锻的膛线是锤出来的。加工时，将精锻芯棒送入枪管内膛（内膛直径略大于芯棒），使枪管相对于芯棒旋转并前进，与此同时，枪管外的锤头高速锤打枪管，在枪管内壁上锤出膛线。

精锻的效率非常高，几分钟内就能大致加工出膛线。精锻的锤打过程只依赖机器，不依赖人工，因此加工一致性较好。精锻还有一个额外的优势，就是能将一根短粗的枪管，像擀面条一样捶打成一根细长的枪管，使金属材料更致密，强度更高，进而提高使用寿命。如今，精锻已经成为最常用的膛线加工方式（图 3-17）。

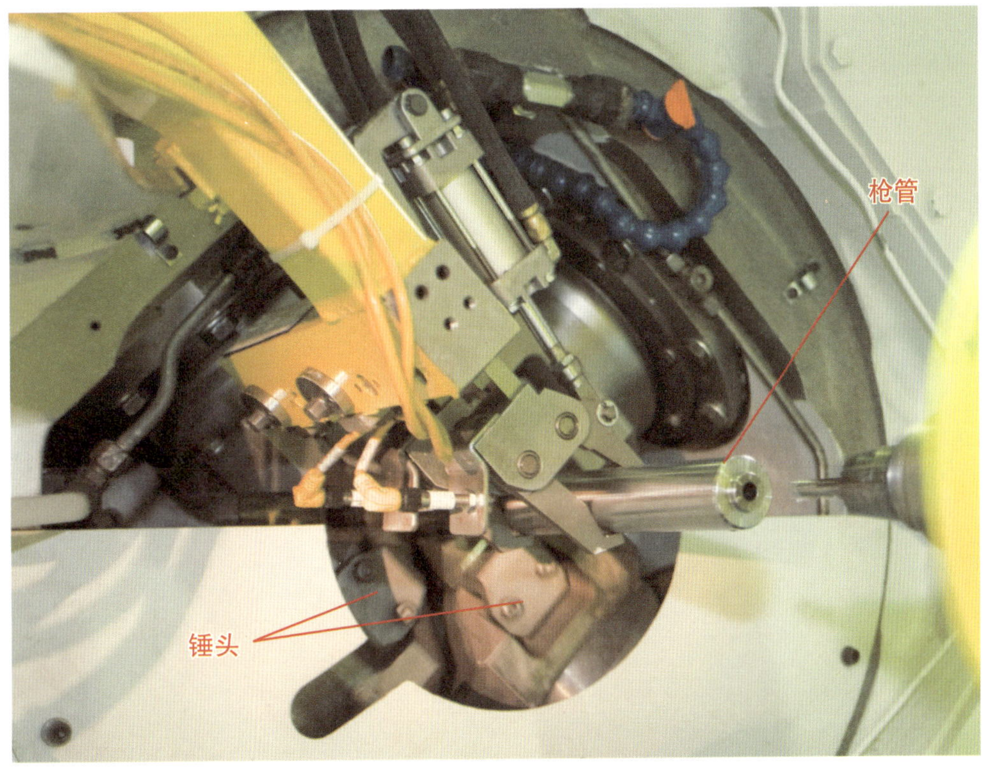

图 3-17 精锻中的枪管，枪管由机械臂夹持，可见两个锤头

3.5 枪管参数实例

不同枪械的枪管大同小异，表 3-1 列举了 GLOCK17 手枪、MP5 冲锋枪、AKM 步枪、M16 步枪、伯奈利 M4/M1014 霰弹枪的枪管参数，仅供参考。

表 3-1 GLOCK17 手枪、MP5 冲锋枪、AKM 步枪、M16 步枪、伯奈利 M4/M1014 霰弹枪的枪管参数

枪械名	枪弹型号	膛线条数	膛线形状	旋向	缠距 / 导程
GLOCK17	9 × 19mm 巴拉贝鲁姆	6	六边弧形	右旋	250 毫米
MP5	9 × 19mm 巴拉贝鲁姆	6	矩形	右旋	250 毫米
AKM	7.62 × 39mm M43	4	矩形	右旋	240 毫米
M16	5.56 × 45mm M193	6	矩形	右旋	12 英寸 /304.8 毫米
	5.56 × 45mm M855	6	矩形	右旋	7 英寸 /177.8 毫米
伯奈利 M4/M1014	12 号标准	无（滑膛）	—	—	—

Chapter 4

第4章

膛口装置

枪械如何抑制后坐力、枪口焰和射击噪声？

膛口指枪管的最前端，也称枪口。安装或加工在膛口上的各式配件 / 附件就是膛口装置。膛口装置大致可以分为制退器、助退器、防跳器、消焰器、消声器五类，它们通过控制膛口的火药燃气流量、方向和速度，分别起到减小后坐力、增大后坐力、减小枪口跳动量、减弱枪口焰、降低枪口噪声的作用。

4.1 制退器

制退器在很多电子游戏中称为“补偿器”。从字面上理解，制退器是“制止 / 阻止后退（后坐）的器具”。枪械射击时会产生后坐力，尤其是大口径枪械，后坐力巨大，人体、载具（车辆和飞行器等）都难以承受，因此有必要设计制退器（图 4-1）。

图 4-1　装制退器的膛口，除喉缩外，任何膛口装置都比枪管粗一些

制退器的结构多样，最常见的是设计在膛口两侧的朝向斜后方的对称开孔制退器。射击时，火药燃气先向前冲击制退器前壁，再通过制退器两侧开孔向后方涌出，对制退器施加与气流方向相反的力，进而抵消一部分后坐力（图 4-2、图 4-3）。这种制退器结构简单、易于加工。

制退器对射击精度的影响非常复杂。从有利的方面看，它能减小后坐力，使枪械保持相对稳定，进而提高射击精度。从不利的方面看，它会改变膛口处的气流分布，使气流流向人为设定的方向，这类“非自然流动”的气流会对弹头运动产生不利影响，降低射击精度（图 4-4）。此外，枪管射击时不是纹丝不动的，而是会产生高频振动，制退器会严重破坏枪管的振动规律。

图 4-2　火炮射击时的后坐力巨大，通常需要装制退器，图中炮口的气流清晰可见

图 4-3　制退器形式多样，基本工程思路是使火药燃气先冲击前壁，再向斜后方喷出

总之，对制退器的使用要权衡利弊。举例而言，使用 7.62 × 51mm 弹的狙击步枪后坐力较小，人体完全可以承受，出于保证精度的考虑，一般不会加装制退器；而使用 12.7 × 99mm 弹的狙击步枪后坐力较大，超过了多数人的承受限度，通常必须加装制退器。

图 4-4 安装冲锋枪套件的 GLOCK 手枪，射击时膛口气流极不对称，会对射击精度产生不利影响

4.2 助退器

从字面上理解，助退器是“帮助后退（后坐）的器具”，多用于采用管退式自动方式的枪械。管退式枪械通过枪管后坐来向自动机提供能量，以完成开锁、抽壳等动作。由于枪管本身较沉重，后坐速度较慢，动作频率较低，管退式枪械很难实现较高的射频（射速）。助退器的作用就是利用膛口的火药燃气能量提高枪管后坐速度和动作频率，进而提高射频（射速）。采用管退式自动方式的德国 MG34/42 机枪，就装有助退器（图 4-5）。

图 4-5 MG34 机枪的助退器螺接在枪管散热套上，助退器上有一个卡扣，扳开卡扣，即可转动并前后调节助退器，进而调节射速

除 MG34/42 机枪所用的普通助退器外，还有一种空包弹助退器。空包弹没有弹头，是演习、训练、拍摄影视剧时使用的特殊枪弹。枪械在发射空包弹时，由于没有弹头阻隔，火药燃气会顺着枪管畅通无阻地泄出，导致膛压很低，后坐能量严重不足，由此带来的问题是枪械无法自动射击，射手只能手动完成抛壳、进弹等动作。

为此，设计师开发了空包弹助退器。它的原理很简单，就是通过堵住一部分枪管来增大膛压，提高后坐能量，进而使枪械依然能自动射击（图 4-6、图 4-7）。不同枪械的空包弹助退器形制和安装位置差异较大，例如美国的 M2 大口径机枪，由于采用枪管短后坐自动方式，其枪管是运动的，空包弹助退器只能通过三个支爪固定在机匣前部的散热套上，而不能固定在枪管上（图 4-8）。

图 4-6　美军的空包弹助退器大多采用红色或黄色等较醒目的涂装色

图 4-7　AKS74 步枪的银白色空包弹助退器

图 4-8 加装空包弹助退器的 M2 大口径机枪，很容易让人误以为是转管机枪

4.3 防跳器

防跳器用于减小枪械射击时的枪口跳动量，进而提高射击精度。由于最终作用都是提高射击精度，防跳器往往会与制退器整合设计，单独设计的防跳器很少见。最简单的防跳器设计方式是在枪口或枪口的延长零件上开孔，使火药燃气向上涌出，产生与枪口跳动方向相反的力，进而抑制枪口跳动（图 4-9）。苏联 / 俄罗斯的 AKM 步枪采用了较少见的斜切防跳器，由于射击时枪口主要向右上方跳动，其防跳器开孔朝向右上方，引导火药燃气向右上方涌出，迫使枪口向左下方修正（图 4-10）。

图 4-9 加装防跳器的 M1911 手枪

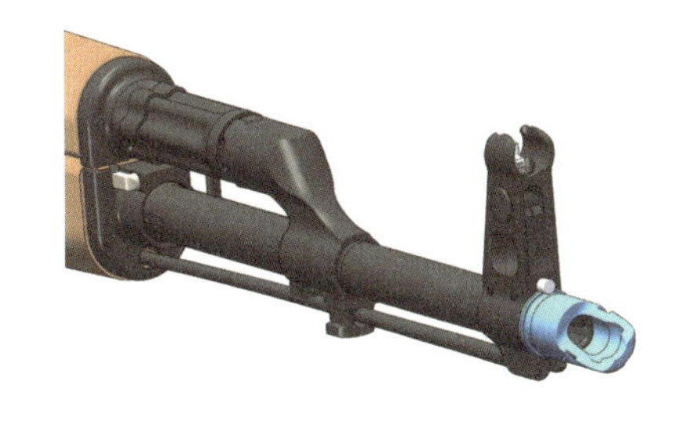

图 4-10 AKM 步枪的斜切防跳器（蓝色）

4.4 消焰器

枪口焰容易使射手暴露位置，甚至会导致射手短暂性失明（图 4-11）。消焰器的作用是减弱或消除枪口焰，通常采用“遮蔽”和“膨胀”两种方式实现。

① 通过物理遮蔽的方式，从视觉角度消除一部分枪口焰（前期焰和一次焰）。

② 通过膨胀的方式降低火药燃气的温度和压力，使其难以燃烧，进而减弱枪口焰。使火药燃气膨胀有两种手段：在膛口部位设计膨胀室，使火药燃气在膨胀室内与外界空气充分混合，进而降温降压；在膛口部位设计“喇叭口”，使火药燃气流经“喇叭口”后迅速扩散（相当于膨胀），进而降温降压。需要注意的是，枪管本身就是一个“膨胀室兼遮蔽器”，日本的三八式步枪就通过采用超长枪管的方式来减弱枪口焰。

图 4-11 FN57 手枪使用的 5.7×28mm 弹原本是为冲锋枪（PDW）设计的，用在枪管较短的手枪上时，由于发射药难以在膛内完全燃烧，会形成明显的枪口焰

由于枪口焰的成因较复杂，一些短枪管步枪，例如美国的 M4 卡宾枪，即使加装消焰器也很难有效抑制枪口焰。AKS74U 的消焰器设计较为典型，它由膨胀室与喇叭口组合而成，火药燃气流入消焰器后，先在圆柱形膨胀室内膨胀，初步降温降压，再进入喇叭口，通过迅速扩散进一步降温降压，但射击时的枪口焰依然明显（图 4-12）。

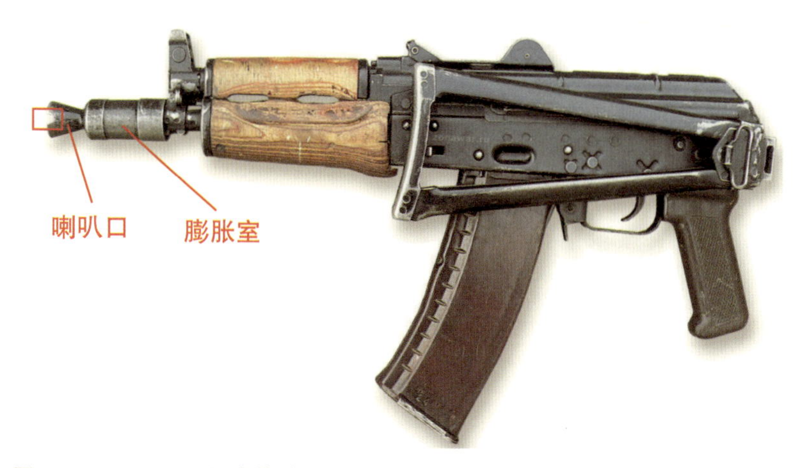

图 4-12 AKS74U 短步枪的消焰器，消焰器口部有一个 U 形缺口（红框处），能卡在铁丝网上，通过射击冲断铁丝网

枪械说 枪口焰的成因

枪口焰通常有以下三种成因。

① 发射药燃烧终点在膛口外。当弹头飞出膛口时，发射药还没有完全燃烧（燃烧终点在膛口外），在膛外继续燃烧，形成火焰。这种现象是设计所致，多见于短枪管步枪。

② 负氧平衡。发射药在膛内的燃烧生成物，混杂有大量一氧化碳（CO）、甲烷（CH_4）、氢气（H_2）等氧化不完全的可燃气体，占到膛口总气体量的60%左右。这些高温高压可燃气体涌出枪管后，与空气中的氧气混合，达到点燃温度后，就会立刻燃烧形成火焰。

③ 高温的固体/液体粒子和气体分子产生热辐射，形成光亮。高温的固体/液体粒子指火药残渣，以及枪弹与枪管摩擦产生的金属微粒，这些粒子降温速度很慢，向枪管外喷射时会形成明亮火星。

我国在专业领域将枪口焰划分为前期焰、一次焰、枪口辉光、中间焰、二次焰五部分。

4.5 消声器

消声器用于降低枪械射击时产生的噪声，它通常为圆柱体造形，体积较大，结构设计遵循“多级减速、多级耗能”原则（图4-13）。消声器内有多个消声碗，涌出膛口的火药燃气，每经过一个消声碗，就会在两个消声碗组成的空间内膨胀、减速，消耗一部分能量。因此，涌出消声器时，火药燃气对空气形成的冲击会大幅降低，进而达到降低噪声的目的。除降低噪声外，消声器往往还有一定的消焰和消烟作用。

图4-13 形形色色的消声器，绝大多数消声器都是在串联的消声碗外加装圆筒外壳制成的

消声器本质上是利用机械损耗的方式尽可能将火药燃气的动能转化为内能，因此其表面温度会迅速升高。火药燃气在消声器内减速流动，会使火药残渣外排受阻，积聚在消声器内，难以清除。火药残渣较多时甚至会导致消声器无法正常拆卸。尽管消声器通常会采用耐热、耐腐蚀的合金材料制造，但其使用寿命相对整枪及其他膛口装置仍要短得多（图4-14）。此外，消声器还会在一定程度上堵塞枪管，使内弹道压力升高，导致开锁后有大量火药燃气随自动机从枪管末端和抛壳窗处溢出（图4-15）。

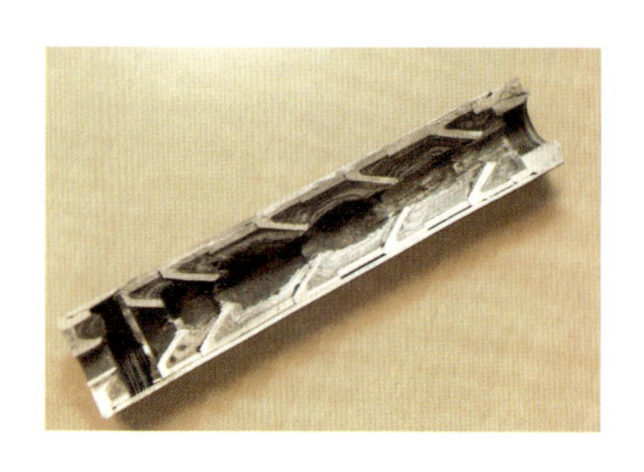

图 4-14 一具从未清理过的消声器，可见其内部积聚有大量火药残渣

图 4-15 加装消声器的 M4 卡宾枪，从抛壳窗处溢出的火药燃气会在一定程度上影响射手

需要明确的是，消声器只能降低噪声，并不能彻底消除噪声。严格来说，这个世界上也根本不存在无声的东西。更何况，弹头在飞行过程中还会与空气剧烈摩擦，依然会产生较大噪声。有些专用微声枪械会使用亚声速弹，其弹头始终以亚声速飞行，因此“声、烟、焰”特征相对一般枪械而言要弱得多，但也不是完全没有，只能说在一定距离外使人无法察觉，影视作品中那些无声无息的“特工枪”是不存在的。苏联的 S4M 微声手枪另辟蹊径地采用了 SP-3 活塞弹，以非自动方式射击，体积极小、便于隐藏，在背景声嘈杂的街道上射击时确实很难被发现，可能是目前最接近“特工枪”的真枪（图 4-16）。

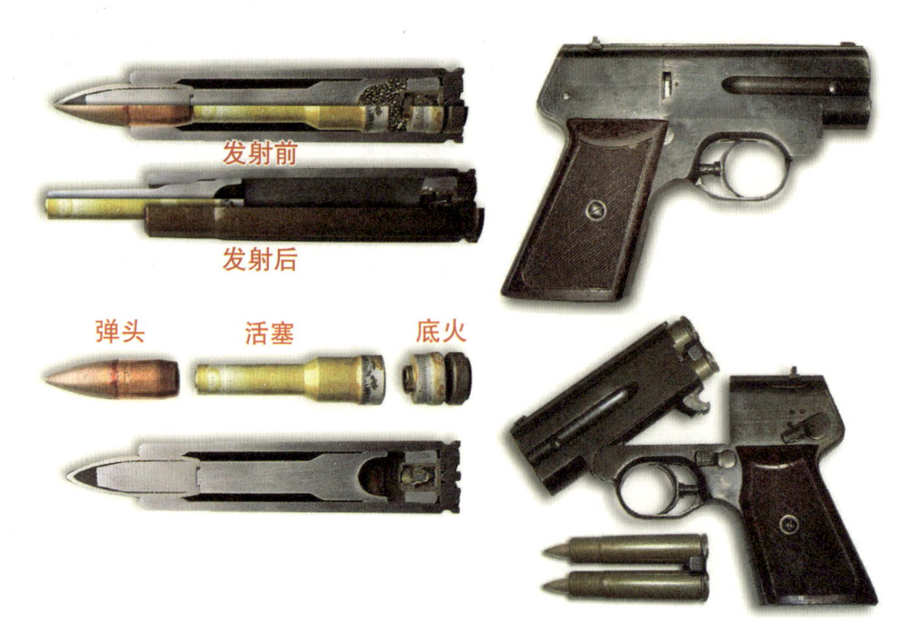

图 4-16 S4M 微声手枪与 SP-3 活塞弹，该枪射击时，火药燃气推动活塞向前运动，进而推动弹头向前运动，同时封闭弹壳，尽量减少火药燃气泄出，达到弱化声、烟、焰的目的

枪械说

1. 源于分贝的误会

枪械射击时的噪声通常能达到 140 分贝左右，安装消声器后，一般能降低 10~20 分贝。表面上看，噪声只降低了 1/7，很多人因此认为消声器的作用很小。这实际上源于对“分贝”这个单位的误解。“声压”（有量纲，单位是帕斯卡，英文写作 Pa）是与人耳感知声音直接相关的物理量，而分贝表征的是“声压级”（无量纲），两者之间并不是等比例关系。例如，“声压级”每升高 10 分贝，“声压”会增大 3.16 倍；“声压级”每升高 20 分贝，“声压”会增大 10 倍。因此，尽管“声压级”只降低了 10~20 分贝，但人耳感知到的噪声实际上弱化了很多。当然，人耳的实际感知也会因声音频率不同而异，这里不再展开讲解。

2. 消声器与抑制器之争

受电子游戏影响，如今有很多人将消声器改称为“抑制器”，他们的依据大概有三点：其一，消声器的英文是“Suppressor”，直译就是“抑制器”；其二，由于并不能彻底消除噪声，“消声器”一词有一定误导性，不如“抑制器”合理；其三，大多数“消声器”的作用都不只是降低噪声，还兼有减弱枪口焰等作用，“抑制器”一词具有更大的包容性。

笔者并不完全赞同上述观点。首先，“消声器”的英文原词是“Silencer”，并不是“Suppressor”，后者实际是美国人的“再创造”。1934 年，美国立法封禁消声器，于是，很多“拥枪党”出于各种目的开始鼓吹用“Suppressor”一词替代“Silencer”一词，企图借此规避法律限制。其次，任何膛口装置都有多重作用，例如消焰器既能减弱枪口焰，也能在一定程度上减小后坐力并降低射击噪声，如果用“抑制器”这个相对含混的词来指代“消声器”，就又会引发如何区分其他膛口装置的问题。最后，“消声器”一词在大多数现实语境中并不会引起对“消除程度”的严重误解。

4.6 其他膛口装置

4.6.1 枪口帽

枪口帽外形酷似“帽子”，螺接在膛口上，既可以保护膛口螺纹，也可以避免磕碰膛口导致膛口弧形遭破坏（图 4-17）。如今已经很少有枪械安装枪口帽。

图 4-17 MP40 冲锋枪的枪口帽，卸下枪口帽后才能螺接其他膛口装置

4.6.2 喉缩

喉缩是专用于霰弹枪的膛口装置，在一些电子游戏中称为“霰弹

枪收束器”或“扼流圈”。

与其他膛口装置不同，喉缩是一种纯机械装置，形制是空心圆柱体，安装在霰弹枪的膛口位置，相当于给枪管“收腰”（图 4-18），既能使射出的弹丸分布更密集，也能在一定程度上提高射程。需要注意的是，霰弹枪是滑膛枪，霰弹由弹托与弹丸（小钢球或铅球）组成，因此在枪口处“收腰”不至于导致故障，而线膛枪是一定不能加装喉缩的。

此外，制退器、消焰器等膛口装置往往是与枪械配套出厂的，而喉缩一般需要用户自行购买和安装。美国民间的霰弹枪保有量很大，因此催生了五花八门的喉缩，例如知名的“鸭嘴兽”喉缩，能使霰弹枪的弹丸散布形状由锥形变为形似鸭嘴兽喙的扁圆形。按照美国民间习惯，喉缩大致可以分为改良型喉缩、增强型喉缩、全喉缩等级别，级别越高，“收腰”效果越好，弹丸的散布面积也越小（图 4-19）。

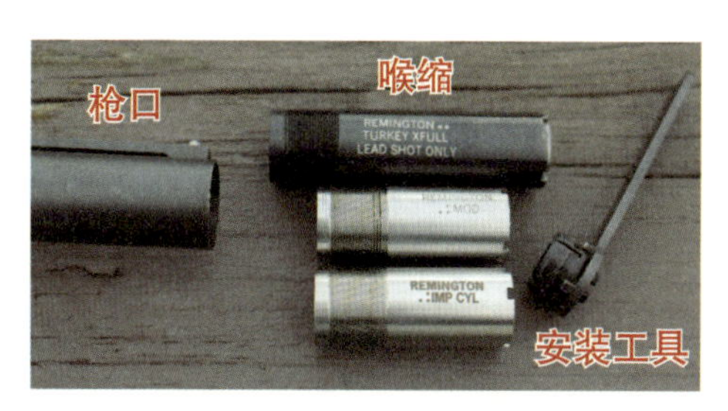

图 4-18　喉缩与枪管螺接，需要借助专用工具安装

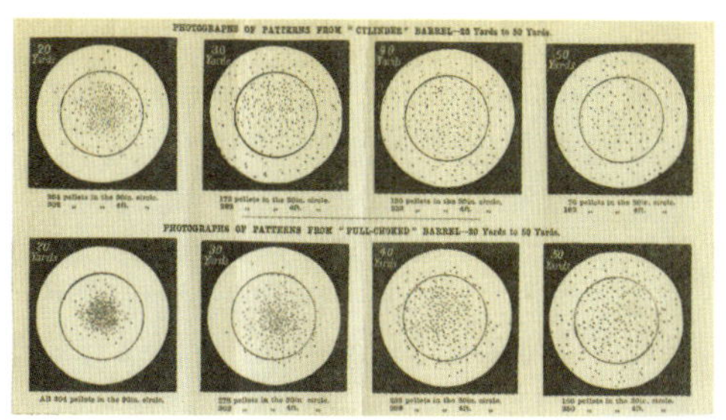

图 4-19　未安装喉缩的霰弹枪（上）与安装全喉缩的霰弹枪（下）在 20 码、30 码、40 码、50 码（18.3 米、27.4 米、36.6 米、45.7 米）距离上的弹丸散布情况对比

霰弹枪安装喉缩的前提，是必须在膛口加工螺纹。安装到位后，有的喉缩会有一部分露在枪管外，而有的喉缩会完全埋在枪管内。

4.7 膛口装置实例

4.7.1 AK74 步枪的制退 / 消焰 / 防跳器

AK74 步枪是少有的安装复杂膛口装置的小口径步枪，其膛口装置体积较大，以制退作用为主。如图 4-20、图 4-21 所示，AK74 的膛口装置上部开有偏置的 3 个孔，起防跳器作用；前部两侧开槽，火药燃气冲击槽的前壁，同时从两侧槽口涌出，产生指向膛口方向的作用力，抵消一部分后坐力，起制退器作用；内设膨胀室，火药燃气在膨胀室内充分膨胀并与外界空气混合，降温降压，起消焰器作用。

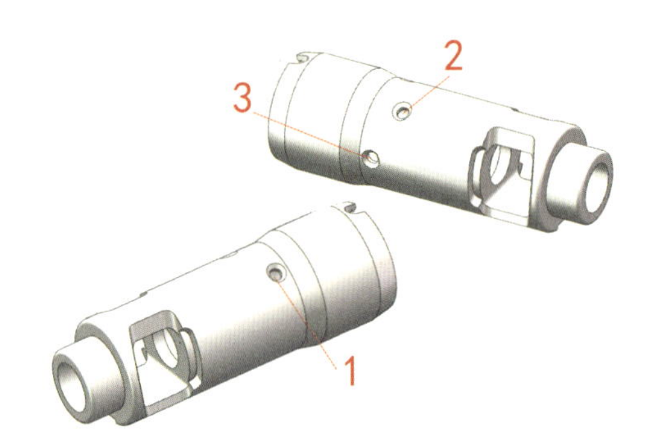

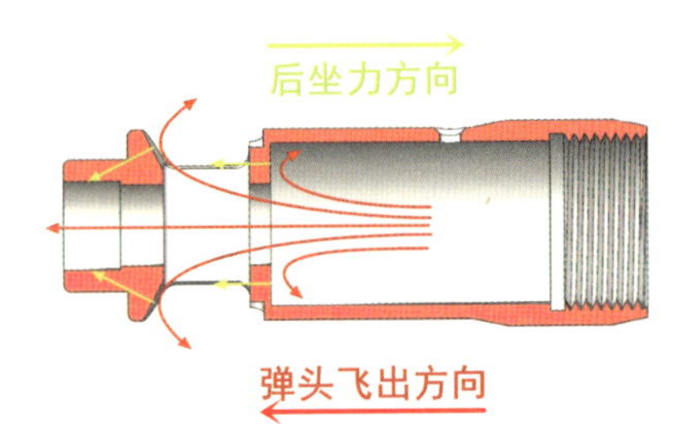

图 4-20 AK74 步枪的膛口装置示意，注意起防跳器作用的 3 个开孔是偏置的，相互间的距离也不一致，设计思路与 AKM 步枪的防跳器一脉相承

图 4-21 AK74 步枪的膛口装置制退原理示意，红色箭头为火药燃气涌动方向，黄色箭头为火药燃气产生的作用力方向

复杂的膛口装置有效缓解了 AK74 的枪口上跳并减小了后坐力，但对枪口焰的抑制效果较差，因为火药燃气由两侧槽口涌出时仍会产生明亮的火焰（图 4-22）。

图 4-22 AK74 步枪射击时，膛口装置两侧槽口中有明显火光

4.7.2 M16 步枪的消焰器

如图 4-23、图 4-24、图 4-25 所示，M16 步枪的消焰器上开有 6 个槽，整体外形酷似鸟笼，因此俗称“鸟笼形消焰器”。火药燃气涌入消焰器的喇叭口后迅速扩散，

一部分由 6 个槽口向外涌出，另一部分由膛口涌出，避免了二次燃烧。

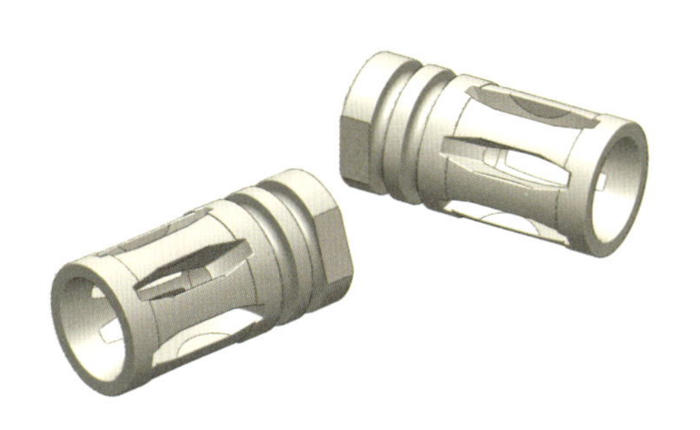

图 4-23　M16 步枪的“鸟笼形消焰器”示意

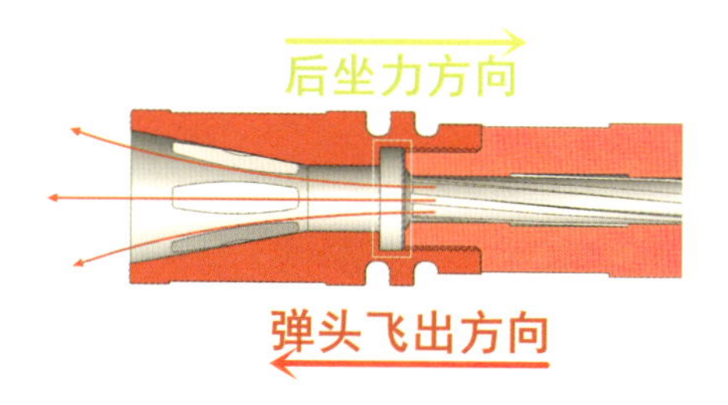

图 4-24　M16 步枪消焰器原理示意，白框内是螺纹退刀槽形成的空腔，可视为膨胀室，理论上能发挥一定的制退作用，但实际效果有限

图 4-25　射击时的 M16 步枪消焰器，可见火药燃气有明显分流

M16 的消焰器体积较小、重量较轻，易于加工，无明显设计缺点，因此成为日后许多步枪消焰器的设计模板。早期型 M16 步枪采用过三叉消焰器，开有 3 个槽，槽前部不封闭，易钩挂树枝等杂物，因此很快被“鸟笼形消焰器”取代。然而，近年来，一些新生代步枪反而又开始采用三叉消焰器。

4.7.3　MG34/42 机枪的助退 / 制退 / 消焰器

如图 4-26、图 4-27、图 4-28 所示，德国 MG34/42 机枪的膛口装置可发挥助退、

制退、消焰作用，以助退作用为主。腔口装置固定在枪管外的散热套上，火药燃气在膨胀室内膨胀，一方面冲击膨胀室前壁，产生朝向腔口的作用力，抵消一部分后坐力；另一方面推动枪管后坐，提高射速。膨胀室内的火药燃气随后通过喇叭口涌出，进一步扩散，以减弱枪口焰。

前后扭动腔口装置，可调节枪管与腔口装置间的空腔（膨胀室）体积，进而调节助退功率，实现射速可调。

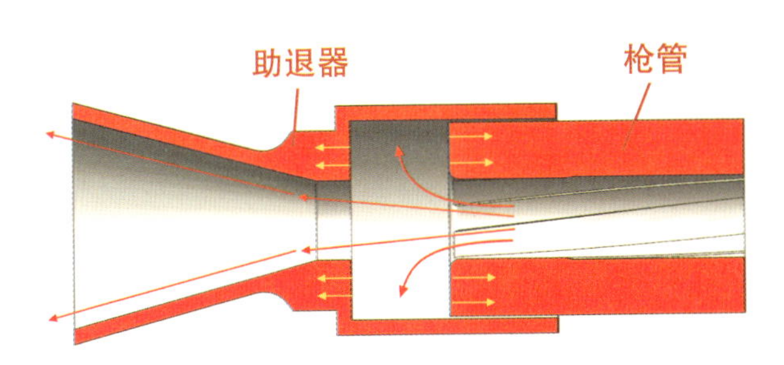

图 4-26 MG34 机枪腔口装置原理示意，红色箭头为火药燃气涌动方向，黄色箭头为火药燃气产生的作用力方向，MG34/42 的腔口装置与枪身固定连接，枪管可向后运动

图 4-27 MG34 机枪的腔口装置分解状态，注意枪管外有闭气环，可防止火药燃气外泄

图 4-28 装有腔口装置的 MG34 机枪

4.7.4 巴雷特 M82/M107 反器材步枪的制退器

如图 4-29、图 4-30 所示，巴雷特 M82/M107 反器材步枪的制退器开有 4 个槽，呈倒 V 形对称布置。火药燃气先冲击槽的前壁，产生垂直于槽前壁的制退力（图 4-30 中黄色细箭头），由于槽左右对称，制退力的左右分力被抵消，合力指向枪口方向（图 4-30 中为左向），与后坐力方向正好相反，从而抵消一部分后坐力。

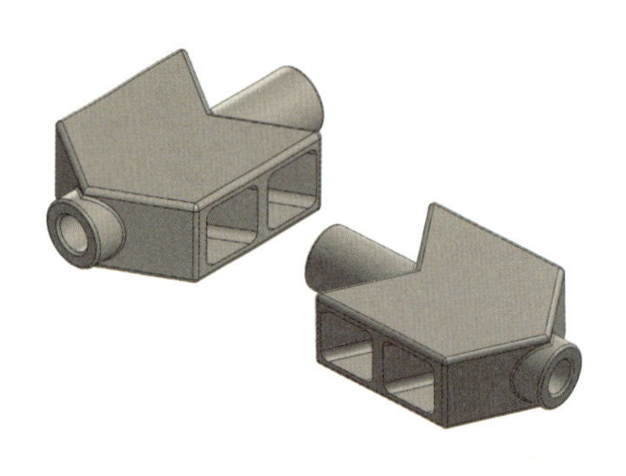

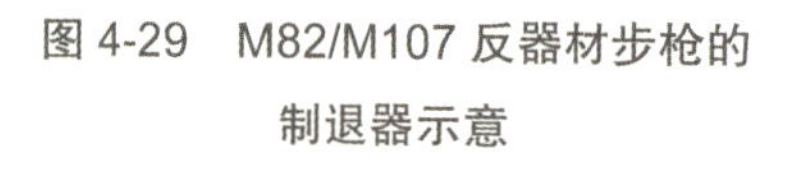

图 4-29　M82/M107 反器材步枪的制退器示意

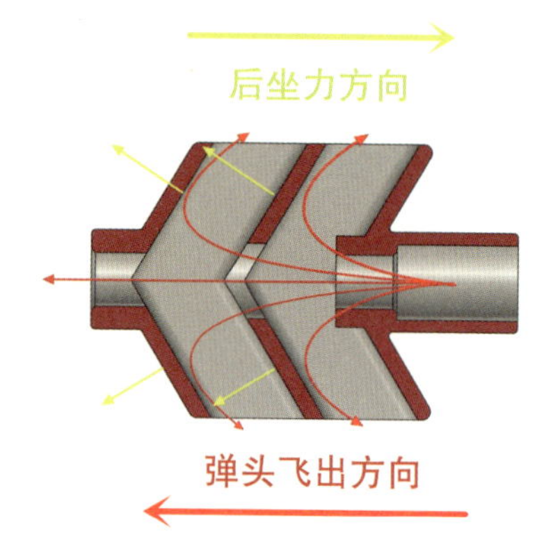

图 4-30　M82/M107 反器材步枪的制退器原理示意，红色箭头为火药燃气涌动方向，黄色粗箭头为火药燃气产生的作用力方向

制退器给 M82/M107 带来的负面影响是膛口气流会扬起大量尘土，不仅容易暴露射手位置，还会在一定程度上影响枪械的可靠性，因此，有经验的射手会在地面上洒水，以尽量减少扬尘。

4.7.5　VSS 狙击步枪的消声器

如图 4-31、图 4-32、图 4-33 所示，VSS 狙击步枪的消声器结构非常特殊，它以消声框取代了传统的消声碗。消声框由挡片和金属框架组合 / 焊接而成，易加工、成本低，圆筒外壳长度大于消声框。

图 4-31　VSS 狙击步枪消声器分解图，注意消声框的挡片其实是一体的，采用冲压和折弯工艺成型，再点焊到金属框架上，消声框上的圆点就是焊点

射击时，一部分火药燃气由枪管开孔泄出，涌入消声器的圆筒外壳与枪管组成的空腔内并膨胀（注意，弹头飞出膛口前，枪管就已经在泄气了）。弹头飞出膛口后，残余火药燃气涌入前部消声框中，在挡片作用下不断减速，最终由消声器口泄出。

枪管阴线开孔能分流一部分火药燃气，避免全部火药燃气都在弹头飞出膛口时涌入消声器内。这种设计虽然会降低

火药燃气的利用率，但能获得更好的消声效果。

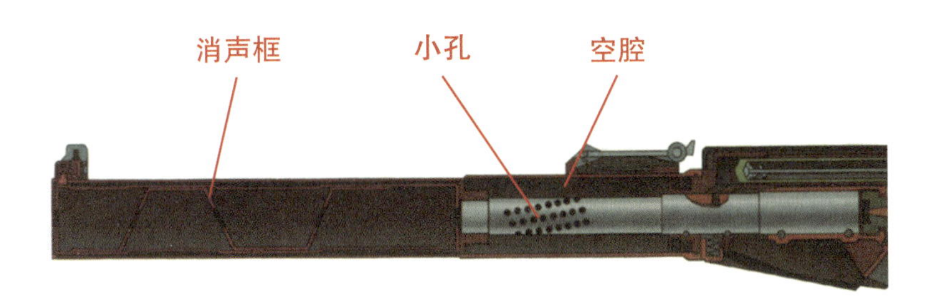

图 4-32 VSS 狙击步枪的消声器剖视图，注意枪管开有很多小孔，这些小孔开在阴线上，对弹头的运动不会有太大干扰，有文献称其空腔内装有金属网，可进一步降低火药燃气流速

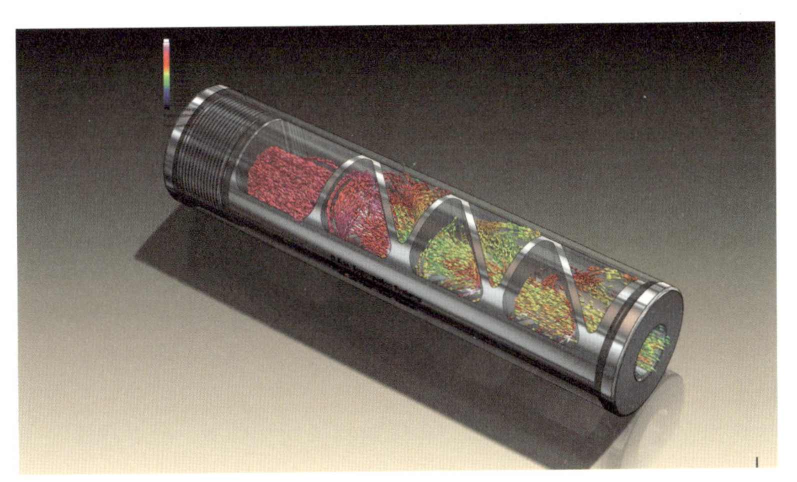

图 4-33 与 VSS 狙击步枪消声器结构类似的消声器的有限元仿真模型，火药燃气的颜色越“暖”，流速越高

Chapter 5

第5章

供弹装置与进输弹机构

枪械如何从供弹具中取出枪弹?

枪械的核心工作过程可以简化为供弹、击发和退壳三个阶段。其中，供弹阶段可再分为两个过程：将枪弹从供弹具中取出，送到进弹位置的过程称为输弹；将枪弹从进弹位置送入弹膛的过程称为进弹。

5.1 供弹具

供弹具又称容弹具，常见的弹仓、弹匣、弹鼓、弹盘和弹链等都是供弹具。一般而言，将供弹具分为弹仓式和弹链式两大类。

5.1.1 弹仓式供弹具

弹仓式供弹具包括弹仓、弹匣、弹鼓和弹盘等，它们的外形通常是方盒状或圆盘状，内部装有托弹簧、托弹板等部件，依靠弹簧力完成输弹动作。在弹仓式供弹具中，枪弹按一定规律排列，通常是一个挨一个紧密接触。

1. 弹仓

弹仓是一种老式供弹具，内装托弹板、托弹簧等部件，它们合力将枪弹托举到弹仓的顶部（或侧部），即进弹位置。

（1）弹夹

弹夹是给弹仓或弹匣装弹的工具。在早期的栓动步枪上，弹夹就像“驾驶员”兼“搬运工”，与枪弹一起装入弹仓内，德国的1888式委员会步枪、美国的M1加兰德半自动步枪都采用了这种设计。然而，由于设计相应的空弹夹推出机构会导致枪械结构复杂、可靠性低，这种设计很快就被淘汰了。

于是，弹夹逐渐变成了纯粹的“搬运工”，例如德国的毛瑟1898步枪，射手将弹夹卡入枪械的引导槽中，像“撸串”一样用手将枪弹全部压入弹仓，随后直接抛弃空弹夹。这样的设计极大简化了枪械结构，成为绝大多数栓动步枪、半自动步枪（例如苏联的SKS半自动步枪）的共同选择（图5-1、图5-2）。

如今，弹仓结构已经基本被淘汰，但弹夹依然扮演着“搬运工”的角色，例如美国的5.56×45mm弹，出厂时就是装在弹夹上的。每箱枪弹都附有弹夹引导槽，射手将

弹夹引导槽安装在弹匣上，再将弹夹卡进引导槽，就可以快速向弹匣内装弹（图 5-3）。

图 5-1　弹夹装填状态的 SKS 半自动步枪，射手先将枪弹压入弹仓并取出弹夹，再拉动拉机柄解脱空仓挂机，最后释放拉机柄，自动机就会开始复进并推弹入膛

图 5-2　SKS 半自动步枪上的弹夹引导槽，弹夹正好能卡入其中

（2）空仓挂机

空仓指“打空的弹仓”。空仓挂机指枪弹耗尽后，枪械的自动机或枪机会自动挂起，无法向前运动，意在提示射手枪弹已经耗尽。对手枪而言，空仓挂机时套筒会停在挂机位置（枪口方向为前，图 5-4）。

图 5-3　与 M16 步枪弹匣配套的弹夹引导槽

图 5-4　空仓挂机状态的 GLOCK 手枪，注意空仓挂机释放钮通常设计在握把上部，射手用拇指就能轻松按压

（3）空仓挂机释放钮

空仓挂机释放钮（简称空挂释放钮）是空仓挂机功能的延伸机构，射手按压即可释放空仓挂机，从而更快地更换弹匣。需要注意的是，有空挂释放钮的枪械一定有空仓挂机功能，但有空仓挂机功能的枪械不一定有空挂释放钮。

在“弹仓时代”，空挂释放钮并不常见，而进入“弹匣时代”，空挂释放钮渐成主流。M16 步枪的空挂释放钮设计优秀，位于弹匣井斜上部，射手插入新弹匣后，只需按压或拍动空挂释放钮，即可释放空仓挂机，无需再次拉动拉机柄，操作简单（详见第 13 章）。

枪械说

夹指神枪

对非自动枪械而言，射手装入枪弹时，随着枪弹下压托弹板，空仓挂机会自动释放，只要射手不推动枪机，枪机就是纹丝不动的。但对半自动、自动步枪而言，这样的设计就有很大问题。

以美国的 M1 加兰德步枪为例，射手装入新弹夹时，空仓挂机会自动释放，自动机随即在复进簧作用下向前复进（枪口方向为前），很容易夹住射手来不及撤走的拇指，因此就有了“加兰德拇指”这个讽刺式称呼（图 5-5）。相比之下，SKS 半自动步枪的设计就要周到得多，射手将枪弹压入弹仓时，空仓挂机并不会自动释放，而是要将拉机柄稍微后拉才能释放，这就彻底避免了夹拇指的问题。

图 5-5　射手正在给 M1 加兰德步枪装弹，他要一手装弹夹，一手拉住拉机柄，才能防止拇指被夹伤

2. 弹匣

弹匣本质上就是可快速、整体拆装的弹仓。按照枪弹在弹匣内的排列形式和进弹方式，可以将弹匣划分为双排双进、双排单进、单排单进、四排双进四种类型。

（1）双排双进弹匣

“双排”指弹匣内的枪弹排列为两排，“双进”指枪弹有两个进弹位置，两排枪弹交替进入枪内，这是现代步枪最常用的设计。

（2）双排单进弹匣

双排单进弹匣的上半部分有一个“二变一”缩口，弹匣内的两排枪弹在此变为一排。这种设计常见于手枪，因为双进结构在体积和内部空间相对较小的手枪上较难实现（图 5-6）。

就双排单进弹匣本身而言，枪弹在双排变单排的过程中，排列比较混乱，受力方向增多，可靠性相对双排双进有所降低。

图 5-6 双排双进弹匣（左）和双排单进弹匣（右）

（3）单排单进弹匣

在长度相等的情况下，单排单进弹匣的弹容量相对双排双进 / 单进弹匣少了一半，体积减小，枪弹定位稳定。如今，单排单进弹匣多用于狙击步枪和小型手枪（图 5-7）。

图 5-7 苏联的马卡洛夫 /PM 手枪采用单排单进弹匣，弹匣上有镂空减重设计，红框内是欧式弹匣释放钮

（4）四排双进弹匣

四排双进弹匣的形式多样，例如05式冲锋枪的四排双进弹匣，可以视为将两具双排单进弹匣合二为一。四排双进弹匣的弹容量很大，但体积也很大。此外，由于要带动更多枪弹，弹簧力非常大，射手装弹时会很费劲，因此实际应用不多（图5-8）。

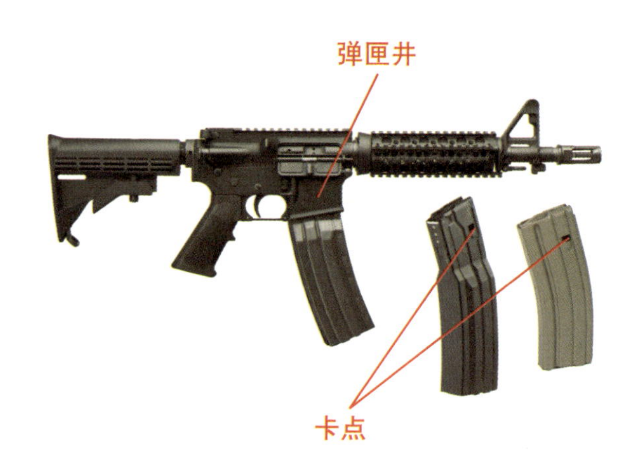

图5-8 M16/M4标配的双排双进弹匣（右）和选配的四排双进弹匣（左）

枪械说

被迫变成弹仓的弹匣

英国的李·恩菲尔德步枪是一型在设计上很前卫的步枪，它采用10发弹匣供弹（图5-9），每枪配2具弹匣。然而，彼时的英国军方过于保守，要求士兵将李·恩菲尔德步枪的弹匣当作固定弹仓用，装弹时要将2个5发弹夹压到弹匣里。现实中，一些士兵并不会照此执行，因为更换弹匣比压弹夹要轻松便捷得多。

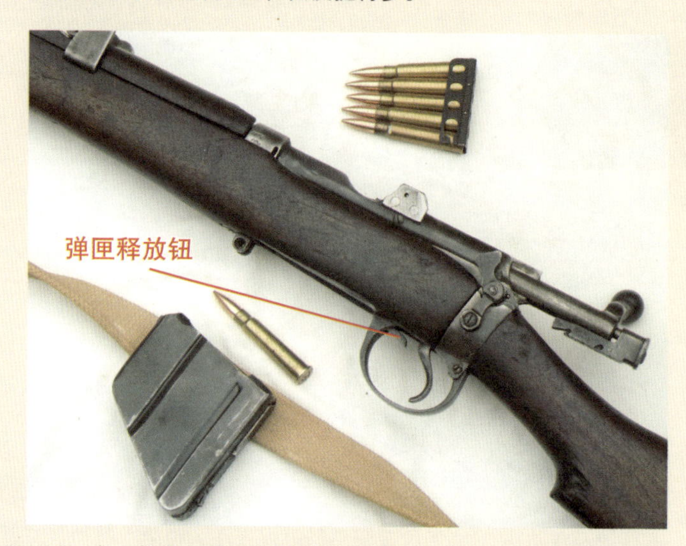

图5-9 李·恩菲尔德步枪的弹匣/弹仓、弹匣/弹仓释放钮和弹夹

3. 弹匣定位

按照定位方式可以将弹匣划分为直插式和前卡后挂式两大类。

（1）直插式弹匣

直插式弹匣的代表是 M16 步枪采用的 4179 弹匣，也称 STANAG 弹匣。它的命名源于 1980 年北约组织通过的第 4179 号决议，该决议旨在将 M16 的弹匣确定为组织内部的制式弹匣。

直插式弹匣的安装动作相对简便，只需将弹匣直插入弹匣井即可。4179 弹匣采用形状定位 + 单点定位，定位点（卡点）位于弹匣左侧，采用方孔形式，弹匣释放钮卡入方孔中即可定位。

绝大多数手枪都采用直插式弹匣，因为手枪握把相对容易布置直插式弹匣井。

（2）前卡后挂式弹匣

前卡后挂式弹匣的代表是 AKM 步枪的弹匣（图 5-10）。这种弹匣采用形状定位 + 双点定位，即前卡后挂，对形状要求不高，弹匣井可以做得很浅。AKM 步枪的弹匣定位点（卡点）分别位于弹匣前部和后部，弹匣安装方法相对繁琐，射手要先斜置弹匣卡住前部卡点，再转动弹匣挂住后部卡点（弹匣释放钮）。前卡后挂式弹匣的定位相对直插式弹匣更稳定，枪械的可靠性更高。

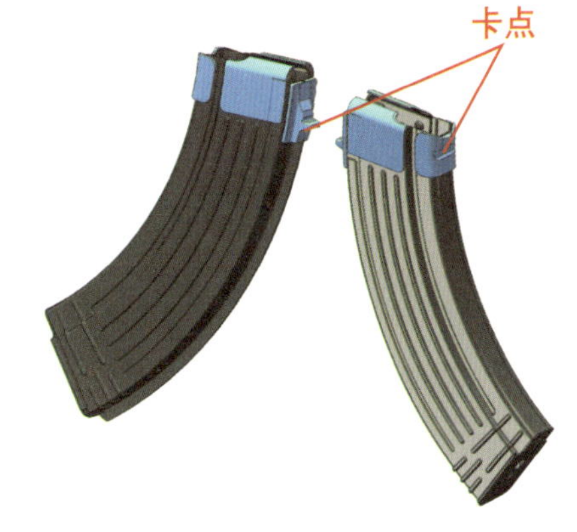

图 5-10　AKM 步枪的弹匣示意，图中的蓝色部分是弹匣的加强件

（3）欧洲式弹匣

所谓欧洲式弹匣实际上也是一种直插式弹匣，只是其弹匣释放钮位于握把底部。射手必须一手握枪，另一手按下握把底部的弹匣释放钮，才能取下弹匣。这种设计在操作上相对不便，目前已经淘汰。

（4）弹匣释放钮

弹匣释放钮也称弹匣卡扣或弹匣卡榫，它既是拆卸弹匣的机关，也要配合弹匣井完成对弹匣的定位，可分为转钮式（例如 AKM 步枪）和按钮式（例如 M16 步枪）两大类。需要注意的是，弹匣释放钮并不能决定弹匣的定位方式。

（5）弹匣井

为实现相对枪身的准确定位，弹匣必须“埋”入机匣内一定深度，而机匣上容纳弹匣的开孔就称为弹匣井。一般而言，直插式弹匣需要更深的弹匣井，因此机匣上有凸出枪身的“井台”，例如 M16 步枪。前卡后挂式弹匣对弹匣井的深度要求不高，因此机匣上没有凸出枪身的“井台”，例如 AKM 步枪。

4. 弹匣造形

M16步枪的弹匣相对较直，而AKM步枪的弹匣相对较弯，这一设计差异其实与枪弹的弹壳锥度有关。M16步枪使用的5.56×45mm弹的弹壳锥度较小，弹匣内的30发枪弹排成两排，队形相对笔直，因此弹匣无需采用较大弧度。而AKM步枪使用的7.62×39mm弹的弹壳锥度较大，弹匣内的30发枪弹排成两排，队形相对弯曲，因此弹匣必须采用较大弧度。

仔细观察M16的弹匣，你会发现它是“直线—曲线—直线”造形，即“直弯直”造形。这种设计是有历史渊源的。M16最初采用的弹匣，弹容量只有20发，为便于加工，采用了较方正的矩形（直线形）造形，FAL步枪和M14步枪的20发弹匣也采用了这种造形。

后期扩容到30发后，M16的弹匣才采用了如今的“直弯直”造形。即使如此，由于两排枪弹形成的曲线半径是一定的，不会刚好形成“直弯直”线形，这种弹匣造形仍然不够理想。从设计上讲，“全弯”造形才是最理想的，但这要同时将直弹匣井改为弯弹匣井，效费比并不高。德国HK公司在改进M16步枪的弹匣时，就只是将造形由“直弯直”改为“直弯”，同时将材质由铝改钢，而没有采用最理想的“全弯”造形（图5-11）。

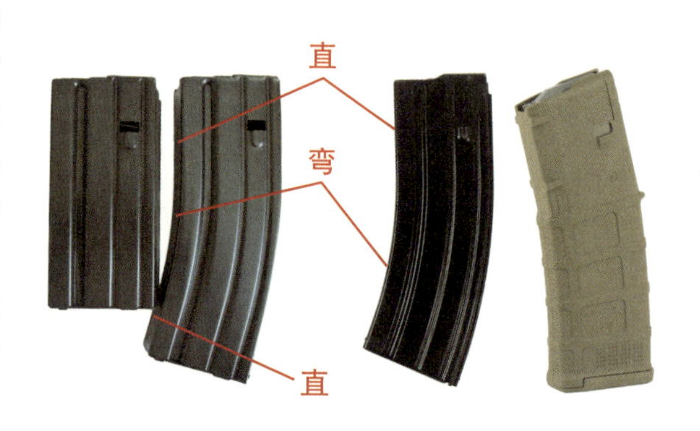

图5-11 从左至右依次为M16步枪的20发铝弹匣、30发铝弹匣，HK公司改进的30发钢弹匣，马格普公司改进的30发塑料弹匣，尽管这型塑料弹匣的外形较“方正”，但其内部是很“圆滑”的

5. 并联弹匣

并联弹匣并不是一种独立的结构形式，而只是一种“扩容”方式。最简易的并联手段是用胶带将多具弹匣捆绑在一起，这样更换时就不必频繁地从携行具中抽取（图5-12）。相对复杂的手段是使用弹匣并联器。还有些塑料弹匣出厂时表面就加工有并联点，可以直接组合在一起，由于并联点易钩挂，不便携行，目前已经很少采用（图5-13）。

6. 弹鼓

弹鼓就像“卷起来”的弹匣，能在与弹匣等长的情况下实现更大的弹容量。由于弹容量较大，弹鼓托弹簧的弹簧力也较大，人工装弹较困难。为方便装弹，一些弹鼓的后部设计有可拆卸的盖子，射手可将盖子卸下，先释放托弹簧再装弹，装弹完毕后将盖子复位，利用弹鼓上的拧片，像上发条一样给托弹簧蓄能，压紧枪弹（图5-14）。

图 5-12　左图中的并联弹匣是士兵用胶带自制的，并不耐用；右图中的 AK 步枪采用了弹匣并联器，虽然耐用但成本较高，图中红框位置是 AK 步枪的弹匣井，由于在机匣内，外观上看不见

图 5-13　左图为 G36 步枪的弹匣，右图中的 G36C 步枪挂载了 2 具弹匣，并联的弹匣过多会改变枪械重心，影响正常操作

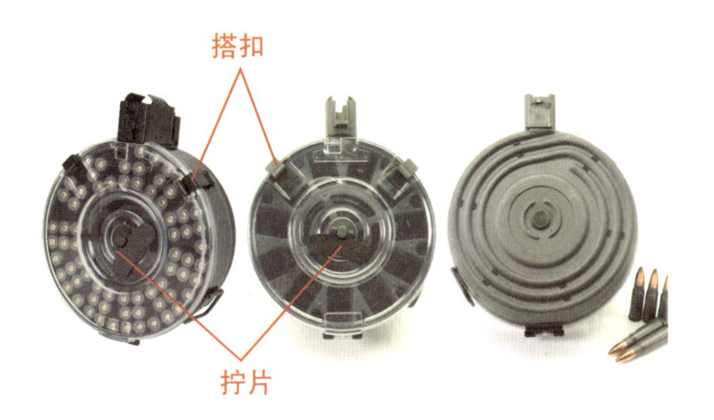

图 5-14　AK 步枪的弹鼓，图中的弹鼓后盖为透明薄塑料板，美观但不结实，大多数弹鼓后盖会采用金属材质，或不透明厚塑料板

7. 弹盘

弹盘就像“盘起来”的弹匣。弹鼓内的枪弹，朝向是一致的，而弹盘内的枪弹，弹头都指向“盘心”。弹盘可以制成单层的，例如苏联 DP27 机枪的弹盘，也可以制成多层的，例如英国刘易斯机枪的弹盘（图 5-15）。

图 5-15　刘易斯机枪的薄弹盘（在枪上）和厚弹盘，弹容量分别为 47 发和 97 发

5.1.2　弹链式供弹具

弹链式供弹具没有托弹簧，要依靠专门的输弹机构实现供弹。弹链上的枪弹也像弹匣或弹鼓里的枪弹一样排列，但彼此间通常不会紧密接触，而是间隔一定距离。

弹链可分为柔性弹链、刚性弹链、半刚性弹链三种，分别对应于现实中的帆布弹链、弹板、金属弹链。

1. 柔性弹链 - 帆布弹链

帆布弹链由帆布和金属片制成，优势是重量轻、易加工，劣势是易受气候影响、易发霉、枪弹定位不准。著名的马克沁机枪就采用了帆布弹链供弹（图 5-16）。

图 5-16　维克斯 - 马克沁机枪的帆布弹链

2. 刚性弹链 - 弹板

弹板由一整块金属板制成，枪弹定位准，无惧风雨。马克沁机枪的老对手哈奇开斯机

枪就采用了弹板供弹（图 5-17）。

弹板的劣势是弹容量相对有限，由于无法弯曲或折叠，不能像帆布弹链那样做到百发甚至数百发一链，否则就会极大增加携行和使用的难度，得不偿失。

图 5-17 射击中的哈奇开斯机枪，弹板看起来像“悬”在枪身外

枪械说 不“吐”弹壳的机枪

意大利布雷达 M37 重机枪有一个特殊的机构，能将空弹壳“塞”回弹板，因此它射击时不会“吐”弹壳。在意大利设计师看来，战场上堆积如山的圆滚滚的空弹壳，有可能让踩上去的人滑倒，因此有必要增加一个“回收”弹壳的机构，以防万一（图 5-18）。

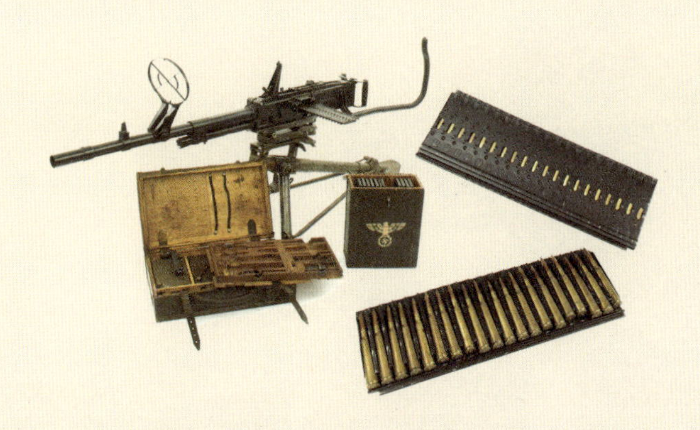

图 5-18 不“吐”弹壳的布雷达 M37 机枪，它是迄今为止唯一一型采用这种设计的机枪

3. 半刚性弹链 - 金属弹链

如今最常见的是金属弹链，由于各金属链节可以相对自由地运动，它能像帆布弹链那样盘起来，做成百发甚至数百发一链，不会影响携行和使用。

按照链节之间的连接方式，可以将金属弹链分为可散金属弹链、不可散金属弹链和组合金属弹链三种。

（1）可散金属弹链

可散金属弹链的任意两个链节都由枪弹连接，意即链节是由枪弹串起来的。枪弹被抽出后，可散金属弹链就会断开。使用可散金属弹链的机枪在射击时，随着枪弹不断被抽出弹链，链节不断散开，机枪会一边“吐”弹壳，一边“吐”链节。这种弹链的组合方式很灵活，只要射手愿意，就可以组成任意弹容量的弹链（图 5-19、图 5-20）。

图 5-19　7.62×51mm NATO 弹与 M13 可散金属弹链

图 5-20　射击中的 M240 机枪，注意其“吐”出的弹链链节和弹壳

可散金属弹链的缺点包括：射击完毕后散落的链节较难回收；装弹机不易设计，大型工厂级装弹机效率高但体积大，无法配发给射手，而小型装弹机效率低，甚至并不比人工装弹速度快（图 5-21）。因此，可散弹链一般在出厂时先装好枪弹，再配发给射手，射击完毕后散落的链节通常也不会回收。

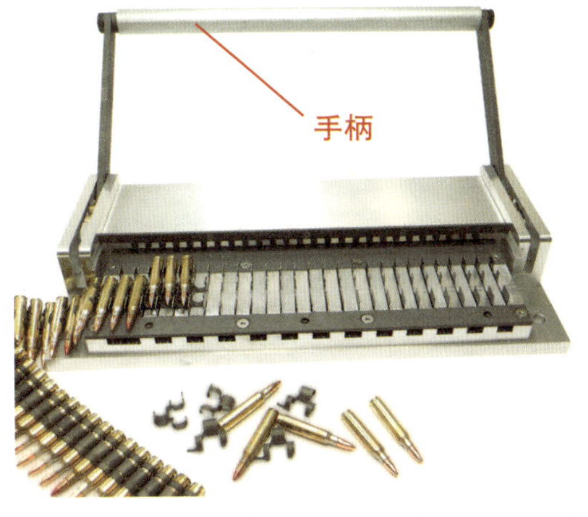

图 5-21　可散金属弹链的小型装弹机，射手要先摆放枪弹和弹链，再转动手柄，装弹效率较低

（2）不可散金属弹链

不可散金属弹链的各链节由钢环、弹链卡扣等部件连接，枪弹被抽出后不会断开（图 5-22）。因此，这种弹链的长度、弹容量都是确定的，射手无法随意组合。

射击完毕后，不可散金属弹链仍保持原有长度，易于回收，而配套的小型装弹机在技术上很成熟，效率高、易携行，能真正解放射手的双手（图 5-23）。

图 5-22　PKM 机枪的不可散金属弹链的链节之间用钢环连接，即使枪弹被抽出，弹链也不会断开

不可散金属弹链的缺点是钢环和弹链卡扣都要占据长度，因此两个链节间的节距比可散金属弹链大，输弹机构较臃肿。此外，在使用不可散金属弹链时可能会面对这样一种尴尬的情况：射手使用一个 100 发不可散金属弹链供弹，射击 50 发后被敌人发现，不得不立即转移，此时，机枪的一边挂着有 50 发枪弹的弹链，另一边挂着等长的空弹链，如此累赘的状态携行起来会非常不便（图 5-24）。

（3）组合金属弹链

组合金属弹链往往是每 25 节（也可以更多）一组，组内不可散，各组之间通过可散的特制链节连接。射击时，弹链每 25 发一组地断开，既易于回收，又不影响携行。

组合金属弹链本质上是不可散金属弹链的优化版，它依然存在不可散金属弹链节距偏大的问题。

图 5-23　不可散金属弹链的小型装弹机，射手只需将弹链和枪弹放入装弹机，再转动手柄即可

图 5-24　射击中的 PKM 机枪，有弹的弹链可以放在弹链箱中，而空弹链只能悬在枪外

（4）弹链导片

有些金属弹链的第一个链节上装有一个长方形金属片，它就是弹链导片。装弹时，射手需要将导片插入机枪的进弹口，导片从机匣另一侧探出后，拉动导片，就能使弹链入位，而不必打开机匣盖。

（5）弹链盒 / 箱

顾名思义，弹链盒 / 箱的作用就是收纳弹链，它的优势包括：可防止弹链钩挂或被污染；弹链盒 / 箱口部与进弹口的间距很小，因此弹链的悬空段很短，射击时摆动量不大，副射手不必以托举方式稳定弹链（实际上，当今的金属弹链和机枪输弹机构都具有足够的刚度，射击时的输弹过程相对稳定，本就不需要副射手刻意托举弹链）。

弹链盒，尤其是圆形弹链盒，尽管在外形上与弹鼓很像，但实际上与后者有本质差异。弹链盒内部是空的，没有弹鼓所具备的托弹簧、托弹板等部件（图 5-25、图 5-26）。

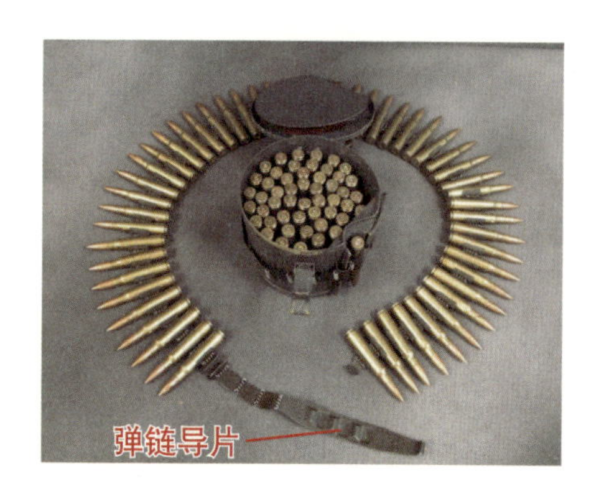

图 5-25　MG34/42 机枪的弹链和弹链盒

图 5-26　与 RPD 轻机枪配合的圆筒形弹链盒（上），与 RPK 轻机枪配合的弹鼓（下）

4. 闭式弹链与开式弹链

弹链的链节要包裹（固定）枪弹，根据包裹方式的不同，可以将弹链分为闭式和开式两种。

（1）闭式弹链

闭式弹链的链节采用封闭或接近封闭的整圆结构，刚度极高，枪弹不易松脱（图 5-27）。从闭式弹链上取枪弹时，只能向后取出。对机枪而言，闭式弹链对应于二次进弹。需要注意的是，所有帆布弹链都是闭式弹链。

（2）开式弹链

开式弹链的链节采用不封闭的 C 形环结构，刚度不及闭式弹链，枪弹相对易松脱（图 5-28）。从开式弹链上取枪弹时，只要力量足够大，就可以直接撑开 C 形环取出。对机枪而言，开式弹链对应于一次进弹，这是当今机枪的主流进弹方式。

图 5-27　PKM 机枪的闭式弹链，可见对枪弹正反面的包裹都非常完整

图 5-28　M13 链节特写，可见 C 形环结构

5.2 输弹

5.2.1　弹仓式枪械的输弹

弹仓式枪械（包括使用弹匣和弹鼓的弹仓式枪械）的输弹过程是千篇一律的：枪机将一发枪弹从弹仓 / 弹匣 / 弹鼓的抱弹口（进弹位置）推入弹膛，弹仓内的托弹簧将下一发枪弹推到抱弹口处，由此周而复始。

枪械说

弹仓式枪械的供弹及时性

以一型使用弹匣的步枪为例，它依靠弹匣托弹簧的簧力完成输弹。射击过程中，如果在弹匣托弹簧还没来得及将下一发枪弹推到抱弹口时，自动机就已经复进到位，那么就会出现空膛现象，即“复进到位，弹膛无弹”。我们将这一故障定义为“供弹不及时”。

因此，为保证供弹及时性，弹匣内的托弹簧就必须具有足够大的簧力。但托弹簧簧力越大，射手装弹时就越费力。换言之，随着射速的提高，单纯依靠托弹簧的簧力来完成输弹的设计思路是有“天花板”的。

5.2.2 弹链式枪械的输弹

弹链式枪械的输弹过程相对复杂。以枪口方向为前，自动机前后运动，弹链向左或向右运动，两者运动方向彼此垂直，这极大增加了输弹机构的设计难度（图 5-29）。弹链式枪械的输弹方式，可以分为单程输弹、双程输弹和多程输弹三类。

图 5-29　以 M240 机枪为例，自动机前后运动（红色箭头方向），弹链向右运动（黄色箭头方向）

1. 单程输弹

枪械的自动射击过程可以分为后坐和复进两个阶段。

在一个“后坐”过程或一个“复进”过程中，输弹机构将一发枪弹输送到位，称为单程输弹。单程输弹的输弹动作通常安排在后坐过程中，因为后坐过程靠火药燃气供能，能量充足，可保证输弹动作的可靠性，而复进过程靠复进簧供能，能量相对较小。采用单程输弹方式的输弹机构结构简单，运动规律。德国的MG34机枪、美国的M60机枪、苏联的PKM机枪都采用这种输弹方式。

2. 双程输弹

在一个“后坐+复进”过程中，输弹机构将一发枪弹输送到位，称为双程输弹。输弹机构利用“后坐+复进”过程输送一发枪弹，相当于利用了两个过程的总时间。由于输弹距离是一定的，相对更长的输弹时间，意味着输弹机构能更“优哉游哉”地完成输弹工作，输弹动作因此更柔和、平稳，这对高射速武器而言尤为重要。在MG34机枪基础上改进而来的MG42机枪，为匹配更高的射速，就将单程输弹方式改为双程输弹方式。此外，FN公司的FN MAG/M240机枪、Minimi/M249机枪也采用了这种输弹方式。

双程输弹方式的缺点是会导致输弹机构结构复杂且加工困难。由于在复进过程中也要输弹，对复进簧的蓄能提出了较高要求。

3. 多程输弹

在多个“后坐+复进”过程中，输弹机构将一发枪弹输送到位，称为多程输弹。这种输弹方式常见于转管机枪。采用多程输弹方式的典型代表是苏联的ShKAS机枪（图5-30），它采用了“10程输弹”，有10个输弹槽（形似转轮），装填首发枪弹时，输弹槽要空转一整圈，即10个输弹位，才能将首发枪弹送入弹膛。

需要注意的是，不要将“多程输弹”误解为多个“后坐+复进”过程只输送一发枪弹。多程输弹过程就像你去学校食堂打饭，要按顺序先后到多个不同窗口打荤素菜、主食和汤。只有在你是第一个打饭人（枪弹）的情况下，打饭窗口（输弹槽）才处于“空档期”。而在你前后都有打饭人（枪弹）的情况下，每个打饭窗口（输弹槽）都是有人（枪弹）的，你离开一个打饭窗口（输弹槽），下一个打饭人（枪弹）就会“顶上来”。

4. 输弹方向

输弹机构还可以按照输弹方向分为单向输弹和双向输弹两类。一般的枪械，弹链要么是从左向右运动，要么是从右向左运动，即单向输弹。而有些特殊的枪械，将弹链反向插入进弹口或换用某些零部件后，就可以改变输弹方向，即双向输弹（图5-31）。防空机枪和航空机炮通常会采用双向输弹设计。

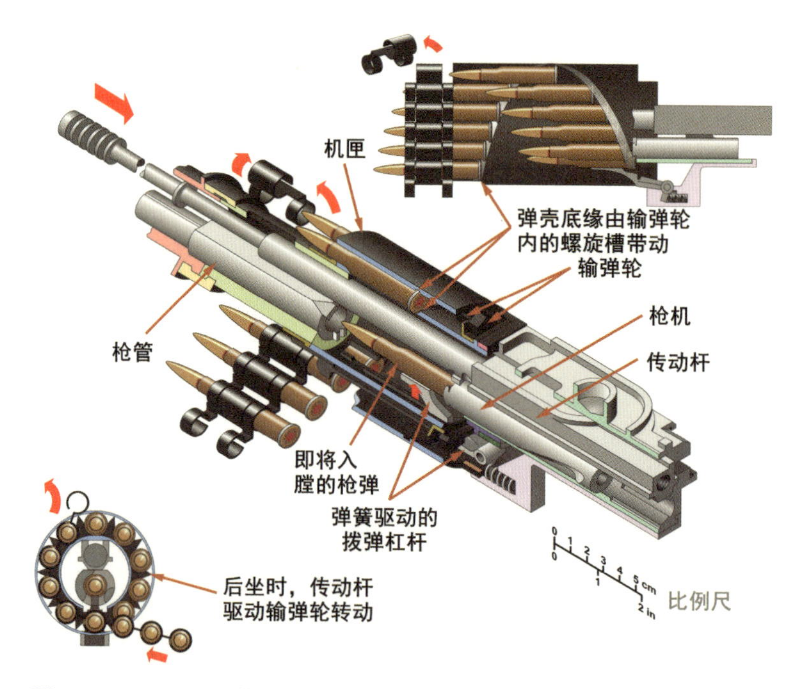

图 5-30　ShKAS 机枪的多程输弹原理示意，该枪还采用了二次进弹设计

图 5-31　舰艇上的双联装 M2 机枪，两挺枪的输弹方向分别是从左向右和从右向左，可见弹链套在黑色柔性输弹滑槽中

5.3 进弹

当枪弹被输送到进弹位置时，输弹过程结束，进弹过程开始。

5.3.1 弹仓式枪械的进弹

受制于弹仓的结构，处于进弹位置（弹仓 / 弹匣 / 弹鼓的抱弹口）的枪弹，很难正对弹膛，只能大致对准。枪弹要一边“上坡”一边“前进”，以特殊角度进入弹膛。枪弹从进弹位置“爬升”到弹膛的轨迹，称为进弹轨迹或进弹路线。在进弹路线上，相关的弹匣、枪管等零部件上都设计有导向结构，用以引导枪弹入膛。

推动枪弹入膛的力源于枪械的自动机或枪机。一般而言，自动机上会设计专用的推弹凸榫[⊖]，或以闭锁凸榫兼作推弹凸榫，推弹凸榫前端有推弹面，推动枪弹入膛（图 5-32）。

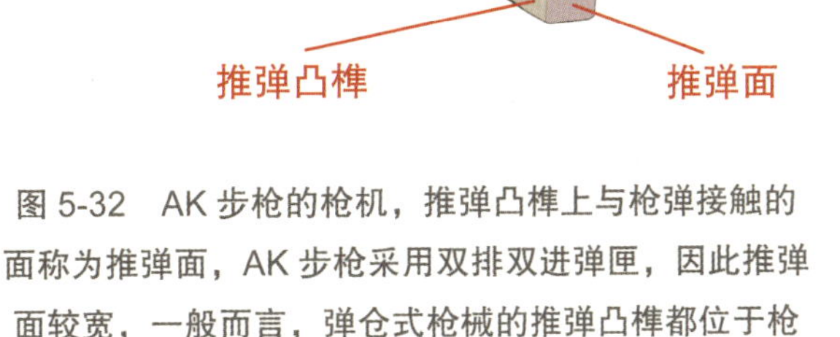

图 5-32 AK 步枪的枪机，推弹凸榫上与枪弹接触的面称为推弹面，AK 步枪采用双排双进弹匣，因此推弹面较宽，一般而言，弹仓式枪械的推弹凸榫都位于枪机底部，而弹链式枪械的推弹凸榫位于枪机顶部

5.3.2 弹链式枪械的进弹

弹链式枪械的进弹方式可以分为一次进弹和二次进弹两类（也称单程进弹和双程进弹，但由于易与单程输弹和双程输弹混淆，本书相关内容均表述为“一次”“二次”）。

1. 一次进弹

自动机 / 枪机将枪弹（由弹链中）从后向前（枪口方向为前）推入弹膛的进弹方式称为一次进弹。这种进弹方式与开式弹链密切相关。由于开式弹链采用不封闭的 C 形环结构固定枪弹，“抱紧力”较小，枪弹易松脱，自动机 / 枪机“猛推一下”即可一次完成进弹。实际上，几乎所有弹仓式枪械都采用一次进弹方式，但“一次进弹”“二次进弹”这两个术语通常只用于弹链式枪械，因此很少有人会将弹仓式枪械的进弹方式称为“一次进弹”。

从设计上讲，一次进弹逻辑明了，结构简单，但也存在先天缺陷：如果弹链刚度较低，加之枪弹易松脱，枪弹相对弹膛的定位就可能出现较大偏差；如果弹链刚度较高，脱弹就需要较大的力，而采用一次进弹设计的枪械，自动机通常在复进过程中完成进弹，

⊖ 凸榫在部分枪械专业文献中写作“凸笋”或“突笋”，从文字释义的角度看并不正确，因此本书统一写作凸榫。

这一过程的能量源于复进簧，复进簧相对有限的能量，就与“大力”需求形成了矛盾。

采用一次进弹设计的有德国的 MG34/42 机枪、比利时的 FN MAG/M240 机枪等（图 5-33、图 5-34）。

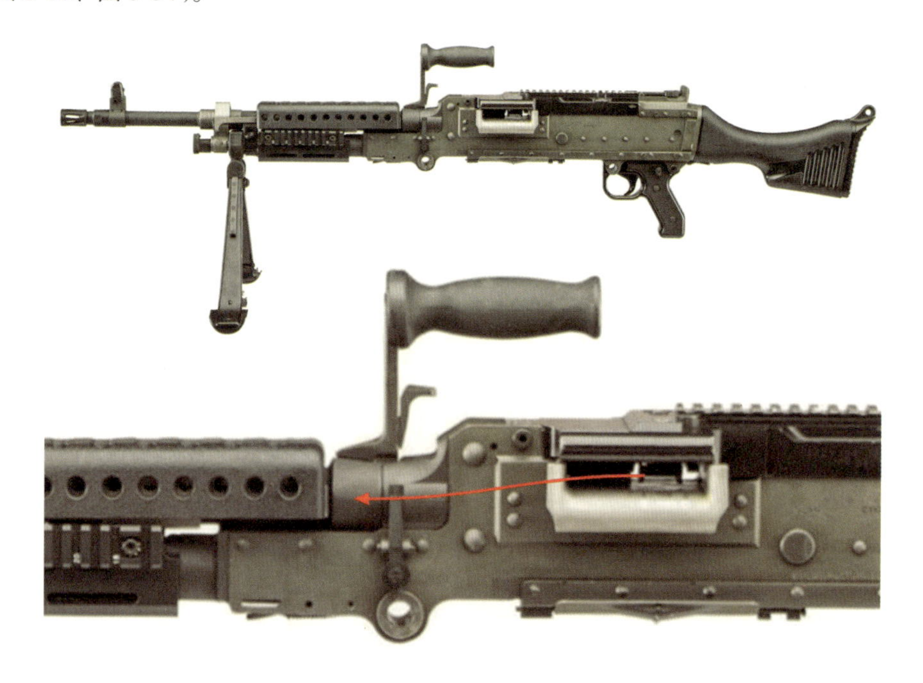

图 5-33　M240 机枪的进弹示意（红色箭头线），枪弹直接“挣脱”C 形环，向前、向下运动，进入弹膛

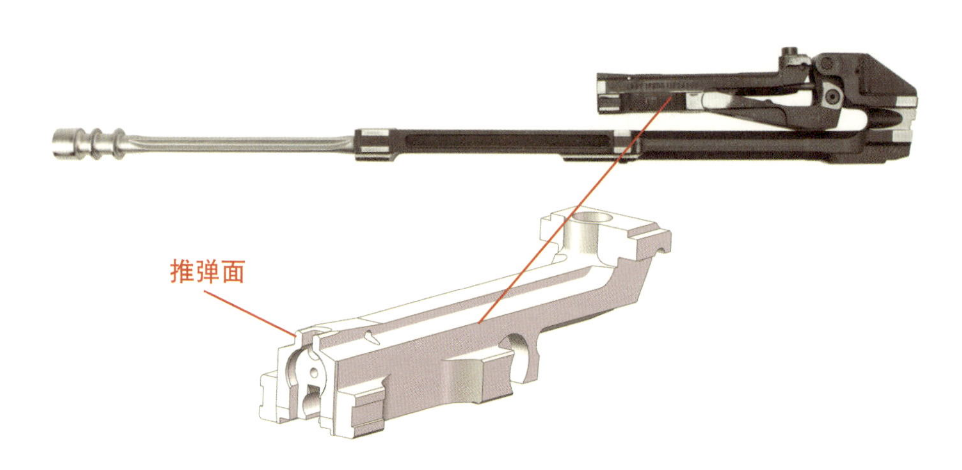

图 5-34　M240 机枪的推弹面示意

2. 二次进弹

自动机 / 枪机先在后坐过程中将枪弹（由弹链中）从前向后（枪口方向为前）抽出，然后在复进过程中将枪弹从后向前推入弹膛的进弹方式，称为二次进弹。

二次进弹方式不存在一次进弹方式的先天缺陷。由于枪弹弹壳是有锥度的（尤其对弹壳锥度较大的枪弹而言），将枪弹从弹链中从前向后抽出，要比从后向前推出省力。自动机 / 枪机的工作强度不高，枪械的可靠性就更有保证。至于弹链，即使选择刚度较高的闭式结构，也不会影响抽弹过程。相较一次进弹方式，二次进弹方式的劣势是机构更复杂，体积更大。

在当今的弹链式枪械中，一次进弹方式与二次进弹方式可谓平分秋色，两者都有较大规模的应用。采用二次进弹方式的典型代表有马克沁机枪、PKM 机枪和 M2 机枪等（图 5-35、图 5-36）。

图 5-35　PKM 机枪的二次进弹方式示意，枪机先将枪弹由弹链中从前向后抽出，再将枪弹从后向前推入弹膛，枪弹的运动过程是先向后、再向下、最后向前，二次进弹机构占用空间较大，会导致机枪有明显的“龟背”

图 5-36　PKM 机枪的弹性取弹钩，与机框固定在一起，枪机复进时，取弹钩撞击枪弹凸缘后张开，枪机后坐时取弹钩顺势抓住枪弹，将其抽出弹链

5.4 双路供弹

双路供弹是一种极为特殊的供弹方式。比利时 FN 公司的 Minimi/M249 轻机枪（图 5-37）、以色列的内格夫轻机枪采用了这种设计，它们主要使用弹链供弹，必要情况下也可使用步枪的弹匣供弹（但不能同时混用）。双路供弹方式存在较大缺陷：为克服弹链供弹的较大阻力，就要使自动机具有较高能量，而换用弹匣供弹时阻力会大幅减小，自动机仍以较高的能量“往复狂奔”，就会出现射速加快的现象，对枪械射击精度和可靠性产生不利影响。此外，两套供弹机构势必使枪械的设计难度大幅增加，同时相关机构也会占据较大空间。

图 5-37　弹链（上）与弹匣（下）供弹状态的 FN Minimi/M249 轻机枪

5.5 供弹实例

5.5.1 GLOCK17 手枪的供弹

GLOCK17 手枪采用双排单进弹匣供弹设计，其套筒上设计有推弹面（图 5-38），枪管上设计有供弹坡（图 5-39），能够引导枪弹进入弹膛。GLOCK17 手枪供弹过程如图 5-40 所示。

在状态 a 中，套筒后坐，即向后运动。

在状态 b 中，套筒让开下一发枪弹，下一发枪弹在托弹簧作用下抬升。

在状态 c 中，套筒复进，推弹面推动枪弹向前运动。
在状态 d 中，下一发枪弹继续抬升，进入枪管。
在状态 e 中，下一发枪弹进入枪管。
在状态 f 中，枪管上抬，闭锁完成，供弹完成。

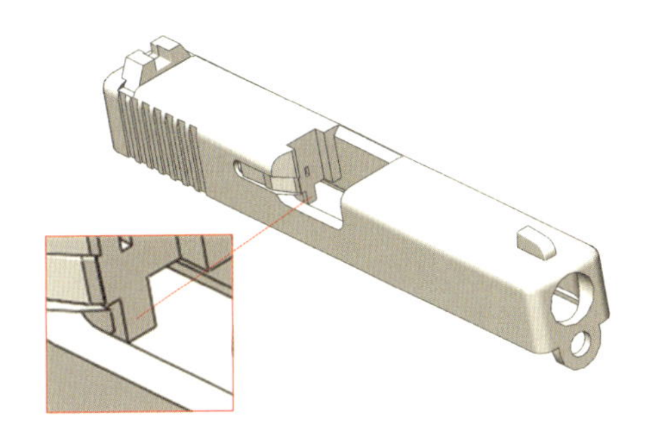

图 5-38 GLOCK17 手枪的推弹面示意，由于采用双排单进弹匣，它的推弹面非常窄

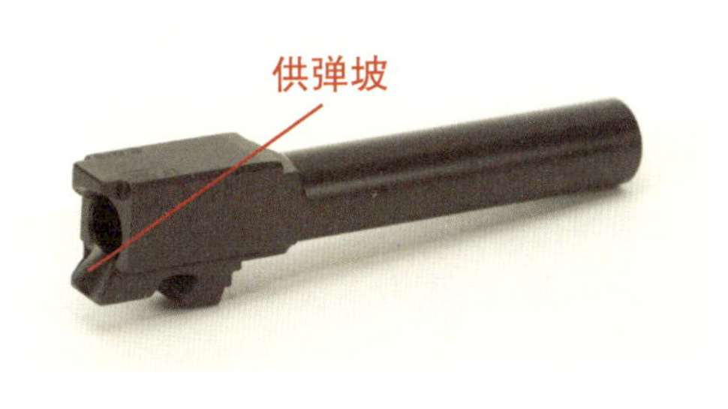

图 5-39 GLOCK17 手枪的供弹坡

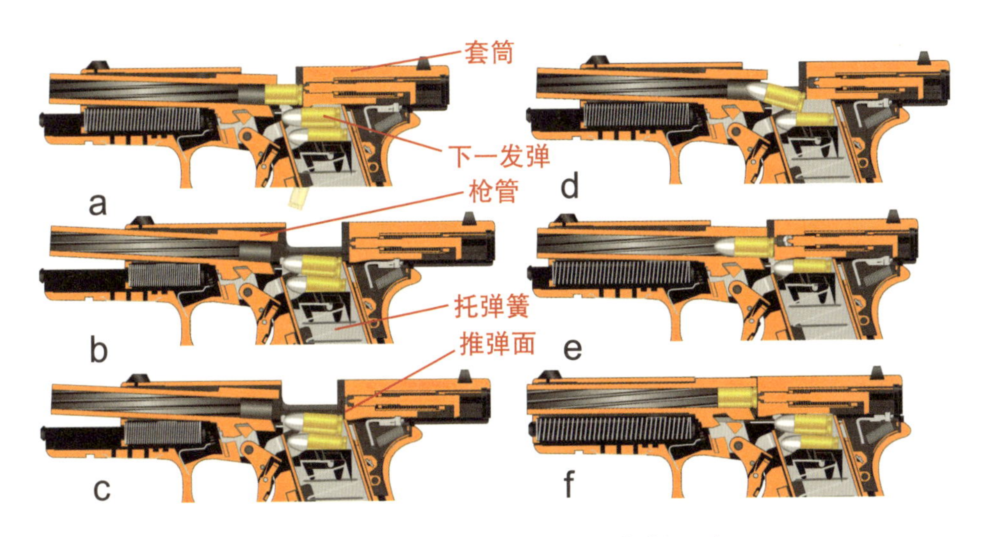

图 5-40 GLOCK17 手枪的供弹过程示意

5.5.2 MG34 机枪的供弹

MG34 机枪采用单程输弹、一次进弹设计，输弹在枪机复进过程中完成。梳理供弹过程前，我们先讲解拨弹齿和阻弹齿的工作原理（为便于理解，示意图中省略了弹链的链节）。

如图 5-41 所示，拨弹齿可左右直线运动或转动，直线行程在位置 1 与位置 3 之间，角行程在位置 1（倾斜状态）与位置 2（水平状态）之间。在带动机构作用下，拨弹齿从位置 1 向位置 3 运动。途经位置 2 时，拨弹齿向上转动到水平状态，越过枪弹 A。到达位置 3 时，拨弹齿在弹簧力作用下恢复倾斜状态，带动机构带动拨弹齿向右运动到位置 1，推动枪弹 B 运动到枪弹 A 位置（枪弹 A 此时已经入膛，让开了进弹位置），同时推动枪弹 C 运动到枪弹 B 位置，实现向右拨弹。

从位置 1 运动到位置 3 的过程中，拨弹齿只是越过枪弹，所受阻力较小。而从位置 3 运动到位置 1 的过程中，拨弹齿要推动枪弹 B，所受阻力较大。因此，位置 1、位置 3 中的角度即为拨弹齿的极限倾斜角度，拨弹齿受形状锁合，无法再顺指针转动。由于输弹在枪机复进过程中完成，拨弹齿在枪机复进过程中完成从位置 3 到位置 1 的运动。从供能角度看，拨弹动作应设计在后坐过程中，而非复进过程中，复进输弹是 MG34 的设计缺陷。

拨弹齿在位置 2 时，有可能推动弹链向左运动，造成弹链回退。因此，必须设计“防回退”的止逆机构，即阻弹齿。如图 5-42 所示，枪弹左右运动，阻弹齿只转动、不移动，有位置 1、位置 2 两个极限状态，并可在两个极限状态间运动。枪弹从位置 1 向位置 2 运动过程中，会将阻弹齿从位置 2 挤到位置 1。当枪弹运动到位置 2 时，阻弹齿会在弹簧力作用下回到位置 2，阻止枪弹回窜到位置 1。

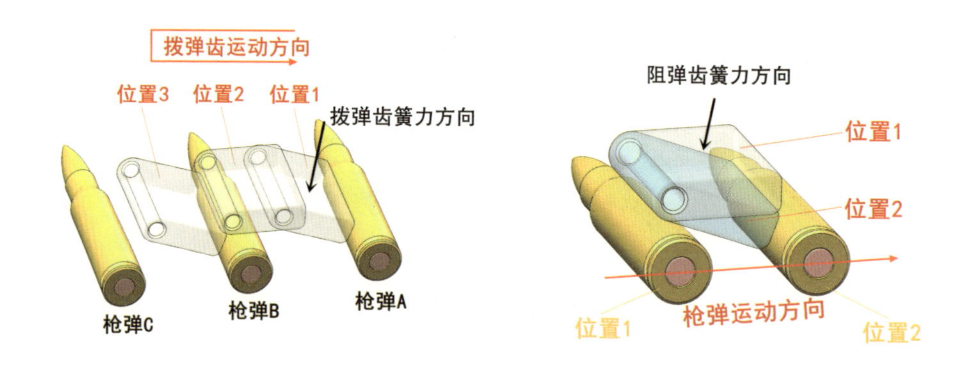

图 5-41　MG34 机枪的拨弹齿动作过程　　图 5-42　MG34 机枪的阻弹齿动作过程

再看 MG34 的输弹机构。MG34 的机匣盖内有 T 形凸槽（大杠杆）、小杠杆、拨弹滑板、拨弹齿、阻弹齿（一对两个）和定弹齿（一对两个）。自动机上有导槽，与 T 形凸槽配合。自动机前后运动→带动 T 形凸槽和小杠杆左右运动（图 5-43）→带动拨弹滑板运动（图 5-44）→装在拨弹滑板上的拨弹齿左右运动（图 5-45）→带动枪弹运动。需要注意的是，MG34 的阻弹齿和定弹齿都是“成对”的。定弹齿负责归正枪弹位置，防止枪弹乱窜，保证平稳、正确进弹。

MG34 机枪的进弹机构如图 5-46 所示。处于进弹位置的枪弹会落入受弹器座的定位槽中（槽宽小于枪弹直径），自动机推弹面向前运动，推动枪弹从红框处钻出受弹器座进入弹膛。

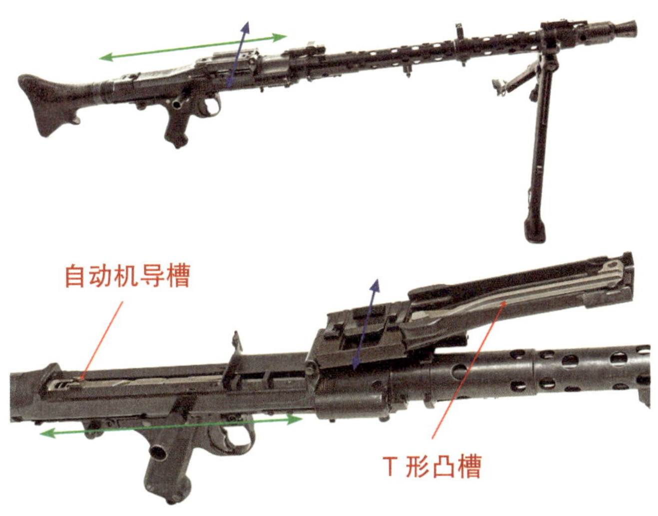

图 5-43　MG34 机枪，自动机导槽与 T 形凸槽配合，将自动机的前后方向运动（绿色箭头方向）转化为拨弹齿、拨弹滑板的左右方向运动（蓝色箭头方向）

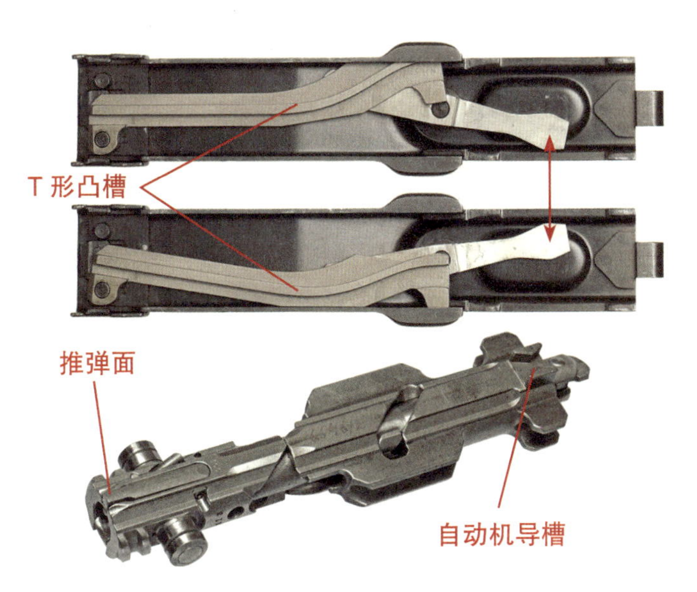

图 5-44　自动机导槽带动 T 形凸槽、小杠杆上下运动，小杠杆直接与拨弹滑板接触

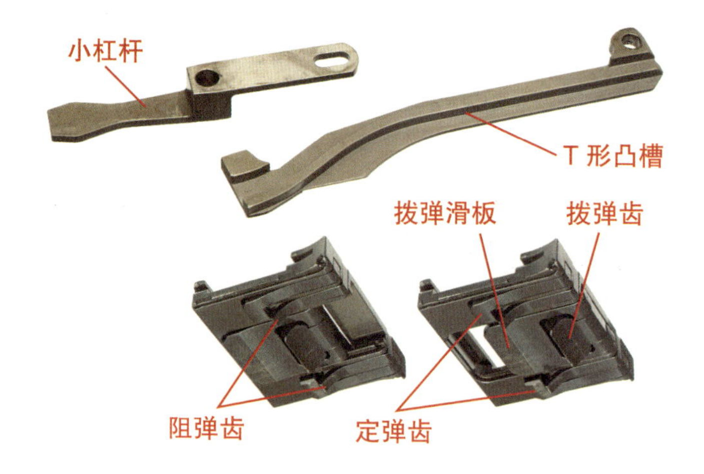

图 5-45 拨弹滑板能左右运动，拨弹齿安装在拨弹滑板上，T 形凸槽、小杠杆带动拨弹滑板运动，最终相当于带动拨弹齿运动

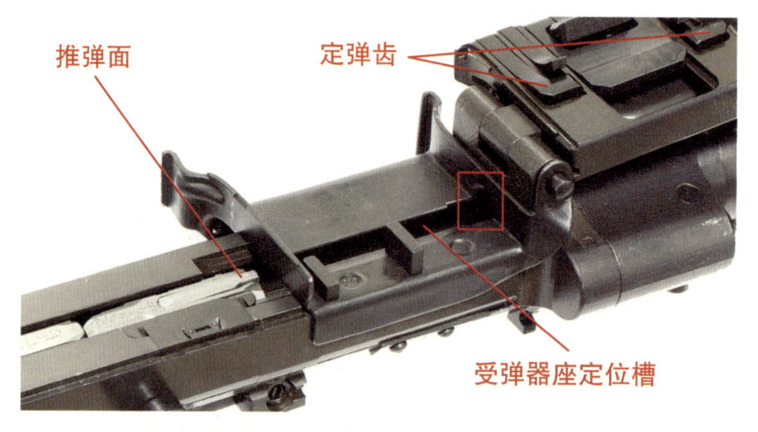

图 5-46 MG34 机枪的进弹机构

5.5.3 MG42 机枪的输弹

可以将单程输弹过程比作独臂人用绳子吊起重物，拨弹齿相当于独臂人的手臂，阻弹齿相当于独臂人的脚。在拉绳子的过程中，当独臂人的手臂运动到下方极限位置时，为防止重物下坠，他必须先用脚踩住绳子，再将手臂运动到上方极限位置，继续拉绳子。而对健全人来说，能双手交替拉绳子，就可以不用脚。拨弹齿与阻弹齿可以相互替代，MG42 的双程输弹机构就是通过两组拨弹齿（相当于健全人的两支手臂）交替工作，来实现拨弹和阻弹的。

MG42 有两组拨弹齿，拨弹齿后有一个转向杠杆，负责实现“交替”。它的自动机上还设计有滑轮，滑轮与 U 形凹槽（大杠杆）配合，减小了摩擦阻力。U 形凹槽上有减重开孔，相应减小了拨弹阻力（图 5-47、图 5-48）。由于采用双程输弹，MG42 的两组拨弹齿在自动机后坐、复进过程中都在拨弹，且都受到很大的拨弹阻力。两组拨弹齿工作固然有利于提高射速，但自动机复进过程的能量源是蓄能有限的复进簧，这就会导致一定的可靠性隐患。

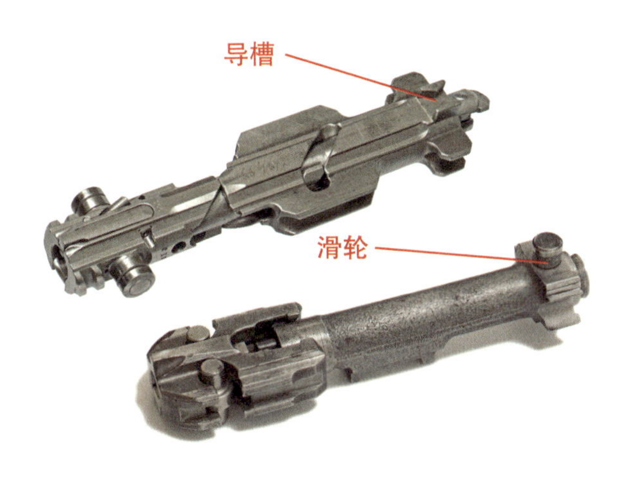

图 5-47　MG34 机枪（上）和 MG42 机枪（下）的自动机，它们分别采用导槽和滑轮，分别与 T 形凸槽和 U 形凹槽配合，MG42 的“滑轮 +U 形凹槽”是当今枪械输弹机构中的常见设计元素

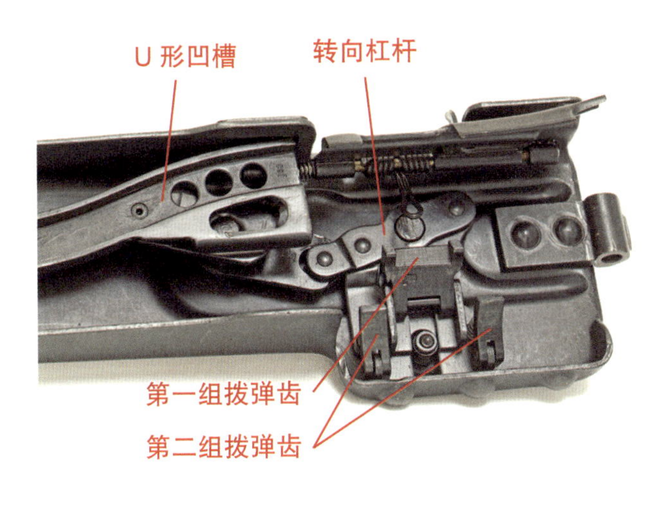

图 5-48　MG42 机枪的拨弹机构

Chapter 6

第6章

退壳机构

枪械如何将弹壳抛出枪外?

退壳可以分为两个阶段，第一阶段是将弹壳从弹膛中抽出，称为抽壳；第二阶段是将弹壳从枪内抛出，称为抛壳。

6.1 抽壳

枪弹的尾端有底缘（注意不是凸缘，详见第11章），它是枪械抽壳时的“钩挂点”，与底缘配合的机构是抽壳钩或拉壳钩。抽壳钩钩住枪弹底缘后，随着枪机或自动机向后运动，同时拉动弹壳向后运动，完成抽壳。

抽壳钩可以分为刚性抽壳钩和弹性抽壳钩两类。

6.1.1 弹性抽壳钩

弹性抽壳钩借助自身的弹性形变能力，钩住枪弹的底缘（图6-1）。这类抽壳钩不需要与弹簧配合。

弹性抽壳钩的刚度如果过高，产生形变所需的外力就会很大，导致扣合难度增大；刚度如果过低，就容易过度变形，导致扣合不紧。因此，弹性抽壳钩对加工工艺有较高要求。

弹性抽壳钩属于易损件，工作频率高，所受冲击大，需反复变形，因此使用寿命普遍较短。一些老式栓动步枪，例如毛瑟98步枪（图6-2），就采用了弹性抽壳钩。如今的枪械已经很少采用这种抽壳钩。

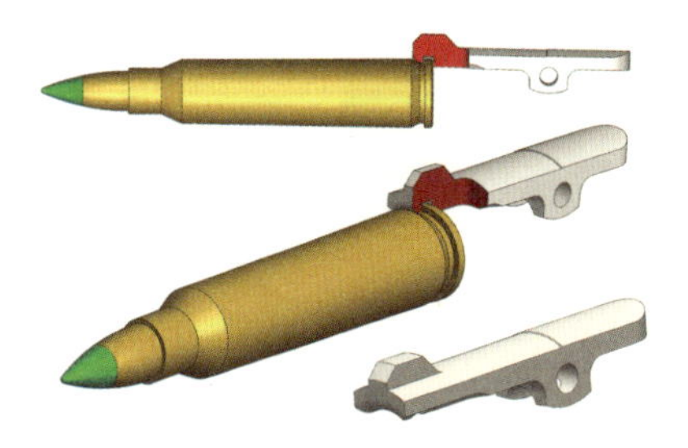

图6-1　抽壳钩刚好钩住枪弹底缘，图中抽壳钩为剖视状态，红色为剖面

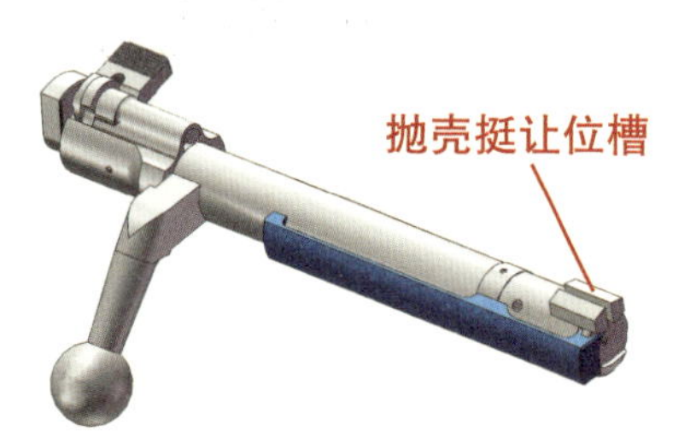

图6-2　毛瑟98步枪枪机的弹性抽壳钩（蓝色），该枪采用刚性抛壳挺，枪机上有对应的让位槽

6.1.2　刚性抽壳钩

刚性抽壳钩不依靠自身形变钩住枪弹的底缘，而是先通过围绕回转轴转动或沿滑槽平动，来钩住枪弹的底缘，再在弹簧力的作用下扣紧弹壳。如今的大多数枪械都采用这种抽壳钩。

刚性抽壳钩的刚度很高，因此使用寿命相比弹性抽壳钩更长。按照运动方式，刚性抽壳钩可细分为回转式（纯转动）、平移式（纯平动）、偏转式（转动 + 平动）三种。这三种刚性抽壳钩各有所长。以 AKM 和 M16 为代表的绝大多数步枪都采用了回转式抽壳钩（图 6-3），MP5 冲锋枪采用了平移式抽壳钩（图 6-4），而以 GLOCK 为代表的绝大多数手枪都采用了偏转式抽壳钩（图 6-5）。从外观上看，回转式抽壳钩往往有回转轴（抽壳钩轴），平移式抽壳钩没有回转轴，但有平移槽。偏转式抽壳钩依靠形状锁合，内部机构最为复杂，从外观上看不到回转轴或平移槽。

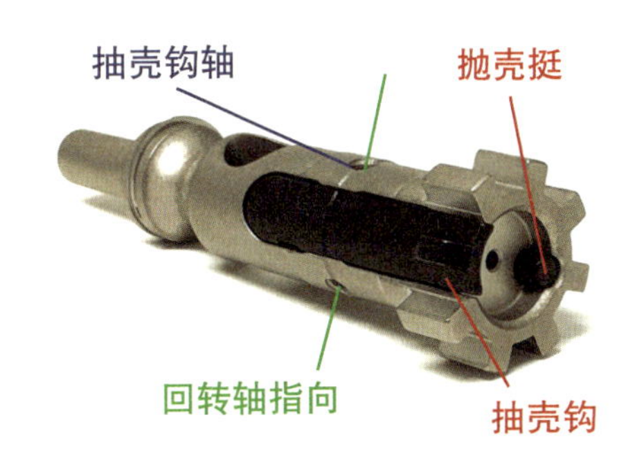

图 6-3　M16 步枪采用回转式抽壳钩，可见抽壳钩轴，即回转轴

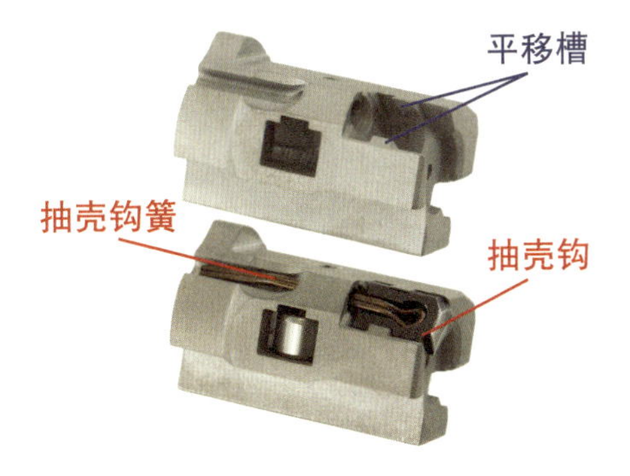

图 6-4　MP5 冲锋枪采用平移式抽壳钩，可见平移槽

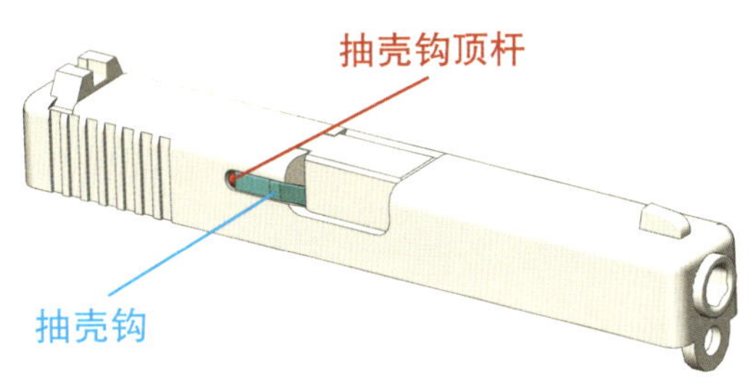

图 6-5　GLOCK 手枪采用偏转式抽壳钩，抽壳钩顶杆压住抽壳钩，并与套筒配合实现形状锁合，既能使抽壳钩转动、平动，也能防止抽壳钩脱出，图中只展示了抽壳钩顶杆的一部分

6.1.3　抽壳阻力

对自动枪械而言，在抽壳过程中，弹膛内往往会存在一定的残余压力，这会导致弹壳膨胀，紧贴弹膛，大幅增加弹壳与弹膛之间的摩擦力。抽壳钩要将弹壳抽出，就

要克服很大的摩擦阻力，即抽壳阻力。

抽壳阻力是不可避免的，只能设法减小，具体方法包括：尽可能增大弹膛内表面的光滑度，以减小抽壳阻力；在弹膛内刻槽，使火药燃气充斥在弹壳与弹膛之间，避免两者过分贴紧，以减小抽壳阻力（详见第 3 章弹膛相关内容）；采用速燃发射药，降低弹膛内的残余压力，进而减小抽壳阻力（详见第 12 章发射药相关内容）；延迟抽壳时机，待到弹膛内的残余压力减小时再抽壳（但这样会降低射速）。

6.1.4 预抽壳

对非自动枪械而言，抽壳时，弹膛内的残余压力往往趋近于零，抽壳阻力相对自动枪械小得多。但非自动枪械的抽壳动作要靠人力完成，即使抽壳阻力很小，实际操作也相对困难。

为此，旋转后拉枪机式栓动步枪普遍设计有预抽壳机构，以毛瑟 98 步枪为例，它的机匣尾端设计有预抽壳螺旋面（起机面），在枪机旋转阶段，拉机柄末端要与预抽壳螺旋面接触，迫使枪机稍微向后运动，进而使弹壳也稍向后运动很短一段距离，实现预抽壳（图 6-6）。

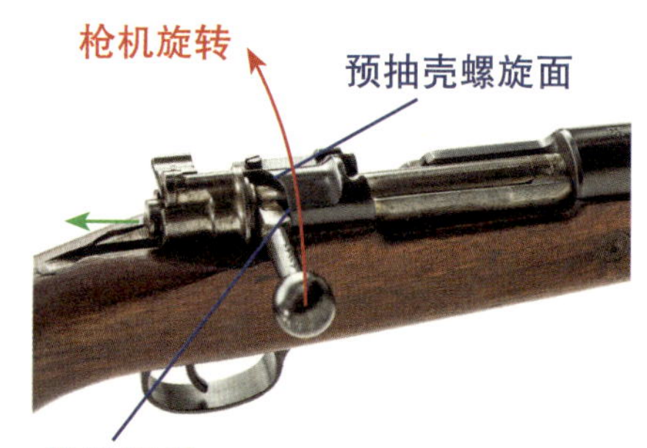

图 6-6　毛瑟 98 步枪的预抽壳过程示意，射手旋转枪机时，预抽壳螺旋面迫使枪机沿绿色箭头方向运动很短一段距离，实现预抽壳

拉机柄较长，位置较高，而预抽壳螺旋面位置较低，射手旋转拉机柄时，相当于操作“省力杠杆”。待到旋转动作完成，射手开始后拉枪机时，弹壳实际上已经被抽出，“旋转后拉”动作就会变得相对省力。

6.2 抛壳

抽壳机构将弹壳 / 枪弹从弹膛中抽出后，抛壳机构会将弹壳 / 枪弹从枪机内抛出。抛壳机构的主要部件是抛壳挺，它可以分为弹性和刚性两类。

6.2.1 弹性抛壳挺

在枪机闭锁时，弹性抛壳挺会在弹簧力作用下顶住弹壳 / 枪弹尾端，由于被约束在弹膛内，弹壳 / 枪弹会保持静止状态。当抽壳钩将弹壳 / 枪弹抽出弹膛时，弹壳 / 枪弹失去约束，弹性抛壳挺会在弹簧力作用下迅速将弹壳 / 枪弹侧向顶出枪机。

弹性抛壳挺安装在枪机上，随枪机一起运动，因此枪机 / 枪机框都相对完整，设计难度较低。一些受 M16 步枪影响较大的枪械，例如奥地利斯太尔公司的 AUG 步枪、

德国 HK 公司的 G36 步枪、比利时 FN 公司的 FN SCAR 步枪等，都采用了弹性抛壳挺（图 6-7）。

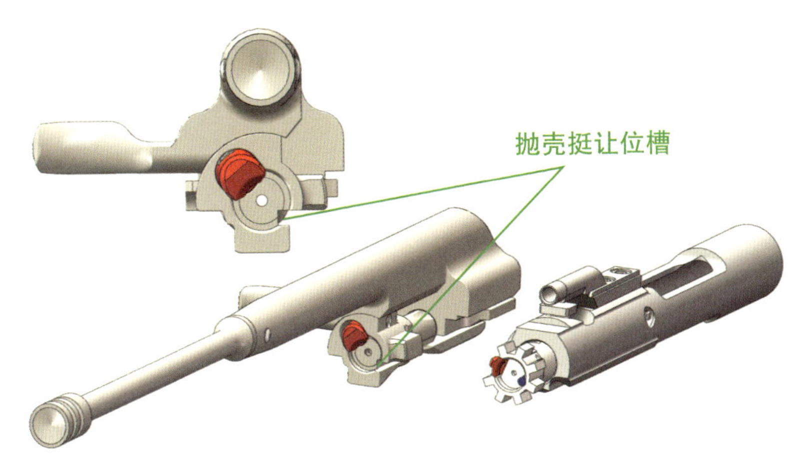

图 6-7　AKM 步枪（左）与 M16 步枪（右）的自动机，红色为抽壳钩，蓝色为 M16 的弹性抛壳挺

相对刚性抛壳挺，弹性抛壳挺存在以下劣势：依赖弹簧力，抛壳一致性较差，即弹壳的抛出方向不稳定，要么向前，要么向后；使用寿命较短，需定期更换弹簧；弹性抛壳挺凸出枪身表面，进弹时要克服弹簧力将弹性抛壳挺的“顶头”完全压下才能闭锁，由于弹性抛壳挺所受弹簧力普遍较大，闭锁阻力也相对较大。

6.2.2　刚性抛壳挺

刚性抛壳挺通常固定在机匣上，不随枪机 / 枪机框运动。机匣就像枪械内部的“高速公路”，枪机 / 枪机框要在机匣内往复运动，而刚性抛壳挺就像高速公路上的“路障”。为避让刚性抛壳挺，枪机 / 枪机框上必须加工出让位结构，这导致枪机 / 枪机框外形轮廓不完整，大幅增加了设计难度，AK 系列步枪就是典型代表（图 6-8）。

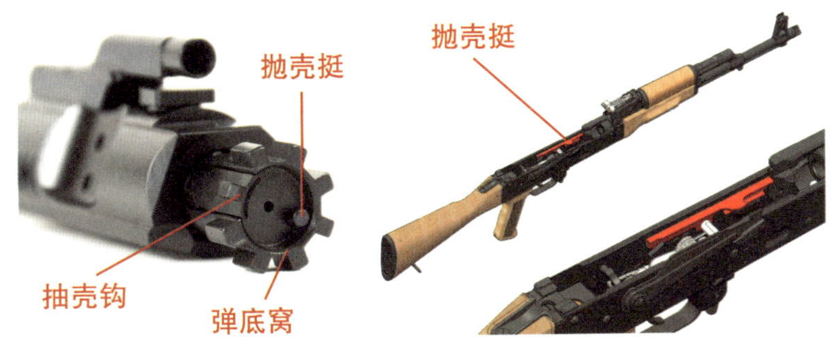

图 6-8　M16 步枪（左）与 AKM 步枪的抛壳挺，AKM 的抛壳挺固定在机匣中

相对弹性抛壳挺，刚性抛壳挺的优势包括：结构简单可靠，不存在弹簧失效问题，使用寿命长；抛壳一致性好，抛壳方向稳定；枪机闭锁时不会像弹性抛壳挺那样对枪弹/弹壳施力，不会增大闭锁阻力。一些受AK系列步枪影响较大的枪械，例如以色列的加利尔步枪、比利时FN公司的FNC步枪、瑞士SIG公司的SG550步枪等，都采用了刚性抛壳挺。此外，绝大多数机枪也会采用刚性抛壳挺。

枪械说

刚性抛壳挺≠固定抛壳挺

“刚性抛壳挺”概念与“固定抛壳挺”概念并不完全相同。“固定抛壳挺”是“刚性抛壳挺”的一种，但并非所有“刚性抛壳挺”都是固定的。

MP5冲锋枪采用滚柱闭锁机构，枪机内部安置有滚柱，不能随意设计让位结构，即不能随意切割枪机/枪机框，因此采用了可转动式抛壳挺（图6-9）。当自动机向后运动到极限位置时，压下可转动式抛壳挺后端，使其前端抬起，进而撞击弹壳底部，将弹壳抛出。

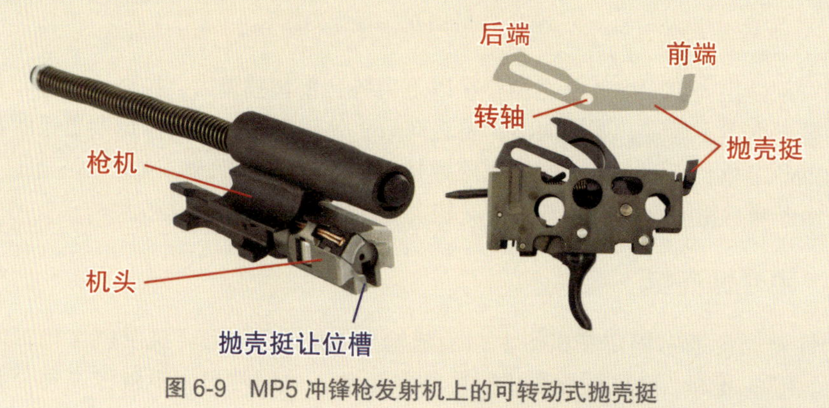

图6-9　MP5冲锋枪发射机上的可转动式抛壳挺

6.2.3　抛壳方向

常见的抛壳方向包括侧抛壳、下抛壳、上抛壳等。由于弹匣一般位于枪身下部，上抛壳方式使抛壳机构不易在空间上与弹匣冲突。捷克的Vz61蝎式冲锋枪就采用了这种抛壳方式（图6-10）。然而，向上抛出的弹壳偶尔会砸到射手身上，尤其是射手在行进间射击时。因此，如今的枪械已经很少采用上抛壳方式。

图6-10　Vz61蝎式冲锋枪采用上抛壳方式，抛壳窗位于弹匣井正上部，弹匣插入弹匣井后正对抛壳窗

机枪的供弹位置通常在枪身上部，因此一般采用下抛壳方式（图6-11）。这种方式存在的问题包括：弹壳会堆积在枪械周围，射手踩到弹壳易滑倒；卧姿射击时，如果枪身距地面过近，就可能影响抛壳。

目前最理想的方式是侧抛壳，这样既能使弹壳远离射手，也不会在卧姿射击时影响抛壳（图6-12）。

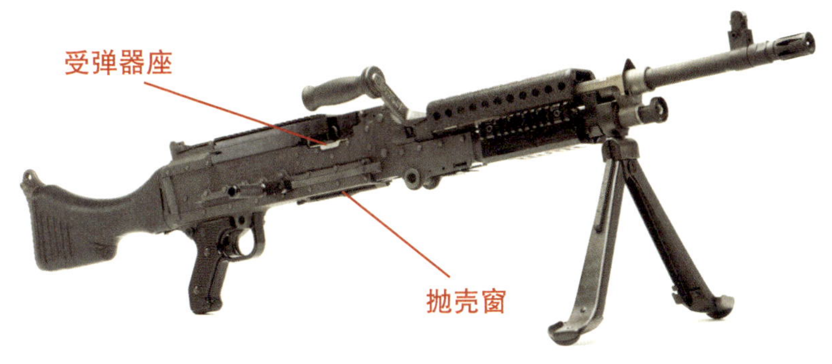

图6-11　FN MAG/M240机枪采用下抛壳方式，抛壳窗位于受弹器座（进弹位置）正下部

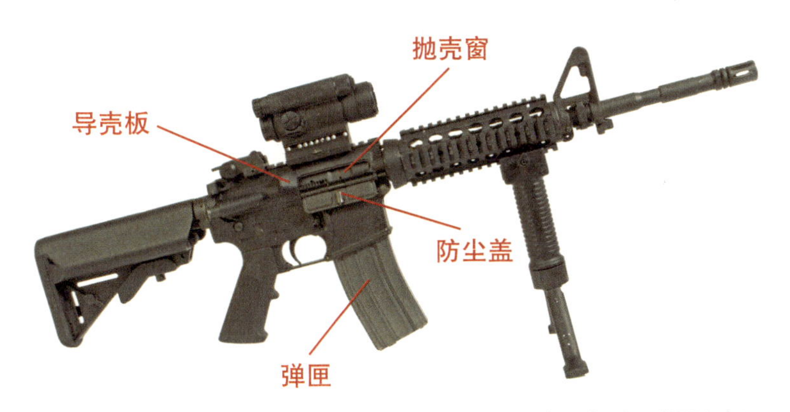

图6-12　M16/M4采用侧抛壳方式，抛壳窗位于枪身右侧、弹匣上部，图中的防尘盖处于打开状态，枪机处于闭锁状态，抛壳窗被枪机框封闭

6.2.4　抛壳窗

枪械的机匣上设计有抛壳窗，它是供弹壳/枪弹抛出的开口。一般而言，抛壳窗越大，抛壳越容易，但这样会破坏枪身的封闭性，增大沙尘等污物侵入枪内的概率。因此，在枪械设计中有一个“不成文的规定”：枪机框在复进到位时，往往能将抛壳窗完全封闭，以防止污物侵入枪内，只有在后坐时才会使抛壳窗完全打开。

有些枪械的抛壳窗外会设计防尘盖/抛壳窗盖，例如M16步枪，射击时防尘盖会自动打开，但射击完毕后需要人力关闭。PKM 机枪的抛壳窗防尘盖设计有联动机构，只在抛壳瞬间才会自动打开，不抛壳时一直处于关闭状态。

6.2.5 导壳板 / 挡壳板

导壳板 / 挡壳板的作用是改变弹壳的抛出方向。M16 步枪采用弹性抛壳挺，抛壳方向不稳定，因此在抛壳窗后部设计有导壳板 / 挡壳板，向后抛出的弹壳撞到导壳板 / 挡壳板上会改变飞行方向，不会影响射手。

6.2.6 前抛壳

前抛壳是独立于上抛壳、下抛壳和侧抛壳存在的一种特殊抛壳方式，需要专门设计复杂的动作机构。

对无托步枪而言，抛壳窗接近射手脸部，当射手以左手射击时，抛出的弹壳会对射手的视线产生较大影响，甚至伤及射手。为此，比利时 FN 公司的 F2000 步枪采用了前抛壳设计，弹壳通过枪内的长导管从枪身前部抛出（图 6-13）。然而，由于长导管内会积存一定量的弹壳，无法及时排出，对可靠性有不利影响。

图 6-13　F2000 步枪的抛壳示意，红色虚线为弹壳的运动路径

目前，前抛壳技术依然不成熟，相关机构过于复杂，设计难度较大，效费比较低。

6.3 退壳机构工作过程实例

AKM 步枪采用回转式刚性抽壳钩、刚性抛壳挺，抛壳挺固定在机匣上。

如图 6-14a 所示，开锁后自动机后坐，枪机上的抽壳钩钩住弹壳底缘，拉动弹壳向后运动，抽壳过程开始。如图 6-14b 所示，自动机继续后坐，枪机继续拉动弹壳向

后运动。如图 6-14c 所示，弹壳底缘接触抛壳挺，抛壳过程开始。如图 6-14d 所示，抛壳挺推动弹壳翻转，弹壳底缘与抽壳钩脱离。如图 6-14e 所示，弹壳被抛出，抛壳过程完成。

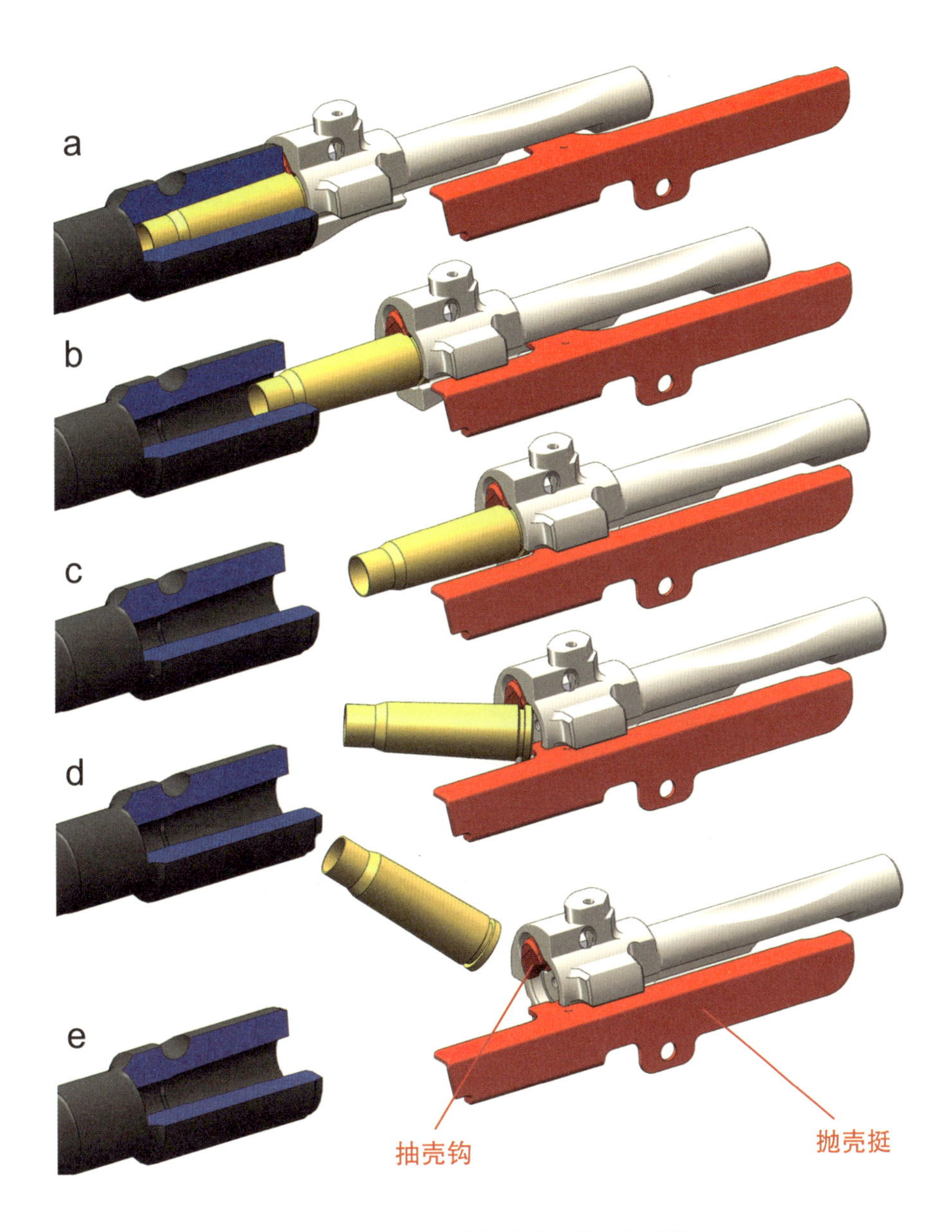

图 6-14 AKM 步枪的退壳机构工作过程

枪械说 冷门退壳方式

案例 1：马克沁机枪采用挤壳式退壳机构，它的枪机上有一个 U 形槽，枪弹底缘卡在 U 形槽中上下排列，弹壳向前抛出（图 6–15）。

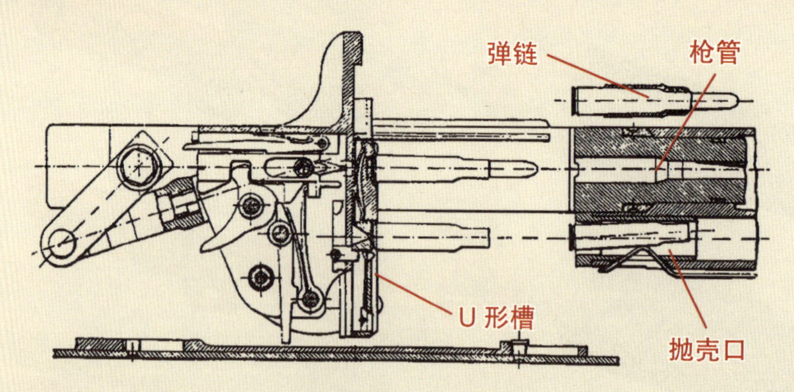

图 6-15　马克沁机枪的退壳过程示意

案例 2：美国沙漠科技公司的 MDR 无托步枪，弹壳从机匣右侧的开口向前钻出，而非抛出（图 6–16）。

图 6-16　MDR 无托步枪的抛壳口非常小

Chapter 7

第 7 章

自动方式与非自动方式

枪械如何实现自动射击？

对于毛瑟 98 这样的非自动枪械，射击过程中，射手需要用手先旋转、后拉枪机的拉机柄（枪栓），驱动枪械完成开锁、抽壳、抛壳动作，再前推、旋转枪机的拉机柄，驱动枪械完成进弹、闭锁动作。这一系列动作的动力源都是人体，枪械完全是“被动”动作的。

对于半自动和全自动枪械，射手只需要用手扣动扳机即可射击，开锁、闭锁、抽壳、抛壳等动作都是枪械依靠自有动力源“自动”完成的。这就引出了自动方式（或称自动原理）的问题。

7.1 自动方式分类

枪械要实现自动射击，就要有提供能量的“动力源”，目前常见的枪械动力源是枪弹击发时产生的火药燃气。按照对火药燃气能量的不同利用方式，自动方式可以分为三种：

① 在枪弹击发时，从枪管中导出一部分火药燃气，利用这部分火药燃气的能量驱动膨胀室内的活塞运动，进而推动自动机运动，完成开闭锁、抽抛壳动作，实现自动射击，这种方式称为**导气式自动方式**。

② 在枪弹击发时，利用火药燃气推动弹头向前（枪口方向为前）运动时产生的反作用力，推动枪管向后运动，进而推动自动机运动，完成开闭锁、抽抛壳动作，实现自动射击，这种方式称为**管退式自动方式**（或枪管后坐式自动方式）。

③ 在枪弹击发时，利用火药燃气推动弹头向前（枪口方向为前）运动时产生的反作用力，推动弹壳向后运动，进而推动自动机运动，完成开闭锁、抽抛壳动作，实现自动射击，这种方式称为**枪机后坐式自动方式**。

7.2 自动机 / 枪机组

广义上讲，自动机的定义很模糊，枪械内部所有能“自己动起来”的机构都可以称为自动机，闭锁机构、发射机构、击发机构、复进机构都可以算作自动机。由于这种定义方式会导致很多逻辑上的误解，本书采用了相对狭义的定义方式，将自动机具象为枪机、枪机框等部件，或整体称为枪机组。

自动机的形式多种多样。对导气式自动枪械而言，自动机通常只有枪机和枪机框；对管退式自动枪械而言，自动机除枪机和枪机框外，还可能有加速机构；对枪机后坐式自动枪械而言，如果是自由枪机，则自动机通常只有枪机，如果是半自由枪机，则除枪机外还可能有延迟机构。几种典型枪械对应的自动机范畴见表 7-1。

表 7-1　几种典型枪械对应的自动机范畴

枪械名	自动方式	闭锁方式	自动机
GLOCK17 手枪	管退式 - 枪管短后坐	枪管偏移闭锁	枪管、套筒
PPK 手枪	自由枪机式	惯性延迟	套筒
MP5 冲锋枪	半自由枪机式	机械延迟 - 滚柱闭锁	机头、枪机、楔铁
乌齐冲锋枪	自由枪机式	惯性延迟	枪机
毛瑟 98 步枪	手动	枪机回转闭锁	不存在自动机，只有枪机
AK47/AKM 步枪	导气式 - 长活塞	枪机回转闭锁	枪机、枪机框
M16 步枪	导气式 - 直接导气式	枪机回转闭锁	枪机、枪机框
HK416 步枪	导气式 - 短活塞	枪机回转闭锁	枪机、枪机框

7.3 自动（射击）过程

枪械的自动（射击）过程可分为后坐、复进两个阶段（图 7-1）。在后坐阶段，自动机完成开锁、抽壳、抛壳动作。自动机后坐到位后，进入复进阶段，完成推弹、闭锁动作。

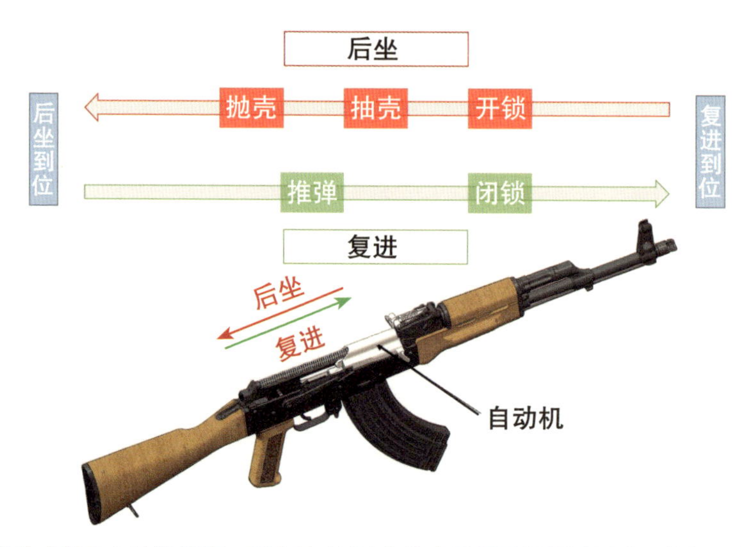

图 7-1　自动（射击）过程示意，图中的 AKM 步枪自动机已经复进到位，枪机已经完全闭锁

后坐阶段的能量主要由火药燃气提供，复进阶段的能量主要由复进机构（复进簧）提供。后坐的距离和复进的距离，一般分别称为后坐行程和复进行程。

7.4 导气式自动方式

最常见的导气方式是在枪管上“开孔取气”，分流出一部分火药燃气，驱动自动机后坐。导气孔一般位于枪管的中低压区（枪管中前部），这样既可以避免高压区的燃气烧蚀问题，也可以避免低压区的能量不足问题。导气孔周围往往有一个供气体流出的“井台”，一般称为导气箍。导气箍内设计有膨胀室，导出的火药燃气在膨胀室内膨胀、做功，推动活塞向后运动，进而驱动自动机后坐。活塞上通常有闭气环，用于减少漏气，即减少能量损失。

除“开孔取气”外，还有一种“枪口集气式”导气方式。这种方式不需要在枪管上开孔，而是直接采集枪口溢出的火药燃气，典型代表是早期的美国 M1 加兰德步枪和德国 G41 步枪（图 7-2）。枪口集气式导气方式存在较多明显缺陷：导出的火药燃气能量偏低且不稳定；导气装置位于枪口，会导致整枪重心偏离几何中心；由于枪口距离弹仓 / 弹匣较远，将火药燃气引导到弹仓 / 弹匣所对应的自动机位置，往往需要很长的连杆，这会占据较大的枪身空间，同时形成结构死重。综上，如今的自动枪械通常不再采用枪口集气式导气方式。

按照结构形式，导气式还可分为长活塞导气式、短活塞导气式、直接导气式三类。

图 7-2　德国的 G41 步枪采用枪口集气式导气方式，枪口处有集气机构，因此显得较粗壮

7.4.1 长活塞导气式

长活塞导气式也称活塞长行程导气式，活塞与自动机固定连接，始终共同运动，活塞的后坐 / 复进行程 = 自动机的后坐 / 复进行程。

典型的长活塞导气过程如图 7-3 所示（左侧图），图中向右为前。

在状态 a 中，枪械处于初始状态，自动机、活塞均处于前向极限位置。

在状态 b 中，火药燃气通过导气孔进入导气箍，在导气箍的膨胀室内膨胀、做功，推动活塞、自动机向后运动。

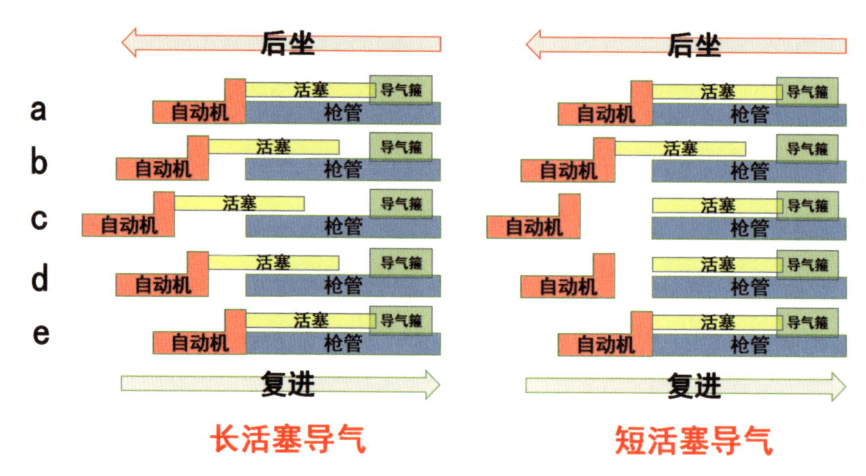

图 7-3　活塞导气过程示意

在状态 c 中，自动机、活塞先共同后坐到位，再共同开始复进，从后坐开始到后坐到位，自动机完成开锁、抽壳、抛壳动作。

在状态 d 中，自动机、活塞共同复进。

在状态 e 中，自动机、活塞共同复进到位，枪械再次进入状态 a，从后坐到位到复进到位，自动机完成推弹、闭锁动作。

在上述过程中，自动机与活塞始终连接在一起。

采用活塞长行程导气方式的枪械，自动机质量 = 自动机自身质量 + 活塞质量，自动机能量充沛，动作可靠。绝大多数机枪，包括 FN MAG/M240、Minimi/M249 和 PKM，出于可靠性考虑，都采用了这种导气方式。有些步枪，例如 AKM、SG550 和 Stg44，也采用了这种导气方式（图 7-4）。

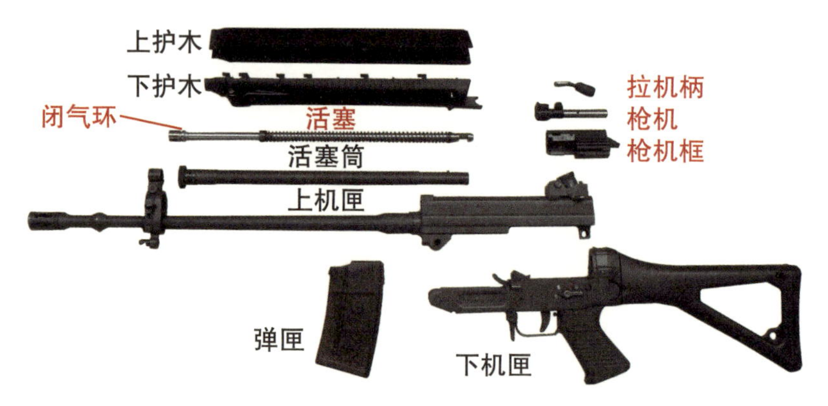

图 7-4　不完全分解状态的 SIG SG550 步枪，采用长活塞导气方式（活塞长行程导气方式），多数采用这种导气方式的枪械，活塞都固定在枪机框上，日常维护时不可拆卸，而 SG550 的活塞是可拆卸的

然而，大质量自动机犹如一柄双刃剑，它在枪械内部往复高速运动所产生的冲击力非常可观，同时会导致枪身重心大幅偏移，这对射击精度，尤其是点射、连发射击精度都有不利影响。此外，由于活塞行程较长，即使活塞筒上开有泄气孔，也会有一部分火药燃气流入机匣，导致火药残渣积聚，甚至形成积炭，进而增加维护工作量。

对于活塞长行程导气式枪械，由于枪管造形“前细后粗”，为避免活塞运动到后向极限位置时与枪管碰撞，活塞和导气箍膨胀室的轴线高度要尽可能高于枪管轴线。然而，较高的活塞和导气箍膨胀室轴线会形成较大的翻转力矩，影响射击精度，尤其是点射、连发射击精度。

活塞长行程导气式也不乏一些鲜明的优点：不需要布置活塞簧，零件数量少；活塞与枪机框固定连接，便于分解维护，即使因维护不及时导致火药残渣“黏住”活塞，也只需敲击自动机的拉机柄即可连带取下活塞。

7.4.2　短活塞导气式

短活塞导气式也称活塞短行程导气式，活塞与自动机相互独立，只共同运动一段行程，活塞的后坐 / 复进行程远小于自动机的后坐 / 复进行程。

典型的短活塞导气过程如图 7-3 所示（右侧图），图中向右为前。

在状态 a 中，枪械处于初始状态，自动机、活塞均处于前向极限位置。

在状态 b 中，火药燃气通过导气孔进入导气箍，在导气箍的膨胀室内膨胀、做功，推动活塞、自动机向后运动，活塞与自动机先共同运动一段距离（可以理解为活塞推了自动机一把），随即分离，活塞在活塞簧作用下复进，自动机继续后坐。

在状态 c 中，自动机后坐到位，开始复进，从后坐开始到后坐到位，完成开锁、抽壳、抛壳动作。此时，活塞已经复进到位（注意，部分短活塞导气式枪械没有活塞簧，自动机在复进过程中推动活塞，两者共同复进到位，比利时的 FN SCAR 步枪、我国的 79 式冲锋枪都是如此。只有在活塞长度很短、重量很轻时才适合采用这种设计。对于有活塞簧的短活塞导气式枪械，活塞复进到位的时刻与自动机后坐到位的时刻不一定是一致的，FAL 步枪的活塞复进到位时刻与自动机后坐到位时刻相近，而 HK416 步枪的活塞复进到位时，自动机只完成了一半的后坐行程）。

在状态 d 中，自动机复进。

在状态 e 中，自动机复进到位，枪械再次进入状态 a，自动机从后坐到位到复进到位，完成推弹、闭锁动作。

在上述过程中，自动机与活塞“半程携手，半程分手”。

采用活塞短行程导气方式的枪械，自动机质量 = 自动机自身质量，比活塞长行程导气方式的自动机轻一些，因此枪械内部的冲击力和枪身重心的偏移量都相对小一些。此外，短行程活塞的后坐行程通常极短，活塞头部不会离开导气箍膨胀室，两者间的密封性更好，不会像长行程活塞那样使火药燃气在枪内乱窜，大幅减少了枪内的火药残渣和积碳，进而减少了维护工作量。由此付出的代价是，活塞短行程导气方式的自动机能量相对较小，工作不如活塞长行程导气方式可靠。

活塞短行程导气式枪械的活塞后坐行程较短，不必像活塞长行程导气式枪械那样，为避让枪管而刻意提高活塞和导气箍膨胀室轴线。因此，其活塞和导气箍膨胀室轴线高度相对较低，所形成的翻转力矩相对较小，对射击精度影响较小。

为使活塞尽快复位，活塞短行程导气式枪械大多需要设计单独的活塞簧。如果不设计单独的活塞簧，那么自动机复进到位、即将闭锁时就会撞击活塞，影响闭锁动作的可靠性，同时恶化射击精度。此外，枪管持续射击后处于高温状态，活塞簧距离枪管越近，使用寿命受影响越大。对于以单发射击、点射为主的步枪，枪管使用强度较低，发热不严重，活塞簧的使用寿命尚有保障。而对于以连射为主的机枪，活塞簧的使用寿命就很难保障。因此，机枪大多采用活塞长行程导气方式。

最后，活塞短行程导气式枪械在可维护性上存在先天缺陷：持续射击后，导气机构温度较高，无法立即分解维护，但待导气机构冷却后，积聚的火药残渣很容易“黏住”活塞，导致活塞难以取下。而对于活塞长行程导气式枪械，由于活塞与自动机合为一体，只需取下自动机，就能连带取下活塞。

活塞短行程导气方式目前是步枪的主流导气方式，我国的 81 式和 95 式、德国的 HK416、比利时的 FN SCAR 都采用了这种导气方式。

枪械说

活塞的“长”与“短”

对枪械导气机构而言，活塞的“长”与“短”，并不是指“活塞长度的长短”，而是指“活塞行程的长短”。例如，FN SCAR、95 式的活塞“长度很短”，而 81 式、HK416 的活塞“长度很长”，但它们都采用了活塞短行程导气方式。

7.4.3 直接导气式

直接导气式也称导气管式或气吹式，典型代表是美国的 M16 步枪和 M4 卡宾枪。与采用活塞长 / 短行程导气方式的枪械不同，采用直接导气方式的枪械没有导气活塞，以火药燃气直接驱动自动机。

采用直接导气方式的枪械，由导气孔导出的火药燃气先进入导气箍，再通过导气管流动到自动机附近，直接“吹动”自动机后坐（例如法国的 MAS49 步枪），或者进入自动机内部的内活塞中膨胀做功，驱动自动机后坐（例如美国的 M16/M4 系列步枪）。

直接导气式的缺点很突出，在枪内“奔涌”的火药燃气，夹带着大量有腐蚀性的

火药残渣，尤其是“直喷”自动机的形式，会如沙尘暴般使火药残渣布满枪内并形成积炭，这会极大增加日常维护负担。因此，目前已经很少有枪械采用直接导气方式。

7.4.4 气体调节器

有些自动枪械的导气装置上设计有带导气孔 / 泄气孔的气体调节器，可通过调节进气量或泄气量的方式，实现对导气能量的调节。很多机枪都具有气体调节器，例如 FN MAG/M240、Minimi/M249 和 PKM（图 7-5）。一般而言，在“大导气孔或小泄气孔”档位下，导出的火药燃气能量较高，赋予自动机的初始能量较高，枪械的射速较高、可靠性较高，但冲击力较大、射击精度较低；在“小导气孔或大泄气孔”档位下，导出的火药燃气能量较低，赋予自动机的初始能量较低，枪械的射速较低、可靠性较低、射击精度较高。

图 7-5 黄色部件是 Minimi 机枪的气体调节器，顺时针或逆时针转动就能切换大 / 小导气孔，实现对导气能量的调节

通常，在环境较差（例如扬尘）或枪况较差（例如缺少维护）时，射手应该选择“大导气孔或小泄气孔”档位，优先保证可靠性；而在环境和枪况均较好时，应该选择“小导气孔或大泄气孔”档位，以获得更高的射击精度。

气体调节器可以使枪械更好地匹配消声器。安装消声器后，导气孔往往会导出更多火药燃气，使枪械的射速提高、射击精度降低。设计师可以在气体调节器中设计消声器专用档位，人为地减少导气量或增加泄气量，这样枪械在安装或不安装消声器时就能保持相对一致的状态。“长活塞导气式 + 气体调节器”“短活塞导气式 + 气体调节器”的组合很常见，而“直接导气式 + 气体调节器”的组合很少见。

7.5 管退式自动方式

火炮在射击时，炮管是会猛烈后坐的（图 7-6）。枪械与火炮类似，要想让自动枪械的自动机获得后坐能量，最简单的方式就是将自动机与枪管“绑在一起”，分享枪管的后坐能量，与枪管共同后坐。当后坐到特定位置时，再将两者“解绑”，使自动机独立运动。将自动机与枪管“绑”在一起的机构，就是闭锁机构，“绑在一起”就是闭锁，“解绑”就是开锁。

图 7-6　大多数火炮在射击时炮管都会猛烈后坐，这样能缓解炮管对炮架的冲击

根据自动机与枪管的“解绑”位置，可以将管退式自动方式分为枪管长后坐式和枪管短后坐式两类。

7.5.1　枪管长后坐式

所谓“长后坐”，是指枪管与自动机先共同后坐，再依次复进。这一过程中，枪管的后坐 / 复进行程 = 自动机的后坐 / 复进行程。

典型的枪管长后坐过程如图 7-7 所示（左侧图），图中向右为前。

在状态 a 中，枪械处于初始状态，自动机、枪管均处于前向极限位置。

在状态 b 中，自动机、枪管共同开始后坐，并共同后坐到位。

在状态 c 中，自动机、枪管共同开始复进，复进过程中，自动机被相关机构挂住后停止，而枪管继续复进，自动机与枪管“解绑”（开锁）。

在状态 d 中，枪管复进到位，从与枪管“解绑”（开锁）到枪管复进到位，自动机完成开锁、抽壳、抛壳动作。

在状态 e 中，自动机开始复进并复进到位，从枪管复进到位到自动机复进到位，自

动机完成推弹、闭锁动作，最终重新与枪管“绑在一起”（闭锁），枪械再次进入状态 a。

枪管长后坐式枪械的自动机，要等到枪管复进到位后才会继续复进，浪费较多时间，导致枪械的自动循环周期较长（自动循环周期指完成一次后坐、复进过程的总时间，如果一型枪的理论射速是 600 发 / 分，则其自动循环周期是 0.1 秒），射速较慢。此外，枪械后坐过程的能量来自火药燃气，能量充足，复进过程的能量来自复进簧，能量偏低且不稳定，而枪管长后坐式枪械的开锁、抽壳、抛壳、推弹、闭锁动作全部要在复进过程中完成，导致复进簧负荷很大，对可靠性有不利影响。鉴于上述缺陷，除第一次世界大战时期的法国绍沙轻机枪外，很少有枪械会采用枪管长后坐式自动方式。

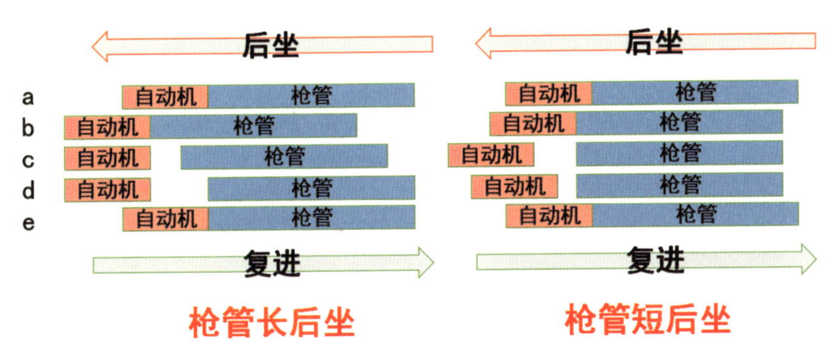

图 7-7　枪管后坐过程示意

7.5.2　枪管短后坐式

所谓“短后坐”，是指枪管与自动机先“绑定”运动一段行程，再“解绑”各自运动。枪管的后坐 / 复进行程小于自动机的后坐 / 复进行程。

典型的枪管短后坐过程如图 7-7 所示（右侧图），图中向右为前。

在状态 a 中，枪械处于初始状态，自动机、枪管均处于前向极限位置。

在状态 b 中，后坐过程开始，自动机、枪管共同后坐。

在状态 c 中，枪管后坐到位后停止（注意，部分枪管短后坐式枪械，枪管上设计有独立的复进簧，即管退簧，可独立复进到位，不需要自动机推动，详见后文），与自动机“解绑”，自动机继续后坐，直至后坐到位，从与枪管“解绑”到后坐到位，自动机完成开锁、抽壳、抛壳动作。

在状态 d 中，自动机开始复进。

在状态 e 中，自动机继续复进，并推动枪管共同复进到位，枪械再次进入状态 a，从后坐到位到推动枪管复进到位，自动机完成推弹、闭锁动作。

相较枪管长后坐式枪械，枪管短后坐式枪械的射速更高，开锁、抽壳、抛壳等动作发生在能量充沛的后坐过程中，可靠性也更高。目前，枪管短后坐式自动方式依然盛行，绝大多数手枪都采用这种自动方式。

枪械说

1. “分别复进到位”与“共同复进到位”

手枪的枪管没有独立复进簧（管退簧），只能等待复进中的自动机（套筒）推动并与其共同复进到位。自动机在复进过程中多了枪管这个“累赘”，会对射速和可靠性产生不利影响。而对于追求较高射速的机枪和航炮，其枪/炮管通常装有管退簧（图 7–8），不等自动机推动，就已经“先行一步”复进到位。因此，枪管短后坐式又可进一步细分为自动机和枪管分别复进到位、自动机和枪管共同复进到位两类。

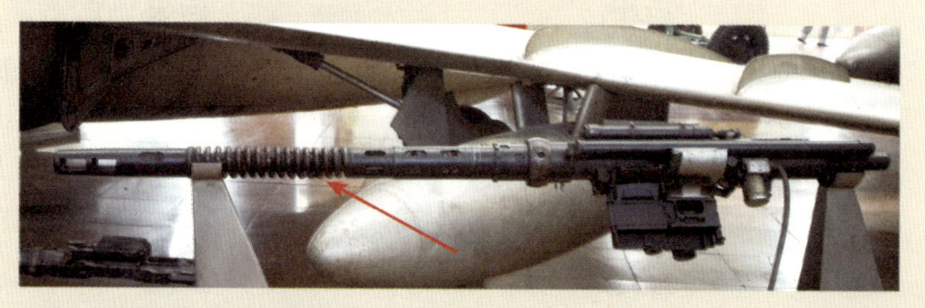

图 7-8　N37 航炮上的管退簧，该炮曾广泛配装米格 -15、米格 -17 等战机

2. 枪管“短后坐”与“长后坐”

有些文献称，枪管是“长后坐”还是“短后坐”，可以通过枪管后坐行程与枪弹长度的关系来判断，枪管后坐行程大于一个枪弹长度是枪管长后坐，小于一个枪弹长度是枪管短后坐。这种说法是不正确的，枪管后坐行程与枪弹长度的关系，并不能作为判断枪管是“长后坐”还是“短后座”的依据，因为有些短后坐枪管的后坐行程是大于一个枪弹长度的。

正确的说法是，枪管的后坐行程等于自动机的后坐行程，是枪管长后坐；枪管的后坐行程远小于自动机的后坐行程，是枪管短后坐。

7.6 枪机后坐式自动方式

枪机后坐式自动方式与闭锁机构中的**惯性闭锁**高度相关，请读者朋友结合第 8 章相关内容阅读。

枪弹击发后，火药燃气在推动弹头向前运动的同时，也会推动弹壳向后运动，枪机后坐式就是利用弹壳的能量推动自动机后坐，进而往复运动。

典型的枪机后坐过程如图 7-9 所示，图中向右为前。

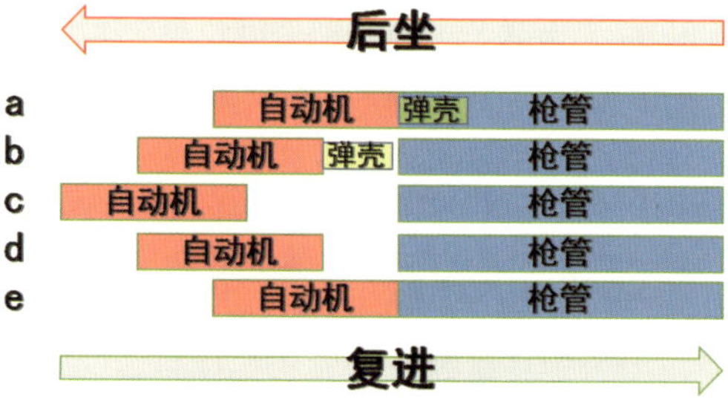

图 7-9　枪机后坐过程示意

在状态 a 中，枪械处于初始状态，自动机处于前向极限位置。

在状态 b 中，火药燃气推动弹壳向后运动，弹壳推动自动机向后运动，自动机开始后坐。

在状态 c 中，自动机后坐到位，开始复进，从后坐开始到后坐到位，自动机完成开锁、抽壳、抛壳动作。

在状态 d 中，自动机复进。

在状态 e 中，自动机复进到位，枪械再次进入状态 a，从后坐到位到复进到位，自动机完成推弹、闭锁动作。

7.6.1　枪机后坐式的缺陷与分类

相较导气式和管退式，枪机后坐式的原理和结构都更为简单，但它的缺陷也很明显，即开锁过早。对枪机后坐式枪械而言，火药燃气前推弹头、火药燃气后推弹壳、弹壳后推自动机，这三个动作是几乎同步完成的。换言之，开锁动作在枪弹击发瞬间就开始了。相比之下，对管退式枪械而言，枪管与自动机要后坐一段行程才开锁，天然具有延迟开锁效果；对导气式枪械而言，分流出的火药燃气要进入膨胀室膨胀、做功（推动活塞），自动机在活塞推动下后坐，进而完成开锁，也具有一定的延迟开锁效果。

开锁过早会对枪机后坐式枪械产生较多不利影响：在弹头尚未飞出枪管，或者刚刚飞出枪管时，弹壳就开始推动自动机后坐，此时枪管内的残余压力较高，弹壳离开弹膛后，很容易在高压作用下产生纵裂，进而引发抽壳、抛壳故障。此外，部分火药燃气还会随弹壳一起由抛壳窗溢出，导致抛壳窗“喷火星”等故障。

对枪机后坐式枪械而言，可采取两种措施延迟弹壳和自动机的后坐时机：

① 增大自动机质量，靠惯性延迟后坐时机，对应于自由枪机式枪械。

② 设计延迟机构，对应于半自由枪机式枪械。

7.6.2　自由枪机式

自由枪机式与**惯性延迟开锁式闭锁机构**高度相关，请读者朋友结合第 8 章相关内容阅读。

自由枪机式枪械的自动机质量较大，像一个慢吞吞的“大胖子”，弹壳推动自动机的过程相对缓慢，由此达成延迟开锁的效果。经验表明，自由枪机式自动方式只适用于采用小威力（小装药量）手枪弹的枪械，因为在延迟效果一定的情况下，枪弹威力（装药量）增大，自动机的质量也要相应增大，而自动机的质量显然是不可能无限增大的。以采用自由枪机原理，使用 9×19mm 巴拉贝鲁姆弹的冲锋枪为例，其整枪质量通常为 2.5~3 千克，而其自动机质量可达 500 克左右。

自由枪机式枪械的典型代表有：我国的 64 式手枪、77 式手枪、85 式冲锋枪、

05 式冲锋枪，德国的 PP 手枪、MPL/MPK 冲锋枪，以及苏联的马卡洛夫手枪、PPSh41 冲锋枪、PP19 冲锋枪等。

7.6.3 半自由枪机式

半自由枪机式与**机械、气体延迟开锁式闭锁机构**高度相关，请读者朋友结合第 8 章相关内容阅读。

半自由枪机式枪械的延迟机构发挥着类似“防滑鞋”的作用，它能增大自动机运动过程中所受的阻力，进而达成延迟开锁的效果。半自由枪机式自动方式可用于采用步枪弹、机枪弹的枪械，典型代表有德国的 G3 步枪和 MP5 冲锋枪。

7.7 非自动方式

7.7.1 栓动式

栓动式与毛瑟 98 步枪的**枪机回转闭锁机构**高度相关，请读者朋友结合第 8 章相关内容阅读。

栓动式是最常见的非自动（手动）方式，主要用于步枪。射手操作栓动式枪械射击时，要手动操作枪机的拉机柄，以驱动枪械完成抽壳等动作。根据结构 / 操作方式划分，栓动式枪械又可分为旋转后拉枪机式和直拉枪机式两类，前者的典型代表有毛瑟 98 步枪、莫辛 - 纳甘步枪、李・恩菲尔德步枪、有坂三八式步枪等（图 7-10），后者的典型代表是瑞士的 K31 步枪。

图 7-10 射手正在操作毛瑟 98 步枪的枪机拉机柄

7.7.2　泵动式

泵动式也称唧筒式，主要用于霰弹枪。就泵动式霰弹枪而言，其枪机框上布置有与护木固定连接的连杆，射手射击时要反复推拉护木，以带动枪机框前后运动。严格意义上讲，泵动式霰弹枪的护木应该称为游体或拉机柄（图 7-11）。

图 7-11　射手正在操作泵动式霰弹枪，将护木（游体 / 拉机柄）向后拉到极限位置时，抛壳机构抛出一枚弹壳

7.8　自动方式实例

7.8.1　AKM 步枪的自动方式

AKM 步枪采用了长活塞导气式自动方式，它的自动机核心部件包括枪机和枪机框。其导气机构中，活塞造形“身细头粗”，加工成型后与枪机框固定连接（可将两者视为一体），活塞大头上加工有 2 道闭气环。导气箍上开有泄气孔，后部设计有活塞筒（图 7-12）。

AKM 步枪的导气过程如图 7-13 所示，图中向右为前。

在状态 a 中，火药燃气从导气孔进入导气箍膨胀室内膨胀并推动活塞，活塞推动包括枪机框和枪机在内的整个自动机后坐。

在状态 b 中，枪械开锁，活塞大头离开导气箍，进入活塞筒。火药燃气不再推动活塞，而是由导气箍的泄气孔泄出枪外，避免过度污染枪械内部。

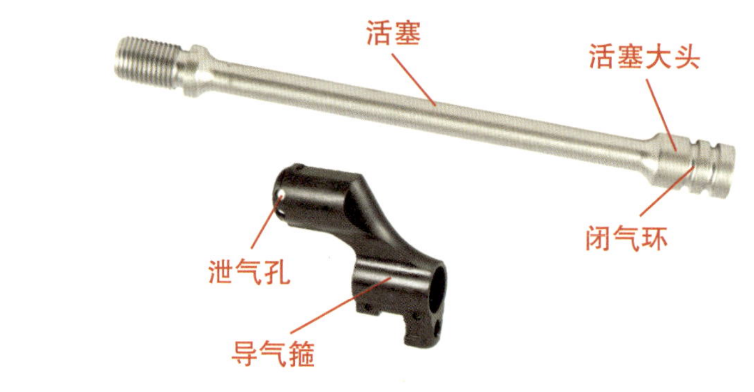

图 7-12　AKM 步枪的活塞和导气箍

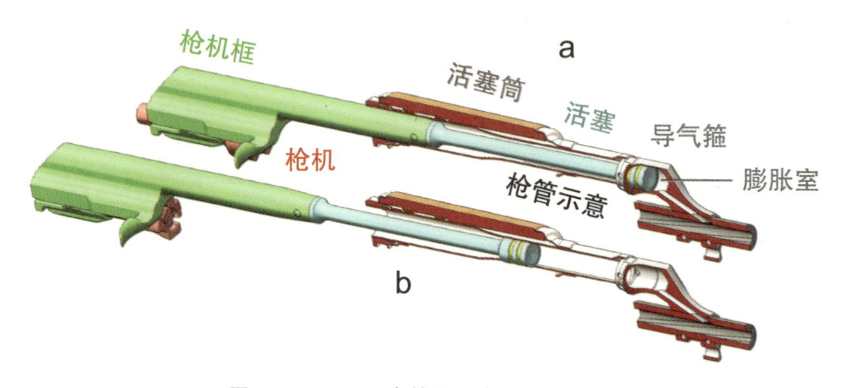

图 7-13　AKM 步枪的导气过程示意

7.8.2　HK416 步枪的自动方式

HK416 步枪采用了短活塞导气式自动方式，它的自动机核心部件包括枪机、枪机框和导柱。其导气机构中，活塞的结构较复杂，由活塞头、活塞杆、活塞簧和活塞座等部件组成。活塞头上装有闭气环，前端有堵头，可与导气箍泄气孔配合（图 7-14）。在导气过程中，活塞座不移动。AKM 是在导气箍和枪管装配一体后再钻导气孔，而 HK416 是先分别在导气箍和枪管上钻孔再装配一体，为降低装配难度，其导气箍上的导气孔直径比枪管上的导气孔直径大（图 7-15）。

HK416 的导气过程如图 7-16 所示，图中向右为前。

在状态 a 中，火药燃气从导气孔进入导气箍膨胀室内膨胀并推动活塞头、活塞杆等部件，活塞杆推动包括导柱、枪机框、枪机在内的整个自动机后坐。

在状态 b 中，枪械开锁，活塞后坐到极限位置，活塞堵头离开导气箍的泄气孔，火药燃气由泄气孔泄出。

在状态 c 中，活塞开始复进，进一步将火药燃气由导气箍的泄气孔处挤出，或者挤入枪管内，自动机继续后坐。

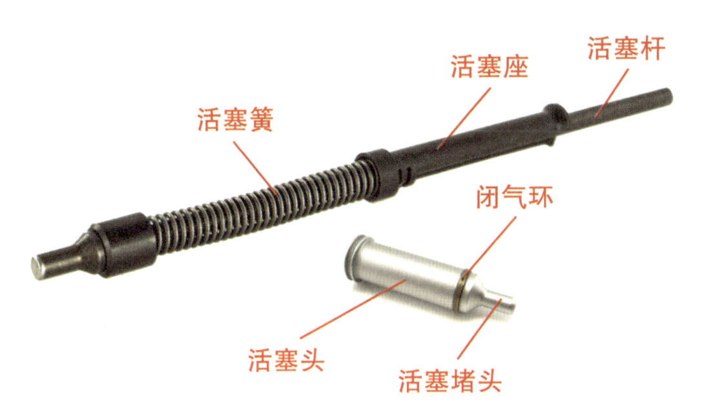

图 7-14　HK416 步枪的活塞示意

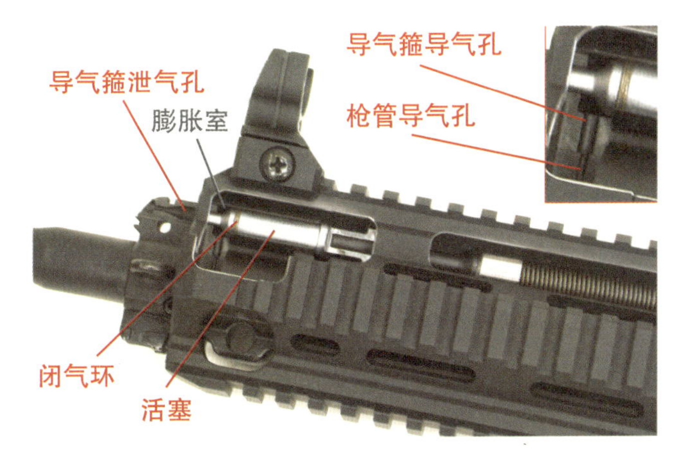

图 7-15　HK416 步枪的导气机构剖视图

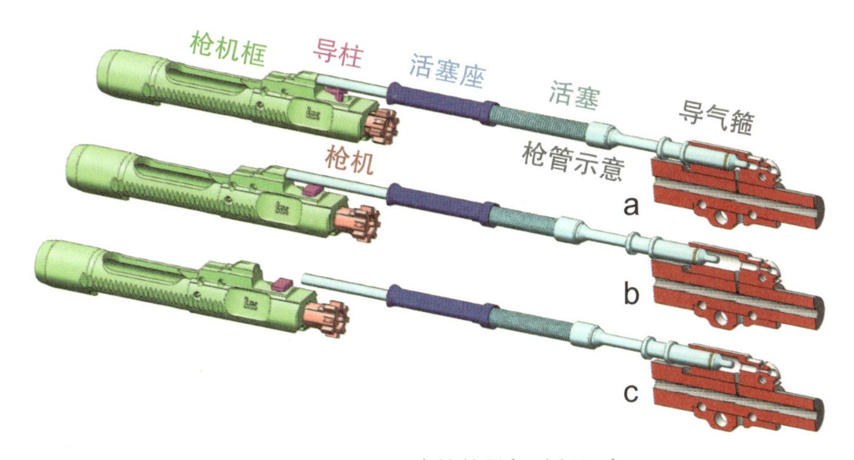

图 7-16　HK416 步枪的导气过程示意

7.8.3 M16 步枪的自动方式

M16 步枪采用了直接导气式自动方式，它的自动机核心部件包括枪机、枪机框和导柱，其中，枪机框上有气体引导座。M16 有一根很长的导气管，可以将火药燃气从导气箍内导流到枪机框内。其枪机上装有闭气环，枪机框上加工有 2 个泄气孔。只有在自动机开锁状态下，枪机闭气环才会让开泄气孔。自动机闭锁状态下，可将枪机闭气环与枪机框间的空腔视为膨胀室，即俗称的内活塞（图 7-17）。

M16 的导气过程如图 7-18 所示，图中向右为前。

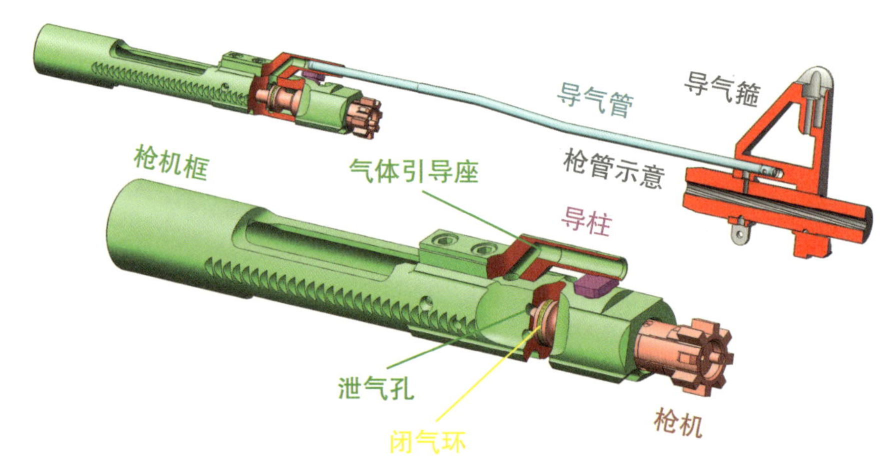

图 7-17　M16 步枪的导气示意，注意图中自动机处于开锁状态

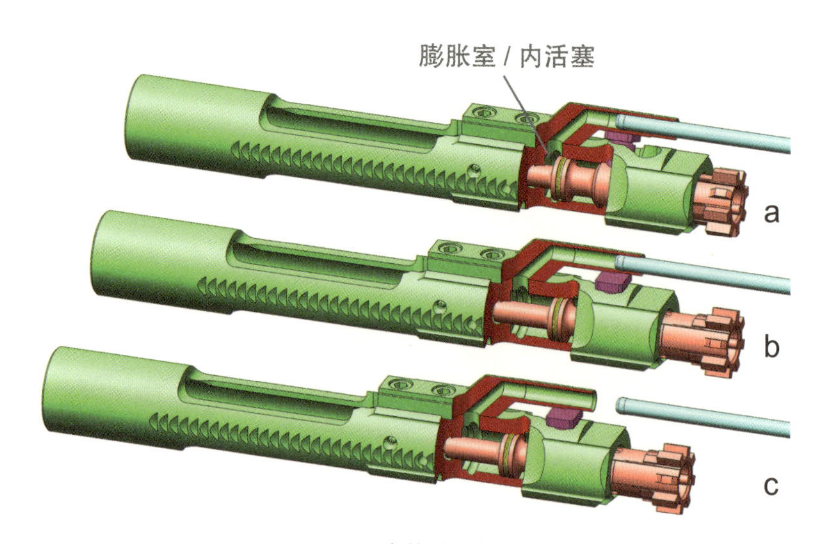

图 7-18　M16 步枪的导气过程示意

在状态 a 中，火药燃气由导气管先进入气体引导座，再进入膨胀室内膨胀，并推动包括枪机、枪机框、导柱在内的整个自动机后坐。

在状态 b 中，枪械开锁，枪机闭气环让开泄气孔，火药燃气由抛壳窗处泄出。

在状态 c 中，自动机继续后坐，注意此时导气管已经与气体引导座分离。

M16 的导气机构具有如下优点：得益于内活塞设计，不需要活塞、活塞簧等部件，结构简单；导气箍 / 准星座内没有膨胀室，因此体积和质量均较小；导气管不受力，可以做得细长而弯曲，便于设计布置；由于火药燃气在内活塞中膨胀，内活塞与枪机、枪机框同轴，理论上不会形成翻转力矩；不像活塞推动自动机那样“硬碰硬”，火药燃气推动自动机的过程更“柔和”，有利于保障射击精度；长 / 短活塞导气式枪械的活塞、活塞筒、导气箍质量较大，位置接近膛口、远离射手，对整枪重心有不利影响，而内活塞设计能完全避免这一问题。

内活塞设计的缺点也很显著：在枪机框后坐时，枪机框上的气体引导座与导气管已经“断开”连接，残余的高温火药燃气会直接涌入机匣内，消耗润滑油并附着在零部件表面，大幅增加维护工作量，如果发射药较“脏”，火药残渣还可能腐蚀零部件；安装消声器后，导气机构会导出更多火药燃气，由于机匣封闭性较好，过量的火药燃气“无处可去”，最终会沿拉机柄和机匣的缝隙泄出，涌向射手脸部，甚至可能冲开拉机柄与机匣的扣合机构，导致拉机柄飞出，伤及射手。

总之，M16 的“直接导气式 + 内活塞”设计可谓毁誉参半。从目前的发展趋势看，对于军用枪械，直接导气式自动方式已经逐渐被短活塞式自动方式取代，而对于民用 / 竞技枪械，由于基本不必考虑恶劣环境下的可靠性问题，直接导气式自动方式仍有较大市场。

有关 PPK 手枪（自由枪机式）、MP5 冲锋枪（半自由枪机式）和 GLOCK17 手枪（枪管短后坐式）自动方式的解析，请读者朋友分别参见第 8 章“8.5.1 PPK 手枪的惯性延迟闭锁机构”“8.5.2 MP5 冲锋枪的机械（滚柱）延迟闭锁机构”“8.5.5 GLOCK17 手枪的枪管偏移 / 摆动式闭锁机构”部分。

Chapter 8

第 8 章

闭锁机构

枪械如何让枪管实现密封?

在前装枪时代，枪管末端是封闭的，只有枪口一端“透气”，射手由枪口装填弹药，点燃发射药后，火药燃气就会将弹丸（弹头）由枪口推出。因此，前装枪械是不需要闭锁机构的。

进入后装枪时代，射手改由枪管末端装填弹药，因此枪管末端不可能再封闭。换言之，枪管是两端“透气”的。我们希望火药燃气能 100% 地用于推动弹头前进，保证弹头具有一定的速度和威力。然而，推动弹头要克服很大阻力，火药燃气在阻力作用下，必然会由枪管末端泄出。为减少火药燃气的泄出量，就要尽可能将枪管末端封闭。发挥闭气作用的机构就称为闭锁机构。

8.1 闭锁原理与方式

洗手池中用于阻止水流走的“水堵”，通常由金属圆片和橡胶垫组成，金属圆片起到大致的封闭作用，而橡胶垫依靠自身变形，进一步堵住缝隙。火药燃气与水同属流体，物理性质相似。在现代枪械中，真正参与闭气过程的，是硬金属制成的闭锁机构，以及软金属制成的弹壳两部分。闭锁机构像金属圆片一样起到大致的封闭作用，同时顶住弹壳，防止弹壳因过度变形而破裂，而弹壳像橡胶垫一样依靠自身变形，进一步堵住缝隙。闭锁机构往往用硬度较高的优质钢材制成，而弹壳往往用延展性较好的软金属材料制成，例如铜或软钢。

当今的枪械闭锁机构通常分为惯性闭锁机构和刚性闭锁机构两大类。

8.2 惯性闭锁机构

惯性闭锁机构，指在火药燃气压力作用下能自行开锁的闭锁机构。针对采用惯性闭锁机构的枪械，如果用一根棍子从枪口插入枪管，只要稍稍用力，就能“捅”开锁。有读者朋友可能会因此产生疑问：闭锁机构“一捅就开”，还怎么发挥闭锁作用呢？实际上，惯性闭锁机构的精髓不在“**闭锁**”，而在“**延迟**”。火药燃气推动弹头在枪管内运动的时间非常短，往往只有几毫秒到十几毫秒。这一过程中，只要闭锁机构能“慢半拍”开锁，即“延迟”开锁，或等到弹头飞离枪管后再开锁，就已经达到了闭锁目的。

惯性闭锁机构通常分为三类，分别是惯性延迟开锁式闭锁机构、机械延迟开锁式闭锁机构、气体延迟开锁式闭锁机构。

8.2.1　惯性延迟开锁式闭锁机构

惯性延迟开锁式闭锁机构简称惯性延迟闭锁机构，它依靠自动机的质量（惯性）来达到延迟开锁的目的。采用惯性延迟闭锁机构的枪械，其自动机质量通常较大。非击发状态下，自动机受复进簧作用紧贴枪管末端。击发时，由于自身质量（惯性）较大，自动机在火药燃气推动弹头飞出枪管的过程中无法立即后坐，由此可达到“延迟开锁”的目的。

惯性延迟闭锁机构与自由枪机式自动方式相对应，即**采用惯性延迟闭锁机构的枪械，必然采用自由枪机式自动方式**。

惯性延迟闭锁机构具有结构简单、造价低的优点。采用惯性延迟闭锁机构的枪械，枪管与自动机间没有扣合机构，是所谓“**闭而不锁**”。惯性延迟闭锁机构的缺点是无法匹配火药燃气压力较大的大威力枪弹，只能匹配威力较小的手枪弹。使用9×19mm 巴拉贝鲁姆弹的惯性延迟闭锁冲锋枪，自动机质量一般会达到 500 克左右，其往复高速运动过程中对射击精度有较大影响。

采用惯性延迟闭锁机构的典型枪械包括：我国的 64 式手枪、77 式手枪、85 式冲锋枪、05 式冲锋枪，德国的 PP 手枪、UMP 冲锋枪（图 8-1），苏联的马卡洛夫手枪、PPSh41 冲锋枪、PP19 冲锋枪及以色列的乌齐冲锋枪等。

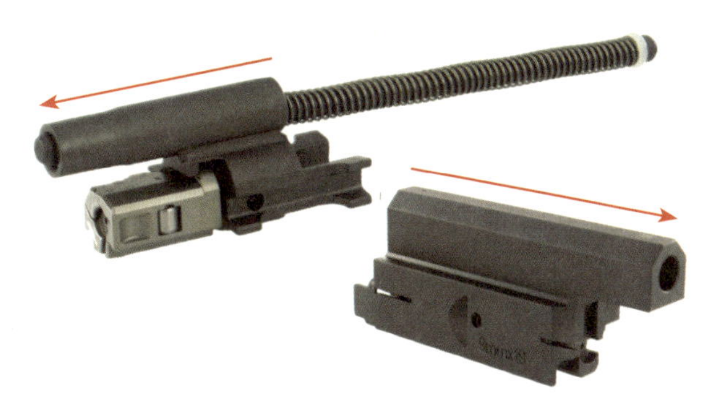

图 8-1　MP5 冲锋枪（左）与 UMP 冲锋枪（右）的自动机对比，MP5 采用机械延迟闭锁机构，有扣合机构，自动机形状较复杂，UMP 采用惯性延迟闭锁机构，没有扣合机构，自动机形状较简单

8.2.2　机械延迟开锁式闭锁机构

机械延迟开锁式闭锁机构简称机械延迟闭锁机构，它依靠机械延迟机构来达到延迟开锁的目的。机械延迟闭锁机构与半自由枪机式自动方式相对应，即**采用机械延迟闭锁机构的枪械，必然采用半自由枪机式自动方式**。

采用机械延迟闭锁机构的枪械，枪管与自动机间有扣合机构（注意，自动机实际上是与节套扣合的，但枪管往往与节套一体装配，两者不可拆分，因此这里简要表述为“枪管与自动机扣合”)，结构相对惯性延迟闭锁机构更复杂，是所谓“**锁而不牢**”。

采用机械延迟闭锁机构的典型枪械包括：美国的汤姆逊冲锋枪，德国的 MP5 冲锋枪、G3 步枪，以及法国的 FAMAS 步枪等。

由于“下”不如惯性延迟闭锁机构简单，“上”不如刚性闭锁机构可靠，机械延迟闭锁机构如今正处于被逐渐淘汰的境地。

8.2.3 气体延迟开锁式闭锁机构

气体延迟开锁式闭锁机构简称气体延迟闭锁机构，它依靠气体延迟机构（活塞）来达到延迟开锁的目的，其活塞结构与导气机构的活塞类似，但反向布置，起到“减速、延迟”作用，而非“加速、推动”作用。气体延迟闭锁机构与半自由枪机式自动方式相对应，即**采用气体延迟闭锁机构的枪械，必然采用半自由枪机式自动方式**。

采用气体延迟闭锁机构的枪械，枪管与自动机间没有扣合机构，与惯性延迟闭锁机构一样，是所谓“**闭而不锁**”。

相比机械延迟机构，气体延迟机构的优势是动作更柔和，延迟效果更好；缺点是活塞体积大，结构臃肿。此外，气体延迟机构还容易积聚火药残渣，维护难度较大。

气体延迟闭锁机构诞生时间较晚，实际应用较少，相关典型枪械包括：我国的 77B 式手枪、德国 HK 公司的 P7 手枪（图 8-2）、奥地利斯太尔公司的 GB 手枪等。

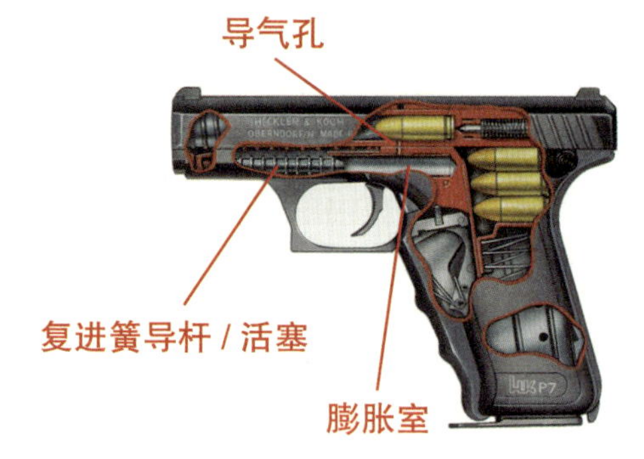

图 8-2 P7 手枪气体延迟闭锁机构示意，套筒后坐时，火药燃气从导气孔进入膨胀室，阻碍活塞后坐，起到延迟作用

8.3 刚性闭锁机构

与采用惯性闭锁机构的枪械不同，采用刚性闭锁机构的枪械，枪管与自动机间必然存在扣合机构，且扣合非常牢靠，绝对不会自行开锁。如果用一根棍子从枪口捅入枪管，是无法“捅”开锁的。因此，刚性闭锁机构通常匹配大威力枪弹，是当今步枪和机枪最常用的闭锁机构。

无法自行开锁的刚性闭锁机构需要“外部能量”实现开锁，“外部能量”既可以源于人（射手），也可以源于枪械的导气机构（火药燃气）或枪管（后坐）。

刚性闭锁机构可分为回转式、偏移式、摆动式、横动式四种结构形式。当下较常见的刚性闭锁机构包括枪机回转式闭锁机构、枪机偏移式闭锁机构、枪管偏移式闭锁

机构、卡铁摆动式闭锁机构等。

8.3.1　回转式闭锁机构

我们先来看生活中常见的门闩的“开闭锁”原理（图 8-3）：门闩的 T 形臂卡在凹槽中时，门闩无法沿红色箭头所指方向运动，此时门闩处于“闭锁”状态；将门闩转动 90 度，使其 T 形臂脱离凹槽，则门闩可以沿红色箭头所指方向运动，此时门闩处于“开锁”状态。在转动门闩的过程中，操作者的手要“发力”，这就是所谓的“外部能量”。

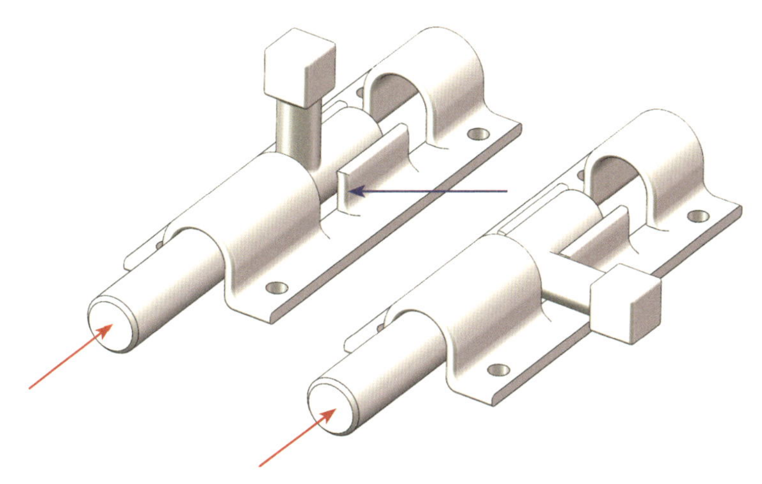

图 8-3　门闩的开闭锁状态示意，左侧图为开锁状态

以枪机回转式闭锁机构为例，其结构原理与门闩相似：枪机上的闭锁齿（闭锁凸榫）相当于门闩的 T 形臂，节套 / 枪管上的闭锁齿相当于门闩上的凹槽，枪机闭锁齿与节套 / 枪管闭锁齿的配合面称为闭锁支撑面，枪机闭锁齿旋转、卡入节套闭锁齿就相当于 T 形臂卡入凹槽。枪机回转式闭锁机构往往有多个闭锁齿，它们沿回转中心对称布置且多位于枪机最前端，整体结构类似高压锅的锅盖与锅口的配合部位（图 8-4）。

图 8-4　像枪械一样，高压锅在工作过程中也要承受高气压，锅盖与锅口组成的“刚性结构”相当于枪械的闭锁机构，锅盖内沿的橡胶密封圈则起到了类似弹壳的作用，盖上锅盖转动一定角度实现密封的过程，与枪机回转闭锁的过程相似

回转式闭锁机构有多种表现形式，例如：在毛瑟 98 步枪上，以枪机回转的形式实现开闭锁，因此其闭锁机构称为枪机

回转式闭锁机构；在哈奇开斯机枪上，以节套回转的形式实现开闭锁，因此其闭锁机构称为节套回转式闭锁机构；在伯莱塔 P×4 手枪上，以枪管回转的形式实现开闭锁，因此其闭锁机构称为枪管回转式闭锁机构。

8.3.2 偏移式闭锁机构

以枪机偏移式闭锁机构为例：当枪机被枪机框等部件限制，顶在机匣上时，无法向后运动（枪口方向为前），闭锁机构处于“闭锁”状态；当枪机被带离机匣时，可以向后运动，闭锁机构处于“开锁”状态。枪机偏移式闭锁机构往往只有一对（两个）闭锁支撑面，两个闭锁支撑面分别位于枪机的末端和机匣上（注意，针对枪机偏移式闭锁机构，一般只说“闭锁支撑面”，而不说“闭锁齿”）。

偏移式闭锁机构有多种表现形式，例如：在 SKS 步枪上，以枪机偏移的形式实现开闭锁，因此其闭锁机构称为枪机偏移式闭锁机构（图 8-5）；在 GLOCK17 手枪上，以枪管偏移 / 摆动的形式实现开闭锁，因此其闭锁机构称为枪管偏移 / 摆动式闭锁机构；在 RPD 轻机枪上，以两个对称的闭锁片“偏移 + 撑开”的形式实现开闭锁，因此其闭锁机构称为闭锁片撑开式闭锁机构（俗称鱼鳃撑板式闭锁机构）；在 P38 手枪上，以闭锁卡铁偏移 / 摆动的形式实现开闭锁，因此其闭锁机构称为卡铁摆动式闭锁机构。

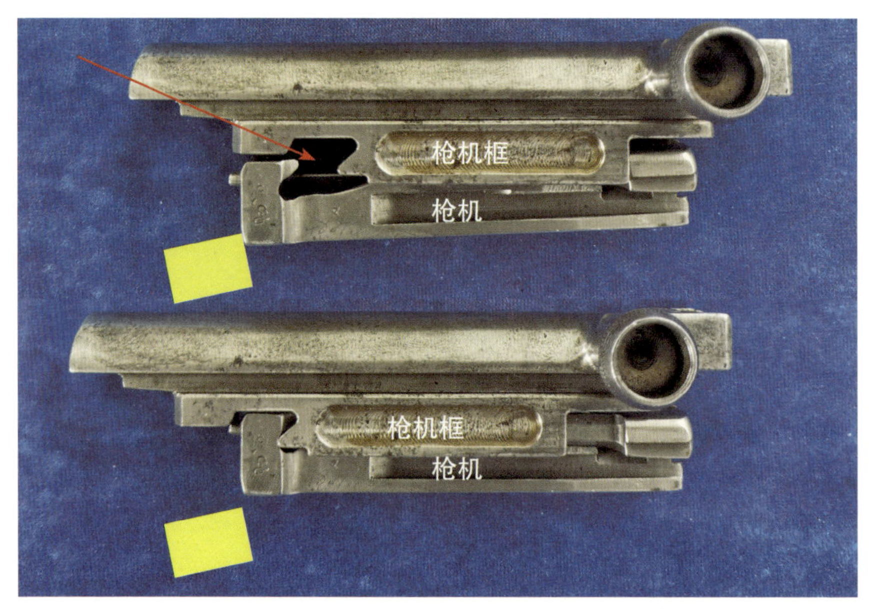

图 8-5　SKS 步枪开闭锁状态示意，图中向右为前，上图为闭锁状态，枪机“顶”在黄色闭锁示意块上，枪机框后坐时，红色箭头处的开闭锁槽“铲”起枪机，使枪机脱离闭锁示意块，实现开锁

8.4 其他闭锁机构

8.4.1 双管霰弹枪的闭锁机构

双管霰弹枪通常采用翻开式枪管，枪管可以相对枪身（机匣）转动，其闭锁机构独具一格。以意大利伯莱塔公司的银鸽霰弹枪为例，其闭锁机构闭锁时，枪管转扣与枪身平行，机匣上的两根闭锁柱插入枪管上的闭锁孔中，枪管无法相对机匣转动。射手转动枪管转扣，闭锁柱从闭锁孔中抽出，闭锁机构开锁，枪管可以相对机匣转动（图 8-6）。

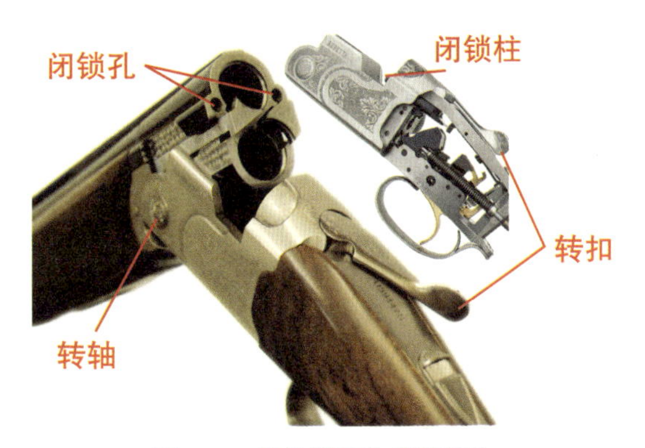

图 8-6　银鸽霰弹枪闭锁机构

8.4.2 转轮手枪的闭锁机构

转轮手枪的“开闭锁”状态较特殊，以美国 S&W 公司的 627 转轮手枪为例，其枪身（机匣）为框形，机匣上加工有轮巢挡板，轮巢可摆入枪身。轮巢与轮巢挡板共同起到闭锁作用，前者“裹”住枪弹，实现“径向封闭”，后者“抵”住枪弹，实现“轴向封闭”（图 8-7）。然而，由于轮巢与枪管间有明显间隙，枪弹头部并没有封闭，射击时仍会有大量火药燃气泄漏，损失较多能量。

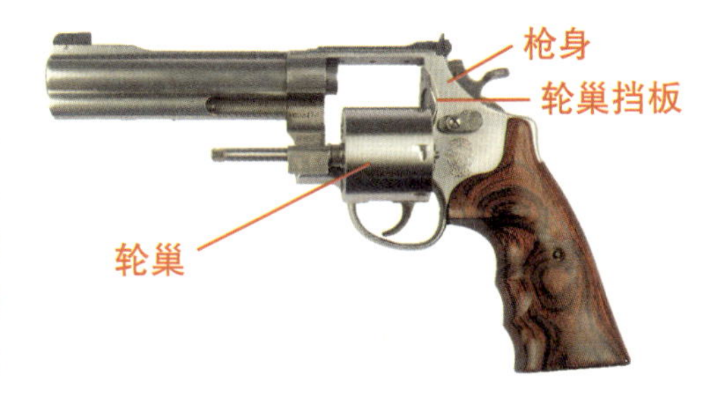

图 8-7　美国 S&W 公司的 627 转轮手枪闭锁机构

目前，对于转轮手枪的开锁定义仍有较大争议，笔者认为，只有当轮巢摆出枪身时，才可算作开锁。换言之，当轮巢摆入枪身时，转轮手枪就一次性完成了全部枪弹的闭锁，只是每次射击动作只击发一枚枪弹。

8.5 闭锁机构实例

8.5.1 PPK 手枪的惯性延迟闭锁机构

PPK 是一型采用自由枪机式自动方式、惯性延迟闭锁机构的半自动手枪，其闭锁机构的核心部件是套筒，套筒与枪管间无扣合机构，不存在闭锁齿或闭锁支撑面。

PPK 的惯性延迟闭锁机构如图 8-8 所示，图中向右为前，为方便展示，未绘出抽壳钩等部件。PPK 的枪管固定安装在握把 / 套筒座上，套筒可相对枪管 / 握把 / 套筒座前后滑动。

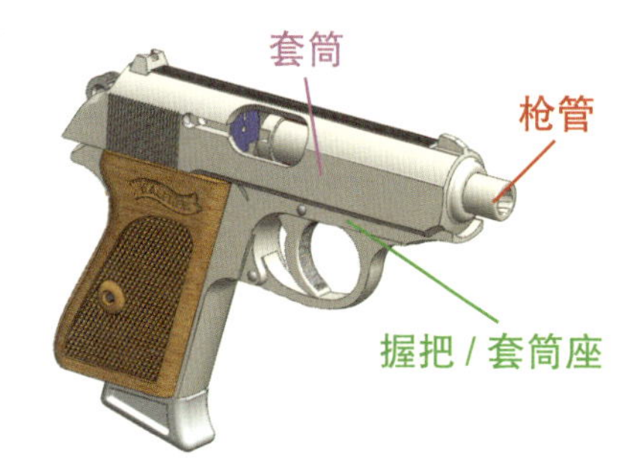

图 8-8　PPK 手枪的惯性延迟闭锁机构示意

PPK 的惯性延迟闭锁机构开锁、闭锁过程如图 8-9 所示。

在状态 a 中，后坐过程刚开始，在复进簧（图中未绘出）作用下，套筒抵弹面（图中蓝色面）向前靠近枪管尾端面（注意，PPK 手枪使用的 .32ACP 手枪弹是口部定位弹，真实情况下，套筒抵弹面抵住枪弹底面，枪弹口部紧贴弹膛定位面，套筒与枪管尾端面距离很近，但不会接触），闭锁机构处于闭锁状态。

在状态 b 中，在枪管内的高压火药燃气作用下，弹壳向后运动，推动套筒后坐。击发瞬间，由于自身质量（惯性）较大，套筒不会立即后坐，由此达到延迟开锁的目的。后坐过程中，套筒持续压缩复进簧，同时完成抽壳、抛壳动作。后坐到位后，套筒在复进簧作用下复进，完成推弹、闭锁动作，最终复进到位。

PPK 的惯性延迟闭锁机构的主要优点在于结构简单、易加工。其主要缺点在于无法匹配大威力枪弹。当使用大威力枪弹时，套筒容易过快后坐，后坐到位时的冲击力非常大，会导致射击震手。此外，弹壳被抽出弹膛时，枪管内的残余压力依然较高，很容易导致弹壳爆裂。缓解套筒过快后坐的方法，无外乎增大套筒质量和增大复进簧簧力两种，但实际效果都不显著，还会产生较大副作用，前者会导致整枪大幅增重，而后者会导致上膛困难。

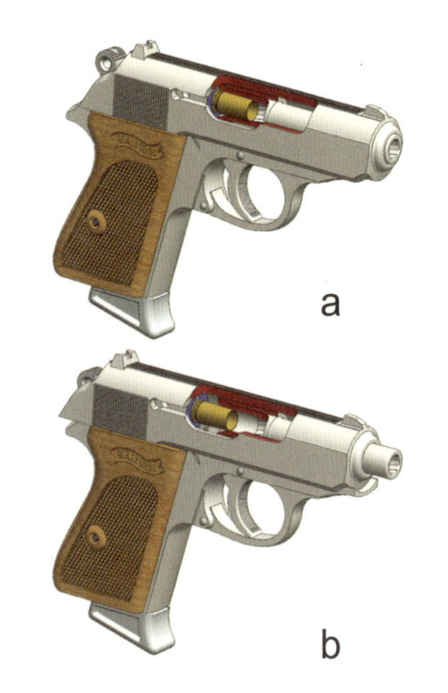

图 8-9　PPK 手枪的惯性延迟闭锁机构开锁、闭锁过程示意

目前，大多数小型自卫手枪都采用了与 PPK 类似的惯性延迟闭锁机构。

8.5.2　MP5 冲锋枪的机械（滚柱）延迟闭锁机构

MP5 是一型采用半自由枪机式自动方式、机械（滚柱）延迟闭锁机构的冲锋枪，其闭锁机构的核心部件是滚柱（一对）、机头、楔铁和枪机（注意，有些文献称 MP5

的机头为枪机，称枪机为枪机框或机体）。在开锁、闭锁过程中，楔铁和枪机的运动完全一致，可将两者视为整体。

MP5 的机械（滚柱）延迟闭锁机构如图 8-10 所示，图中向左为前。在与节套固定连接的枪管内，设计有一对开锁斜面和闭锁凹槽。一对滚柱可在机头内上下滑动，楔铁插入机头内，与滚柱接触。假设机头固定不动，如果用手按压滚柱，迫使滚柱向内“挤”（上部滚柱向下运动、下部滚柱向上运动），则滚柱会挤压楔铁闭锁斜面，产生垂直于斜面的力。由于两个滚柱是对称布置的，上下方向的分力会相互抵消，最终只形成向右的合力，迫使楔铁和枪机向右运动。非刚性闭锁的 MP5 没有严格意义上的闭锁支撑面，但可将滚柱和节套开锁斜面近似视为闭锁支撑面，共有两对。

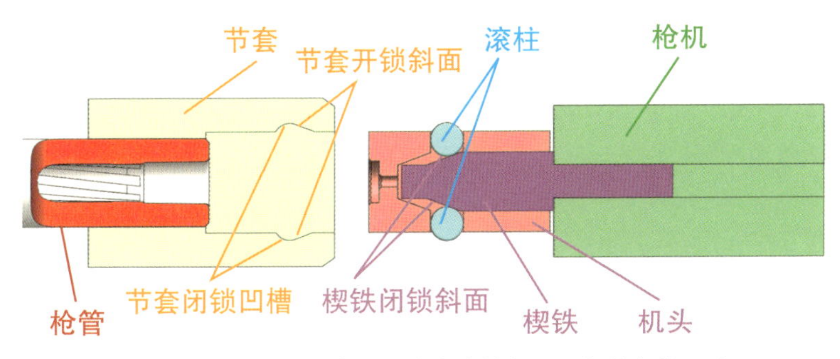

图 8-10　MP5 冲锋枪的机械（滚柱）延迟闭锁机构示意

MP5 的机械（滚柱）延迟闭锁机构实物如图 8-11 所示。下方的自动机处于半开锁状态，间隙较大，从中能看到楔铁的圆柱部。楔铁上的闭锁斜面实际上是一个较复杂的弧面，射手可通过更换不同楔铁的方式，实现更快或更慢开锁。

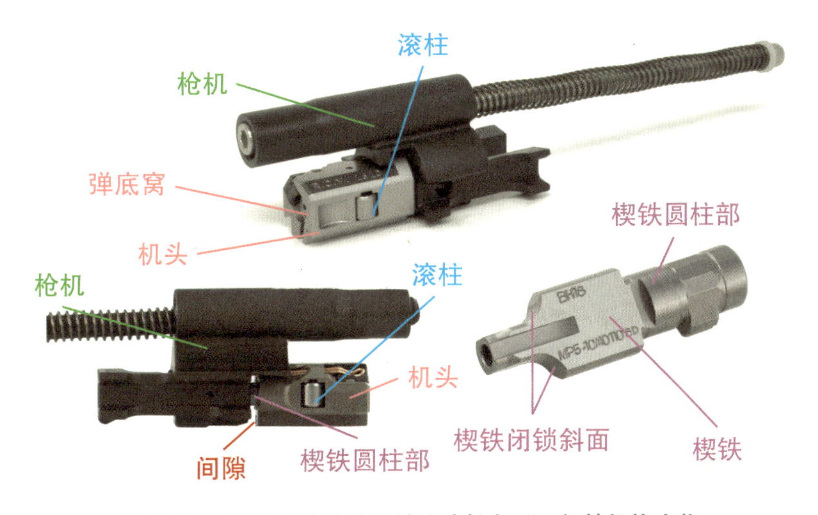

图 8-11　MP5 冲锋枪的机械（滚柱）延迟闭锁机构实物

MP5 的机械（滚柱）延迟闭锁机构开锁、闭锁过程如图 8-12 所示。

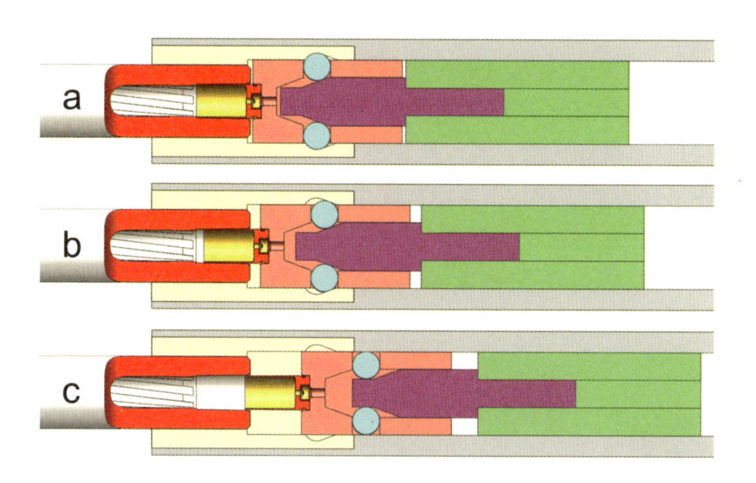

图 8-12　MP5 冲锋枪的机械（滚柱）延迟闭锁机构开锁、闭锁过程

在状态 a 中，后坐过程刚开始，机头前端面靠近枪管尾端面，楔铁、枪机在复进簧（图中未绘出）作用下向前“挤”机头，迫使位于机头和楔铁间的两个滚柱背向运动，“挤”入节套闭锁凹槽，闭锁机构处于闭锁状态。

在状态 b 中，在枪管内的高压火药燃气作用下，弹壳向后运动，推动机头向后运动，机头又推动滚柱撞击节套开锁斜面，迫使两个滚柱向相反方向运动，从而推动楔铁、枪机向右运动。楔铁闭锁斜面的坡度是经过精心计算的，两个滚柱沿楔铁闭锁斜面滑动时，向相反方向运动的距离远小于楔铁向后运动的距离。这一“距离差”起到了类似“大小齿轮调速”的作用，完成了后坐能量从弹壳和机头向楔铁和枪机转移的过程。同时，两个滚柱向相反方向运动的过程是费力过程（在一些文献中，费力过程被形容为更大的等效质量），也要耗费一定时间，由此可达到延迟开锁的目的。

在状态 c 中，滚柱已经完全“缩”入机头内，闭锁机构开锁完毕，后坐能量也已经转移完毕。楔铁和枪机带动机头和滚柱共同后坐，压缩复进簧，完成抽壳、抛壳动作。后坐到位后，再在复进簧作用下复进，完成推弹、闭锁动作，最终复进到位。

1. MP5 的“楔紧”问题与解决方法

MP5 的机匣对滚柱有限制作用，只有在自动机复进到位后，两个滚柱才能向相反方向运动，并“挤”入节套闭锁凹槽，完成闭锁。然而，在复进过程中，楔铁闭锁斜面会一直“挤”开滚柱，迫使滚柱与机匣的“收腰”摩擦（图 8-13），产生“摩擦制动”效果，这就是所谓的“楔紧”现象。自动机的复进动作依赖于复进簧的蓄能，而复进簧的蓄能往往是不足的。在润滑不良等情况下，“楔紧”会导致自动机复进能量不足，造成复进不到位、闭锁不到位等一系列故障。一般而言，枪弹相对自动机越重，供弹越困难，复进簧蓄能越低，“楔紧”就越容易造成故障。

图 8-13 MP5 的机匣上有一道“收腰”，它对滚柱起到限位作用，同时兼做伸缩枪托收缩时的收纳槽，上部银白色物体是 MP5 的机匣半成品

MP5 的滚柱是圆柱体，滚柱与机匣间是滚动摩擦，阻力较小，因此其“楔紧”问题并不严重。

需要注意的是，滚柱延迟闭锁机构中存在能量转移过程。两个滚柱向相反方向运动时，会将机头的能量转移到楔铁和枪机上。得益于楔铁闭锁斜面的坡度，楔铁的运动速度要大于机头和弹壳的运动速度。换言之，开锁之初，机头通过滚柱“推动”楔铁和枪机后坐；开锁终了，楔铁和枪机“牵拉”机头和滚柱后坐。

2. MP5 闭锁机构的优缺点

MP5 的机械（滚柱）延迟闭锁机构可谓“既简单又复杂”。所谓简单，是指它的结构原理相对简单，没有导气管等零部件，滚柱、机头和楔铁的几何轮廓也都不复杂，便于加工。所谓复杂，是指它要“一肩挑三担”，既要达成延迟目的，又要完成后坐，还要实现能量转移。滚柱、楔铁等零部件稍有工艺瑕疵或装配问题，就会对整枪性能产生较大影响，因此必须严格保证加工质量和装配公差。遗憾的是，HK 公司自始至终都没能完全解决加工质量问题，实际应用中很大程度上要靠射手的精心维护和操作才能保障性能正常。

以同样采用机械（滚柱）延迟闭锁机构的 PSG-1 狙击步枪为例，其使用手册中明确要求，射手要定期在自动机闭锁状态下，对机头与枪机间的间隙进行测量，允许间隙值范围为 0.1~0.4 毫米。出厂前，HK 公司会将间隙值调整至 0.25~0.4 毫米。随着滚柱的磨损，间隙值会逐渐减小。当间隙值超出允许范围时，射手就要成对更换滚柱，再进行调整（图 8-14）。

为方便测量，HK 公司开发了一种随枪配发的量具（图 8-15），由 5 片塞尺组成，塞尺厚 0.1~0.5 毫米。按要求，0.1 毫米厚的塞尺应能轻易插入间隙，而 0.4 毫米厚的塞尺不应插入或只能勉强插入间隙。如果测量结果不满足要求，就要成对更换滚柱。0 号滚柱直径为 8 毫米，-1 号滚柱直径比 0 号滚柱小 1 丝（丝是机械行业常用单位，1 丝 = 0.01 毫米），+1 号滚柱直径比 0 号滚柱大 1 丝。滚柱号数每增大 1，间隙增大约 0.1 毫米。射手必须成对更换滚柱（因为两个滚柱的号数必须相同），直到间隙值符合要求为止。对工厂而言，更换滚柱的操作程序并不复杂，但对射手而言就有些“强人所难”。直径 8 毫米的滚柱，与老式铅笔尾端的“橡皮头”差不多大，体积非常小，很容易遗失，在作战环境中更换如此细小的零件显然是非常困难的。

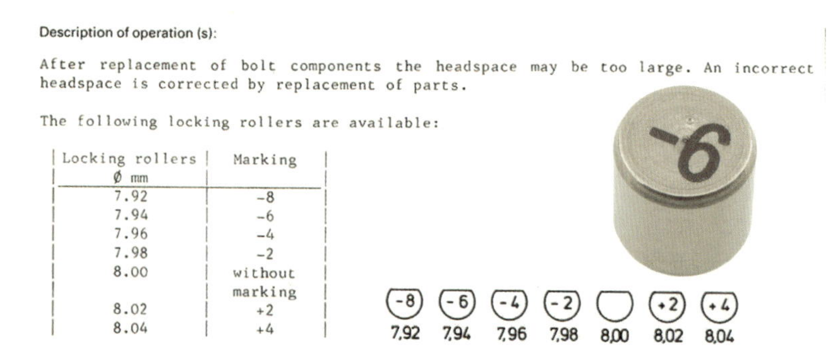

Description of operation (s):

After replacement of bolt components the headspace may be too large. An incorrect headspace is corrected by replacement of parts.

The following locking rollers are available:

Locking rollers Ø mm	Marking
7.92	-8
7.94	-6
7.96	-4
7.98	-2
8.00	without marking
8.02	+2
8.04	+4

The marking is applied on the smooth side of the rollers.

图 8-14　PSG-1 狙击步枪操作手册中的滚柱尺寸说明与 -6 号滚柱实物，目前尚不清楚 G3 步枪、HK33 步枪、G41 步枪与 MP5 冲锋枪的滚柱是否通用

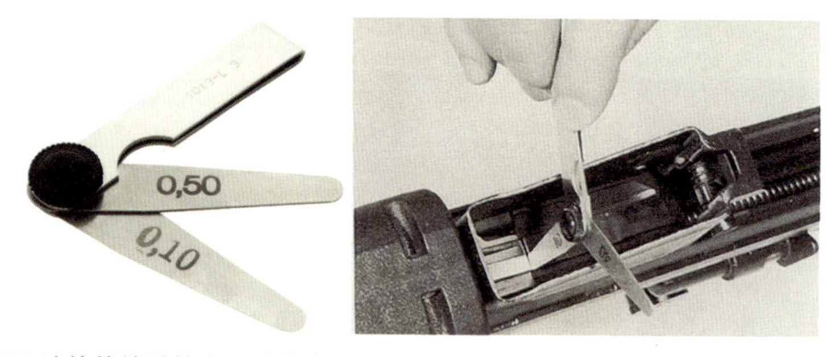

图 8-15　MP5 冲锋枪的随枪塞尺（左）和 PSG-1 狙击步枪塞尺的使用方法示意，MP5 的间隙值要求没有 PSG-1 严格，因此只有两片塞尺，使用方法与 PSG-1 完全相同

8.5.3　毛瑟 98 步枪的枪机回转式闭锁机构

毛瑟 98 是一型采用枪机回转式闭锁机构的非自动（栓动）步枪，其闭锁机构的核心部件是枪机。我们通常称毛瑟 98 为旋转后拉枪机式步枪，“旋转后拉”代表了两个操作动作，其中，旋转动作的作用就是开锁。毛瑟 98 的枪机上有两个对称的闭锁齿，其节套与枪管固定连接，节套上有两个与枪机闭锁齿对应的闭锁齿，两对闭锁支

撑面分别位于枪机闭锁齿的前端面和节套闭锁齿的后端面。

毛瑟 98 的枪机回转式闭锁机构如图 8-16 所示，其节套与机匣一体，枪管固定安装在机匣上，枪机可在机匣内前后运动。枪机闭锁齿进入节套后，枪机可在机匣内旋转。

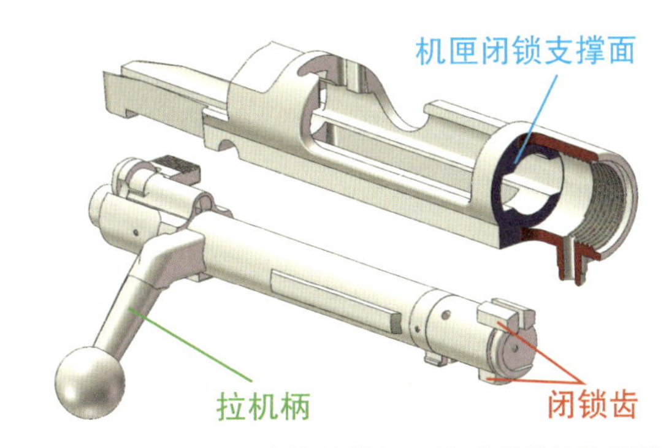

图 8-16 毛瑟 98 步枪的枪机回转式闭锁机构示意

毛瑟 98 的枪机回转式闭锁机构的开锁、闭锁过程如图 8-17 所示。

在状态 a 中，枪弹刚击发，枪机前端面靠近枪管尾端面（注意，毛瑟 98 使用的 7.92×57mm 毛瑟步枪弹是斜肩定位弹，真实情况下，枪机弹底窝紧贴弹壳，而弹壳斜肩紧贴弹膛定位面，枪机前端面与枪管尾端面间存在间隙，并不接触），枪机闭锁齿与节套闭锁齿贴合，两个闭锁支撑面重合，即枪机闭锁齿“躺”在节套闭锁齿的闭锁支撑面与枪管尾端面之间，火药燃气无法推动弹壳，枪机与机匣 / 节套无法分离，闭锁机构处于闭锁状态。

在状态 b 中，射手转动拉机柄，枪机旋转 45 度，闭锁机构处于半开锁状态。

在状态 c 中，射手继续转动拉机柄，枪机旋转 90 度，枪机与机匣 / 节套完全分离，闭锁机构处于完全开锁状态。

在状态 d 中，射手后拉拉机柄，带动枪机闭锁齿从节套中抽出，完成抽壳、抛壳动作。

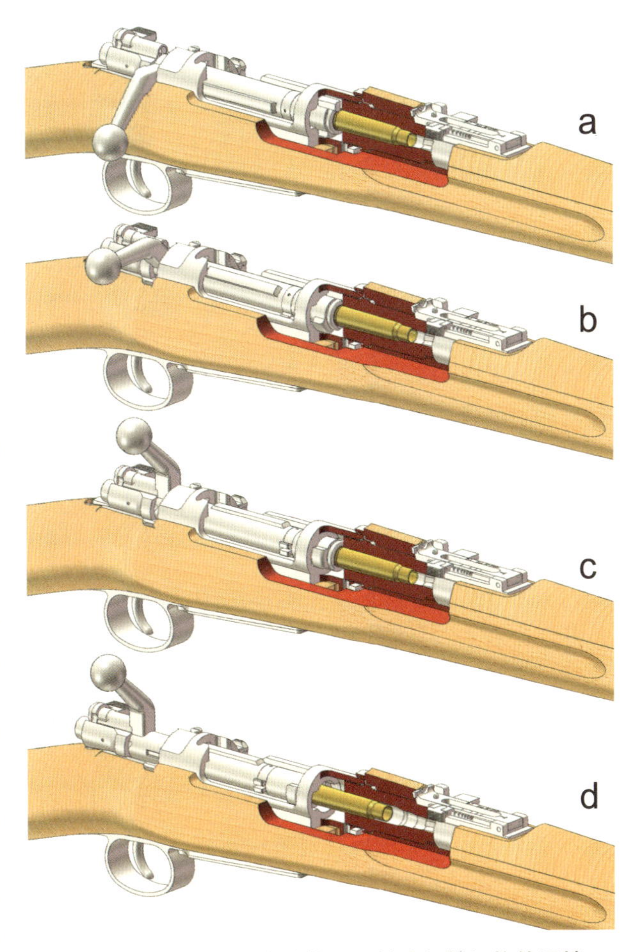

图 8-17 毛瑟 98 步枪的枪机回转式闭锁机构的开锁、闭锁过程示意

后拉到位后，射手前推拉机柄，完成推弹动作，反转拉机柄，完成闭锁动作。

在射手后拉、前推拉机柄的过程中，枪机在机匣内运动时，机匣与枪机闭锁齿配合形成限位，确保枪机不会产生不必要的旋转或提前闭锁，直至枪机到达节套位置，机匣不再对枪机形成限位，枪机可旋转、闭锁。

1. 毛瑟 98 的预抽壳面 / 启机面

枪弹击发后，弹壳会发生不同程度的膨胀。膨胀的弹壳会“黏”在弹膛中，大幅增加抽壳阻力。对自动枪械而言，抽壳动作依靠火药燃气提供的能量完成，抽壳阻力增大的影响可以忽略。但对毛瑟 98 这样的非自动枪械而言，抽壳动作依靠人力完成，抽壳阻力增大的影响必须考虑。因此，毛瑟 98 设计有预抽壳面（也称启机面），用以解决抽壳阻力增大问题（图 8-18）。

毛瑟 98 的启机面位于机匣尾端。射手转动拉机柄时，拉机柄根部会与启机面接触。启机面是螺旋面，拉机柄根部与它接触时，会一边旋转，一边被迫向后运动，从而向后抽动弹壳，使弹壳脱离弹膛。射手后拉拉机柄时，拉动的是拉机柄的“大头”，远离枪机的回转中心，而启机面位于机匣上，靠近枪机的回转中心，这“一远一近”的设计起到了类似杠杆的省力作用。拉机柄转动到位、闭锁机构完全开锁，射手准备后拉拉机柄时，弹壳已经抽松，抽壳阻力得以大幅减小。

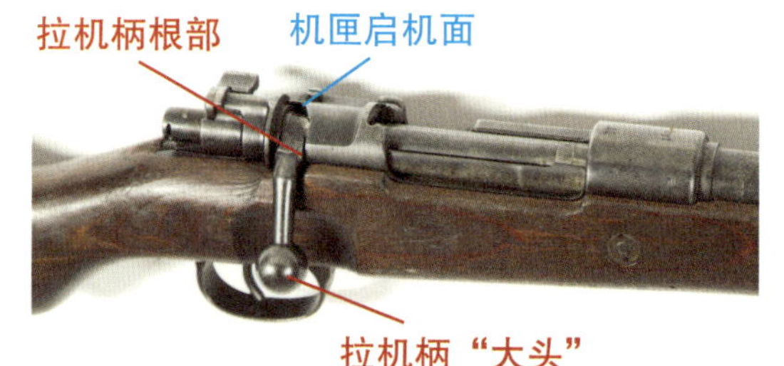

图 8-18　毛瑟 98 步枪的预抽壳面 / 启机面与拉机柄配合状态示意

启机面赋予了枪机边旋转、边向后移动的运动特性，因此，枪机的闭锁齿上必须相应地加工出让位机构，在开锁过程末段辅助实现边旋转、边开锁。

2. 毛瑟 98 的闭锁机构优缺点

毛瑟 98 的枪机回转式闭锁机构结构简单，易加工，闭锁齿强度高，安全性好，几乎没有缺点。目前，世界上绝大多数非自动步枪都采用了这种闭锁机构。需要注意的是，毛瑟 98 并不是第一型采用枪机回转式闭锁机构的枪械，1841 年问世的德莱塞 M1841 步枪已经采用了这种闭锁机构。

8.5.4　M16 步枪的枪机回转式闭锁机构

M16 是一型采用直接导气式自动方式、枪机回转式闭锁机构的自动步枪，其闭锁机构的核心部件是枪机、导柱和枪机框。在开锁、闭锁过程中，导柱和枪机的运动完全一致，可将两者视为整体。

M16 的枪机闭锁齿呈“米”字形分布，理论上应该有 8 个，但为给抽壳钩让位，

其中一个被切掉，实际有7个。节套与枪管固定连接，其上有7个与枪机闭锁齿对应的闭锁齿，7对闭锁支撑面分别位于枪机闭锁齿后端面和节套闭锁齿前端面。

M16的枪机回转式闭锁机构如图8-19所示，节套与枪管组成的整体，固定安装在机匣上，枪机框可在机匣内前后运动。枪机闭锁齿卡入节套后，枪机可在机匣内绕枪机框旋转。枪机框上有开闭锁螺旋槽，螺旋槽可简易划分为开锁位置、闭锁位置、开锁螺旋、闭锁螺旋四个面。导柱插入螺旋槽并固定在枪机上。枪机框静止，用手向外“拉”枪机，导柱会在开锁螺旋作用下，从闭锁位置转移到开锁位置；用手向内“推”枪机，导柱会在闭锁螺旋作用下，从开锁位置转移到闭锁位置（图8-20）。

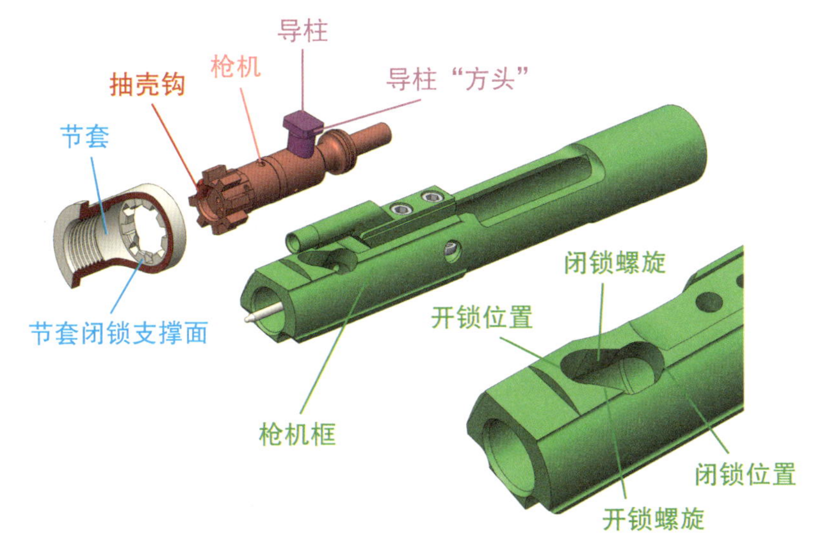

图8-19　M16步枪的枪机回转式闭锁机构示意

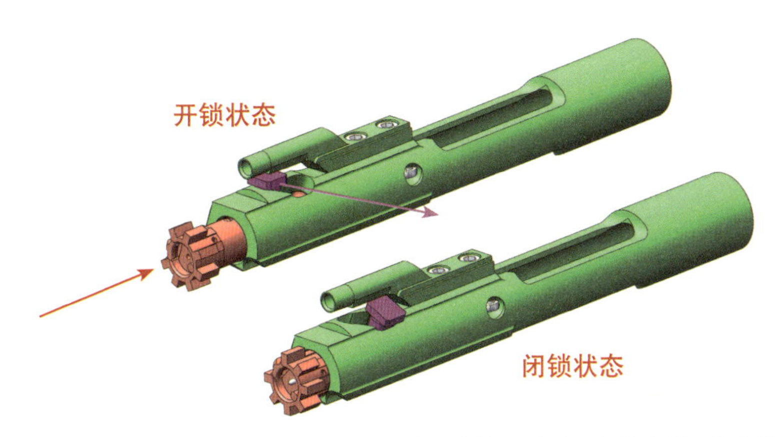

图8-20　M16步枪的自动机开闭锁状态示意，当枪机受到红色箭头所示方向的力时，导柱一定会紧贴闭锁螺旋面，沿紫色箭头所示方向转动

M16的枪机回转式闭锁机构开锁、闭锁过程如图8-21所示。

在状态a中，后坐过程刚开始，枪机前端面靠近枪管尾端面，枪机闭锁齿与节套闭锁齿贴合，闭锁支撑面重合，即枪机闭锁齿“躺”在节套闭锁齿的闭锁支撑面与枪管尾端面之间，火药燃气无法推动弹壳，枪机与节套无法分离，闭锁机构处于闭锁状态。

在状态b中，火药燃气推动枪机框后坐，枪机受阻于节套，无法向后运动。枪机框通过开闭锁螺旋槽，迫使枪机转动。枪机旋转11.25度，闭锁机构处于半开锁状态。

在状态c中，枪机框继续后坐，枪机旋转22.5度，枪机与节套完全分离，开锁动作完成，闭锁机构处于完全开锁状态。

在状态d中，枪机框继续后坐，带动枪机闭锁齿从节套中抽出，压缩复进簧，完成抽壳、抛壳动作。后坐到位后，在复进簧作用下复进，完成推弹、闭锁动作，最终复进到位。

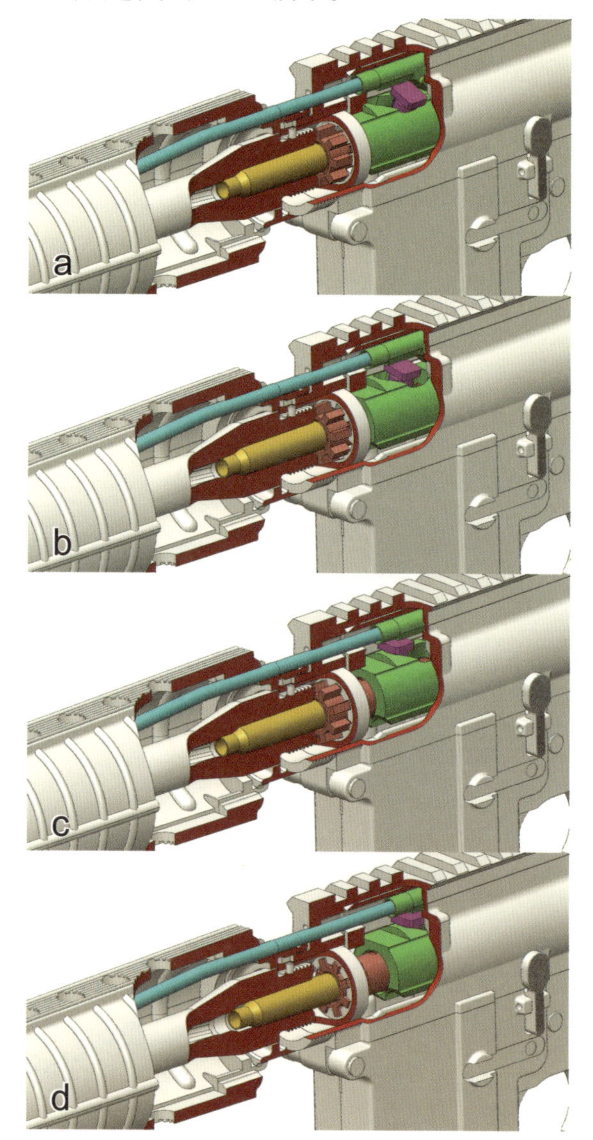

图8-21 M16步枪的枪机回转式闭锁机构的开锁、闭锁过程示意

1. M16的“楔紧”问题与解决方法

M16的机匣对导柱“方头”有限位作用（图8-22），只有当枪机框、枪机共同复进到位、开始闭锁时，导柱才能旋入机匣凸包内，完成闭锁。然而，在复进过程中，枪机框闭锁螺旋面会一直“侧推”导柱，迫使导柱紧贴机匣止转面（机匣左侧的内平面），导致“楔紧”现象发生。

M16与MP5的“楔紧”问题存在一定差异：MP5的滚柱与机匣均是钢质，且两者间是滚动摩擦，摩擦阻力较小；M16的导柱是钢质，机匣是铝质，且两者间是滑动

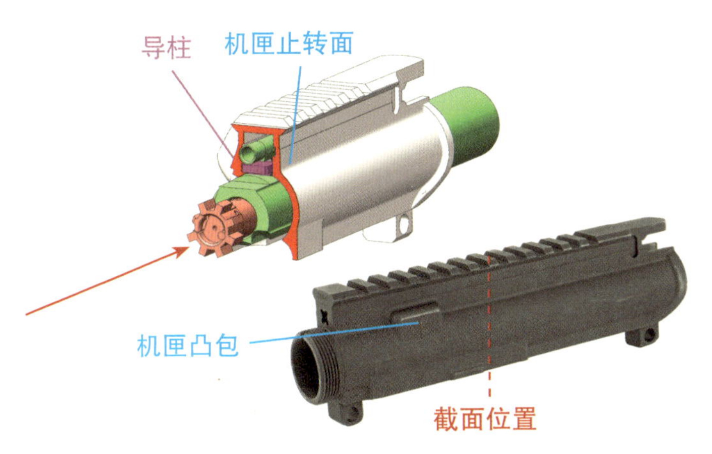

图 8-22 M16 步枪的机匣凸包和机匣止转面示意

摩擦，摩擦阻力较大。因此，M16 的“楔紧”问题影响更严重，必须通过涂布润滑油和机匣表面处理等手段来减小摩擦阻力。

针对“楔紧”问题，还有一些典型的缓解方法：

① 瑞士 SIG 公司 MCX 步枪：在机匣侧壁镶嵌钢质导轨，将钢 - 铝摩擦转化为钢 - 钢摩擦，减小了摩擦阻力（图 8-23）。

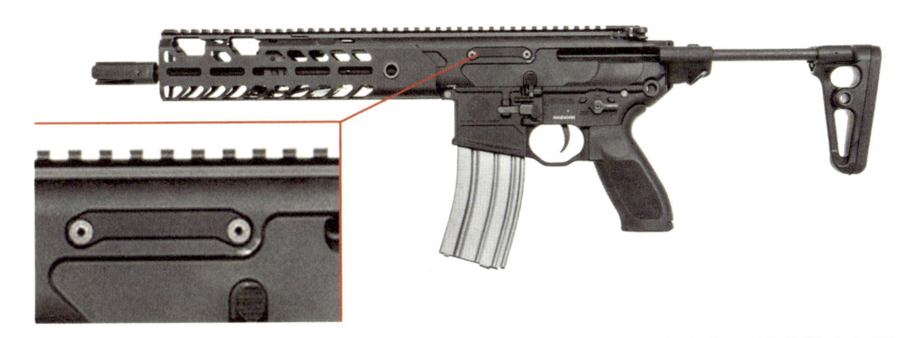

图 8-23 MCX 步枪的钢质导轨特写，复进过程中，在推弹动作发生前，“楔紧”问题较轻微，在推弹动作发生时及完成后，“楔紧”问题较严重，因此 MCX 的钢质导轨只有半截，且位于机匣前部（向左为前）

② 美国 POF 公司活塞 AR 步枪：在导柱上方设计一个滚轮，将滑动摩擦转化为滚动摩擦，减小了摩擦阻力（图 8-24）。

③ 奥地利斯太尔公司 AUG 步枪：采用止转卡铁，弹出、卡入枪机的闭锁齿之间，代替机匣完成对导柱的限位，确保导柱、枪机不会产生不必要的旋转或提前闭锁（图 8-25）。自动机复进到位后，止转卡铁撞击节套，被迫收缩，松开枪机，枪机、导

柱旋转。这一设计相当于将机匣与导柱间的“楔紧”，转化为止转卡铁与枪机间的“楔紧”。由于止转卡铁与枪机框、枪机、导柱共同运动，“楔紧”并不会降低自动机复进能量，不会形成“摩擦制动”效果。比利时 FN 公司的 F2000 步枪、意大利伯莱塔公司的 ARX160 步枪也采用了类似的设计。

目前，最有效的缓解方法是“平面带动 + 预转”设计，德国的 MG34 机枪、美国的 M1 加兰德步枪、苏联的 AK 系列步枪都采用了这一设计。

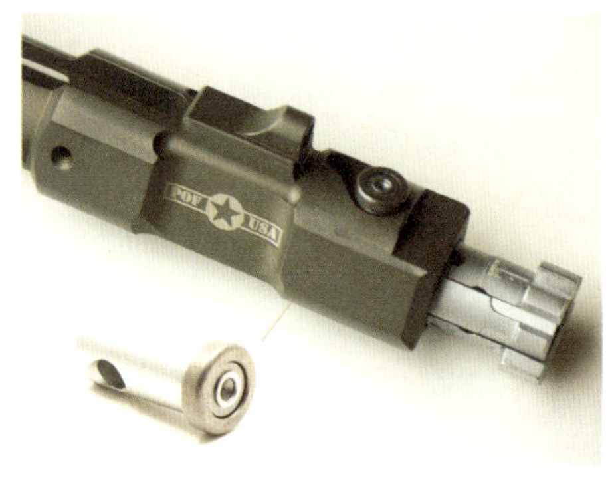

图 8-24　活塞 AR 步枪自动机，滚轮导柱多用于活塞 AR 步枪，也可用于 M16 步枪或 M4 卡宾枪

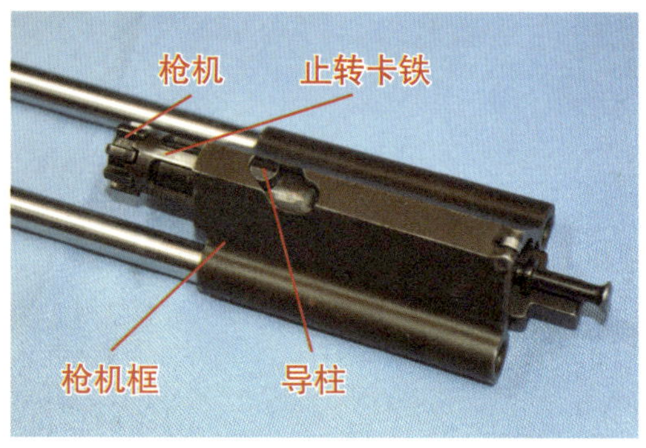

图 8-25　AUG 步枪的自动机，由于采用了止转卡铁，导柱无需与机匣配合，因此没有 M16 导柱那样的“方头”设计

2. M16 闭锁机构的优缺点

M16 枪机回转式闭锁机构的优点包括：闭锁齿较多，受力均衡；闭锁齿体积较小，枪机回转动作小（回转角只有 22.5 度），结构紧凑；导柱和枪机都是回转体，易加工。

M16 枪机回转式闭锁机构的缺点包括：闭锁齿强度较低，易断裂；击针穿过导柱，导柱又穿过枪机，因此导柱和枪机结构强度较低（图 8-26）。

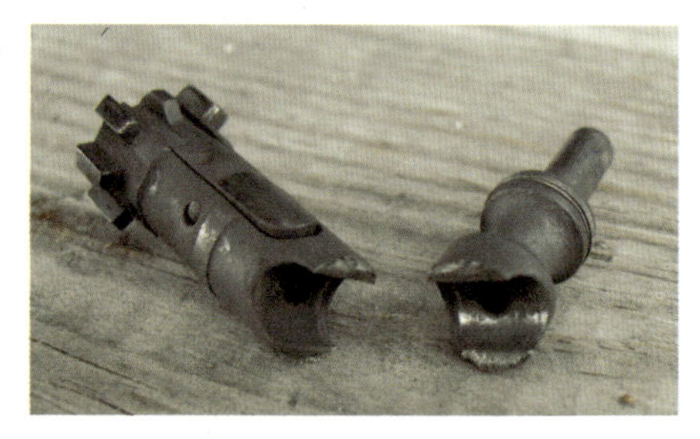

图 8-26　从导柱孔处折断的 M16 步枪枪机

8.5.5　GLOCK17 手枪的枪管偏移 / 摆动式闭锁机构

GLOCK17 是一型采用枪管短后坐式自动方式、枪管偏移 / 摆动式闭锁机构的半自动手枪，其闭锁机构的核心部件是枪管、套筒和开闭锁座。

GLOCK17 的枪管后部有一个方形闭锁凸起，套筒上有一个对应的方形闭锁槽（注意，闭锁槽与抛壳窗为一体设计，闭锁槽位于顶部，抛壳窗位于侧部），一对闭锁支撑面分别位于枪管闭锁凸起前端面和套筒闭锁槽前端面。

GLOCK17 的枪管偏移 / 摆动式闭锁机构如图 8-27、图 8-28 所示，套筒可相对握把前后运动（枪口方向为前），枪管可相对套筒前后、上下运动，枪管前部卡入套筒前部的异形孔内。枪管闭锁凸起下方有开闭锁槽，开闭锁槽上加工有开锁斜面、闭锁斜面、平移面，可与开闭锁座的开锁斜面、闭锁斜面、平移面配合实现开闭锁。开闭锁座固定安装在套筒上。

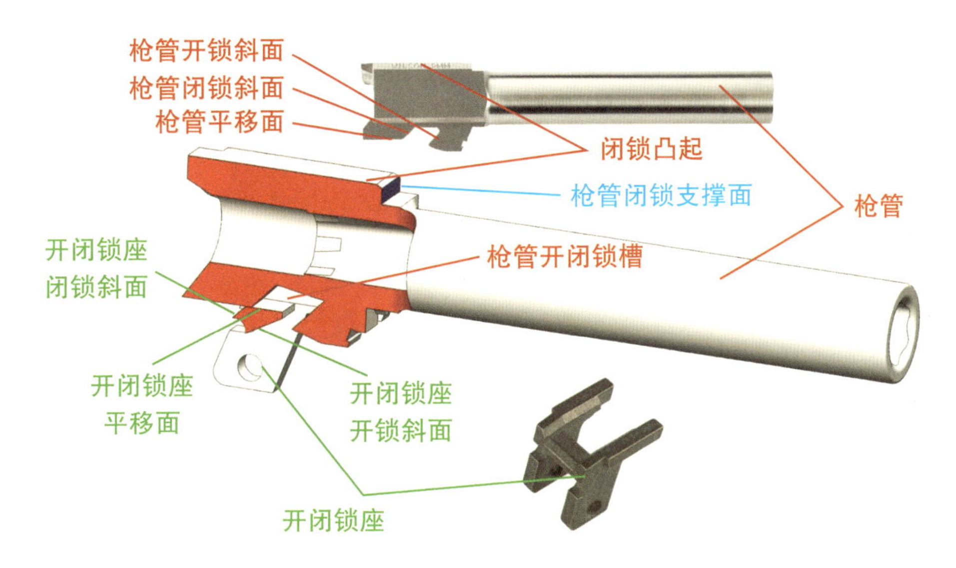

图 8-27　GLOCK17 手枪的枪管偏移 / 摆动式闭锁机构示意 1

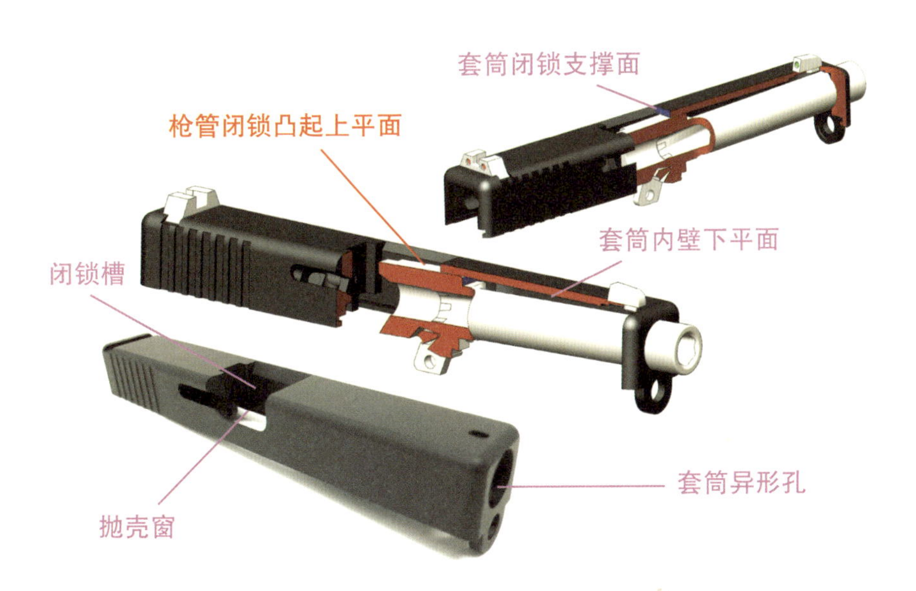

图 8-28　GLOCK17 手枪的枪管偏移 / 摆动式闭锁机构示意 2

GLOCK17 的枪管偏移 / 摆动式闭锁机构的开锁、闭锁过程如图 8-29 所示。

在状态 a 中，后坐过程刚开始，在复进簧（图中未绘出）作用下，套筒抵弹面（图中蓝色面）向前靠近枪管尾端面，枪管和套筒闭锁支撑面重合，即枪管的闭锁凸起“锁”入套筒闭锁槽。火药燃气无法推动弹壳，套筒与枪管无法分离，闭锁机构处于闭锁状态。

在状态 b 中，火药燃气推动套筒后坐，枪管开锁斜面与开闭锁座开锁斜面接触，枪管停止向后运动，绕套筒异形孔偏移 / 摆动。

在状态 c 中，枪管偏移 / 摆动，枪管闭锁凸起与套筒闭锁槽完全分离，开锁动作完成。套筒继续后坐，压缩复进簧，完成抽壳、抛壳动作。套筒后坐到位后，在复进簧作用下复进，完成推弹、闭锁动作，最终复进到位。

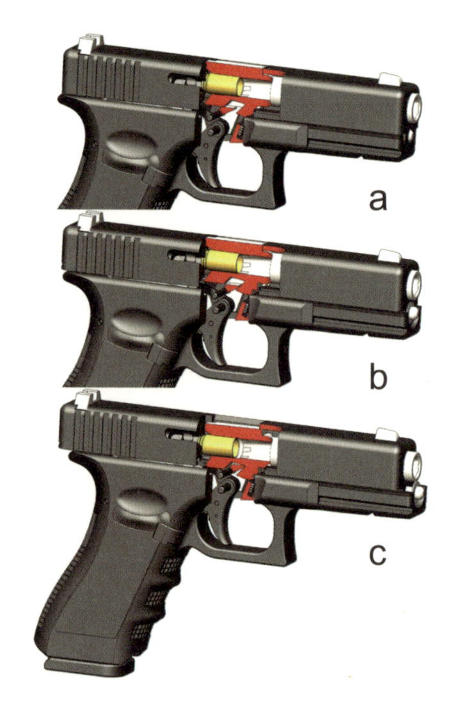

图 8-29　GLOCK17 手枪的枪管偏移 / 摆动式闭锁机构的开锁、闭锁过程示意

1. GLOCK17 的枪管上翘与套筒异形孔

GLOCK17 在开闭锁过程中，枪管会有一定上翘，但不会导致弹道上翘。在图 8-29 所示的状态 a 到状态 b 间，枪管平移面与开闭锁座平移面配合，枪管和套筒整体后坐，枪管没有偏移 / 摆动，即没有上翘，此时弹头已经飞离枪管，弹道不会受影响。

GLOCK17 的枪管前部要卡入套筒前部的异形孔中。需要注意的是，由于枪管要后坐、偏移 / 摆动 / 旋转，异形孔的截面形状是相对复杂的。如果采用规则的圆形截面孔，则枪管无法实现偏移 / 摆动。正是因为有异形孔的存在，在采用枪管偏移 / 摆动式闭锁机构的手枪枪管上，通常能看到不对称的磨痕。

2. GLOCK17 的“楔紧”问题与解决方法

在套筒后坐、复进过程中，套筒内壁下平面与枪管闭锁凸起上平面形成限位，阻止枪管提前翘起或闭锁，直到套筒即将复进到位时，闭锁槽复进到枪管闭锁凸起上方，枪管才能翘起。然而，在复进过程中，套筒一直有前推枪管的趋势，枪管闭锁斜面会与开闭锁座闭锁斜面作用，迫使枪管后部翘起，使套筒内壁下平面与枪管闭锁凸起上平面摩擦，出现“楔紧”现象。因此，GLOCK17 的枪管闭锁凸起上平面和套筒内壁下平面经常因摩擦而呈现出“铿亮”的状态（图 8-30）。

由于套筒和枪管均为钢质，且枪弹 / 自动机质量较小，摩擦阻力较小，GLOCK17 的“楔紧”问题并不严重，没有相应的特殊处理，只是通过提高枪管闭锁凸起上表面光洁度来适当缓解。与 SIG 公司的 P320 手枪相似，部分 GLOCK17 的枪管闭锁凸起上平面加工有一定倾角，也能起到缓解“楔紧”问题的作用（图 8-31）。

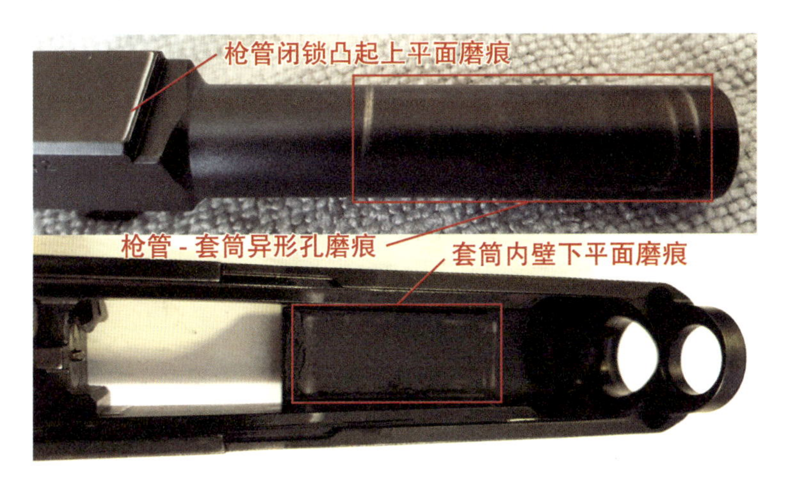

图 8-30　GLOCK17 手枪的枪管和套筒磨痕

3. GLOCK17 闭锁机构的优缺点

GLOCK17 枪管偏移 / 摆动式闭锁机构的优点包括：整体结构相对简单，开闭锁座、枪管开闭锁斜面的几何轮廓简单，易加工；套筒和枪管共同后坐，可以将两者视为“大号自由枪机”，由于总质量大，套筒的运动速度较低，后坐到位的速度也较低，冲击力较小，不易产生射击震手问题。因此，采用枪管偏移 / 摆动式闭锁机构的 GLOCK17，相比采用惯性延迟闭锁机构的 PPK，更适合匹配大威力枪弹。

图 8-31　P320 手枪的枪管闭锁凸起上平面倾角，部分 GLOCK17 手枪也有相似设计，但观感不明显

GLOCK17 枪管偏移 / 摆动式闭锁机构的缺点包括：闭锁支撑面只有一对，受力不像回转式闭锁机构那样均匀；由于枪管要摆动 / 偏移，枪管与套筒间必然存在较大间隙，这会导致枪管定位不牢靠，影响射击精度。但手枪射击精度本就不高，因此枪管定位不牢靠的缺点表现不明显。

Chapter 9

第 9 章

复进机构

枪械的自动机如何复进？

复进机构与自动方式渊源颇深。无论导气式、枪机后坐式，还是管退式自动方式，所导出的能量都只用于推动自动机完成后坐过程，而自动机的复进过程则主要靠复进机构完成。复进机构通常由复进簧、复进簧导杆、缓冲器等组成。

非自动枪械，例如栓动步枪等，一般没有复进机构。

9.1 复进簧

自动机后坐过程中，压缩复进簧，复进簧储备能量（弹性势能）；自动机复进过程中，复进簧释放能量，推动自动机复进。目前，枪械的复进簧通常是压缩弹簧，这种弹簧的使用寿命较长，易于制造。历史上，也出现过其他种类的复进簧，例如马克沁机枪的复进簧是拉伸弹簧，刘易斯轻机枪的复进簧是发条卷簧（图 9-1）。

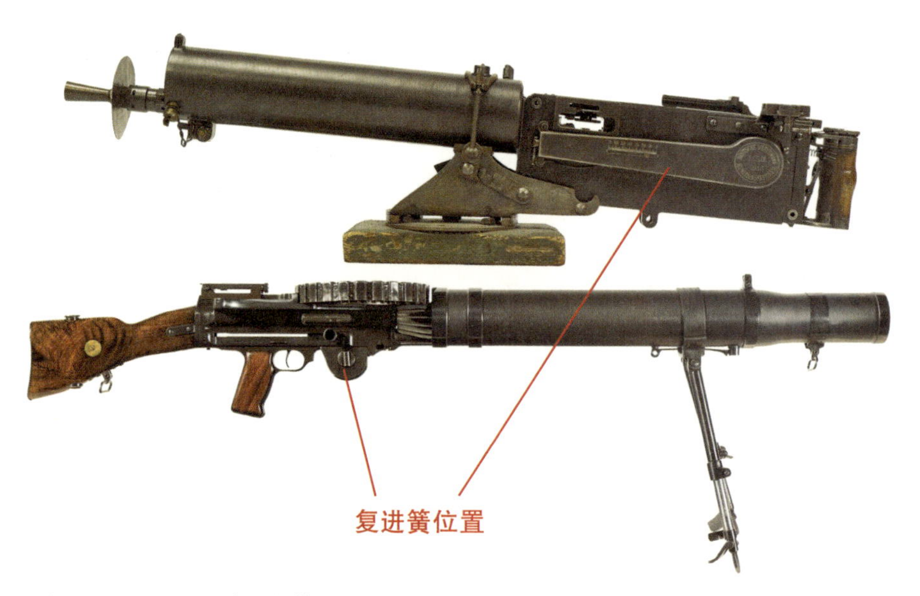

图 9-1 MG08 马克沁机枪（上）和刘易斯轻机枪（下）的复进簧安装位置示意，两者的复进簧分别装在“方盒子”和“圆盘子”中

复进簧的储备能量既不能过高，也不能过低，能量过高会导致枪弹上膛费力，能量过低会导致自动机复进能量不足。一般而言，枪械内部的“费力动作”，例如弹链式枪械的输弹动作，都会尽量安排在后坐过程中，以避免消耗复进簧能量。

9.2 复进簧导杆

复进簧导杆用于引导复进簧伸缩，避免复进簧扭转、弯曲导致故障。复进簧导杆的具体形式有两种，第一种是“专职导杆”，即独立导杆，AKM 步枪就采用了这种设计（图 9-2）；第二种是“兼职导杆”，即以枪管、机匣、枪托兼做导杆，司登冲锋枪和 M16 步枪就采用了这种设计。由于枪管、机匣、枪托往往较粗，与这些“兼职导杆”配合的复进簧的簧丝直径通常较大。而与独立导杆配合的复进簧的簧丝直径通常较小。

图 9-2　AKM 步枪的复进簧特写，可见复进簧导杆

9.3 缓冲器

缓冲器的主要功能有两个：其一，缓冲自动机后坐到位时的冲击力，如果没有缓冲器，自动机后坐到位时就会直接冲击机匣，形成“硬碰硬”的过程，使枪械剧烈振动，增大枪口上跳和射手可感后坐，而缓冲器能减小自动机后坐到位时的冲击力，进而减小枪口上跳和射手可感后坐；其二，减小反跳，自动机复进到位、闭锁时也会撞击机匣，就像皮球落地一样，自动机可能“弹起”，小幅后坐并开锁，从而导致很多故障。开膛待击枪械对反跳不敏感，因为在闭锁瞬间、反跳还没发生时，枪械就已经完成击发。而闭膛待击枪械对反跳很敏感，有必要设计能减小反跳的缓冲器。

专注于“缓解冲击功能”的缓冲器较常见，它由橡胶、硬弹簧等制成，当自动机后坐到位时，它能像“弹簧床垫”一样缓解冲击，M2 机枪就采用了这种缓冲器。专注于“减小反跳功能”的缓冲器较少见，它主要利用“制动效应”减小反跳，例如，MP5 冲锋枪的机体内封装有一定量的、未充满的钨砂，当自动机复进到位反跳时，钨砂会因惯性作用而向前运动（枪口方向为前），抵消部分反跳（这一过程从机体外无法观察）。此外，还有兼具缓解冲击和减小反跳功能的缓冲器，例如 M16 步枪的缓冲

器，它装在枪托内，体积很大（图 9-3）。

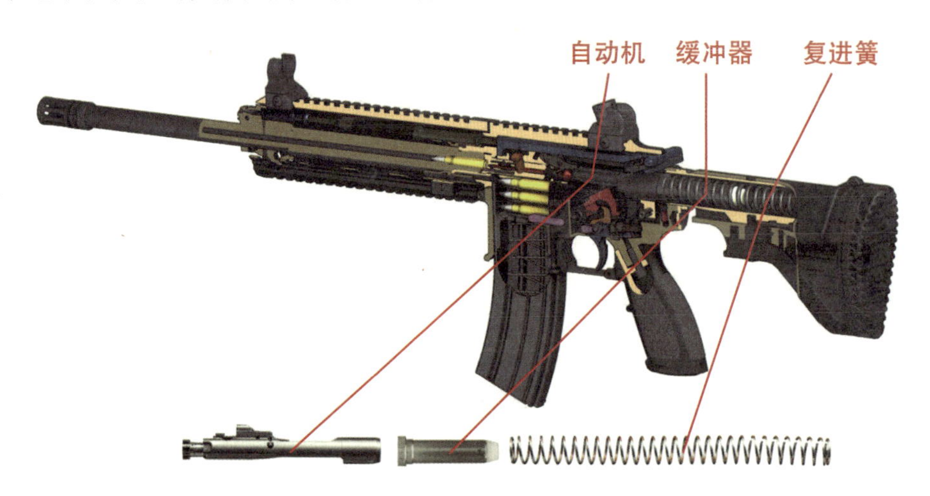

图 9-3　HK416 步枪的自动机、缓冲器、复进簧特写，M16 的复进机构与其相似

并非所有自动枪械都有缓冲器，例如 AKM 步枪，其自动机后坐到位、复进到位时都没有任何缓冲。

如前所述，M16 步枪的缓冲器既能缓冲自动机后坐到位时的冲击，也能减小自动机复进到位时的反跳。不同版本的 M16 步枪采用了不同型号的缓冲器，图 9-4 所示为内装 3 个惯性块、3 个缓冲橡胶、尾端装有橡胶块的型号。M16 的复进机构布局与 HK416 基本相同，封装在下机匣的枪托管中（图 9-5）。

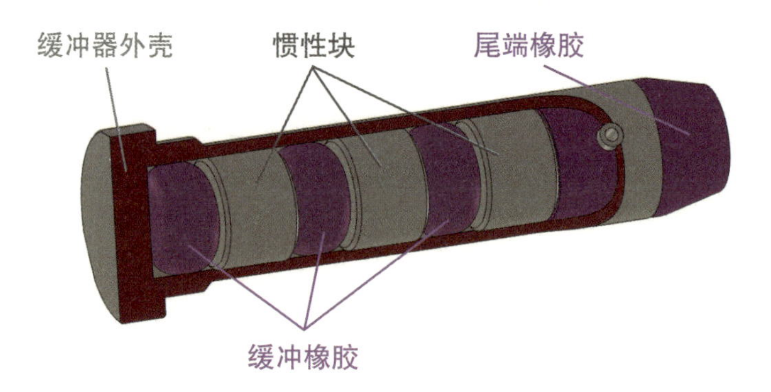

图 9-4　M16 步枪的缓冲器

M16 的复进机构工作过程如图 9-6 所示。

在状态 a 中，自动机沿绿色箭头所示方向运动，推动缓冲器后坐并压缩复进簧。

在状态 b 中，自动机后坐到位，缓冲器的尾端橡胶与枪托管（图中进行了简化处理）撞击，起到缓冲作用。

在状态c中，自动机和缓冲器在复进簧作用下开始沿绿色箭头所示方向复进。

在状态d中，自动机的枪机框与节套猛烈撞击，产生向后（图中向右）的反跳趋势。此时，被缓冲橡胶隔开的惯性块保持向前（图中向左）运动，与枪机框的反跳方向相反，两者部分抵消。

图9-5 M16/M4步枪的枪托管示意，M16/M4的复进机构设计在枪托内，因此很难设计折叠枪托

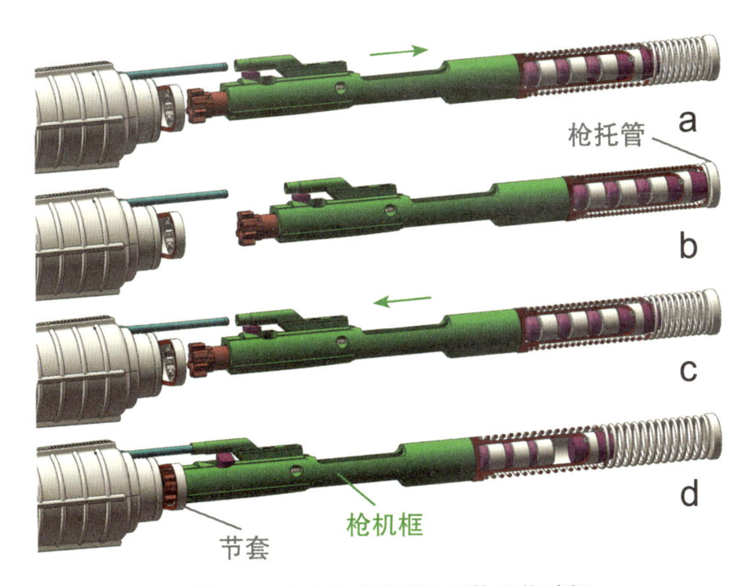

图9-6 M16步枪的复进机构工作过程

Chapter 10

第10章

发射与击发机构

枪械如何切换单连发模式?

在枪械中，击发机构负责打燃枪弹底火，而发射机构负责控制击发机构，完成单发 / 连发射击或点射，两者各有分工，相互配合。

10.1 击发机构

击发机构负责打燃枪弹底火（实际是底火内的底火药，又称起爆药），主要由击针、击锤等组成。按击发过程的主要执行件划分，击发机构可分为击针式和击锤式两种。

10.1.1 击针式击发机构

击针式击发机构的主要执行件是击针，由击针簧提供能量，击针前后运动完成击发（枪口方向为前）。击针上通常设计有挂机面，与发射机构中的阻铁配合完成运动。一般而言，击针式击发机构的击针形状较复杂。

截至目前，绝大多数栓动步枪都采用了击针式击发机构。采用击针式击发机构的手枪俗称“击针枪”，GLOCK 系列手枪是其中的代表（图 10-1）。

图 10-1　GLOCK 手枪的击针组件，采用击针式击发机构的枪械，击针形状较复杂，其上有与发射机构配合的各式凸起和弹簧

10.1.2 击锤式击发机构

相比击针式击发机构，击锤式击发机构多了一个击锤，与发射机构“对接”的工作由击锤负责，击锤撞击击针，使击针向前运动，打燃枪弹底火。一般而言，击锤式击发机构的击针形状较简洁，而击锤形状较复杂。

击锤式击发机构可分为击锤回转式和击锤平移式两种。

1. 击锤回转式击发机构

击锤回转式击发机构是目前最常见的枪械击发机构，结构相对简单，动作非常可

靠。M16 步枪、M1911 手枪都采用了击锤回转式击发机构（图 10-2）。

2. 击锤平移式击发机构

击锤平移式击发机构是一种相对冷门的击发机构，我国的 95 式步枪、捷克的 Vz58 步枪采用了这种机构（图 10-3）。在击锤回转式击发机构中，击锤绕轴线转动，而在击锤平移式击发机构中，击锤沿直线运动，运动方向与自动机一致。

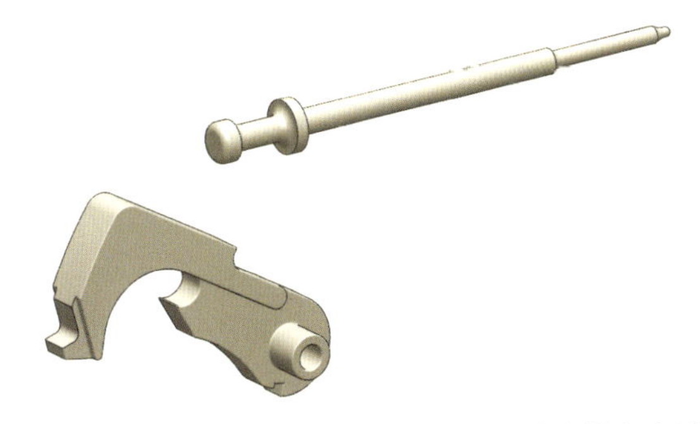

图 10-2　M16 步枪击锤回转式击发机构的击针和击锤，可见击针形状较简洁，而击锤形状较复杂

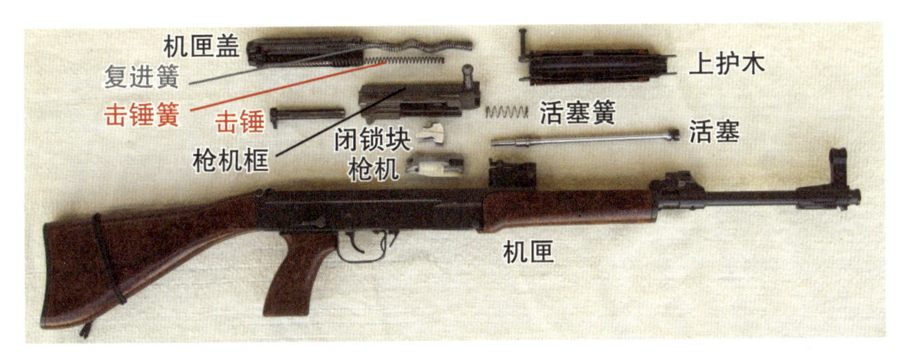

图 10-3　不完全分解后的 Vz58 步枪，可见击锤平移式击发机构的结构复杂且零件较多

10.1.3　开膛待击和闭膛待击

按自动机“待击”时弹膛的开闭状态，击发机构可分为开膛待击式和闭膛待击式两种。

1. 闭膛待击式

对采用闭膛待击式击发机构的枪械而言，自动机“待击”时停留在复进到位位置，闭锁机构处于闭锁状态，弹膛处于封闭状态。射手扣动扳机，释放击锤和击针，进而击发枪弹。

2. 开膛待击式

对采用开膛待击式击发机构的枪械而言，自动机“待击”时停留在挂机位置，闭锁机构处于开锁状态，弹膛处于开放状态。射手扣动扳机，自动机开始复进，完成推弹、闭锁等动作，并击发枪弹。

采用开膛待击式击发机构的枪械，发射机构和击发机构的结构较简单，设计难度较低。其弹膛处于常开状态，有助于冷却枪管。这种机构在机枪和冲锋枪上应用较多。

自动机后坐到位时会撞击机匣，状态变化剧烈且不稳定。采用开膛待击设计的枪械，发射机构很难“挂住”自动机，使自动机及时停止。因此，自动机的挂机位置通常与后坐到位位置有一定距离。例如司登冲锋枪，其拉机柄能明显反映枪机（自动机）位置，图 10-4 所示为枪机的复进到位位置、后坐到位位置、挂机位置。

图 10-4　司登冲锋枪采用开膛待击式击发机构和随动拉机柄，上膛后，拉机柄 / 枪机处于挂机位置，抛壳窗开放，弹匣中的枪弹打空后，拉机柄 / 枪机处于复进到位位置，抛壳窗关闭

3. 闭膛待击和开膛待击枪械的击针

采用闭膛待击设计的击锤式枪械，闭锁机构处于闭锁状态时，击针通常是不凸出于枪机表面的，即使凸出于枪机表面，一旦碰到枪弹底火，也会立即“缩头”，而不会打燃底火（图 10-5），否则就是故障状态。只有当击锤打击击针时，击针才会“猛探头”，打燃底火。采用闭膛待击设计的击针式枪械，在闭锁机构处于闭锁状态时，击针处于后方挂机位置，更不可能凸出于枪机表面。

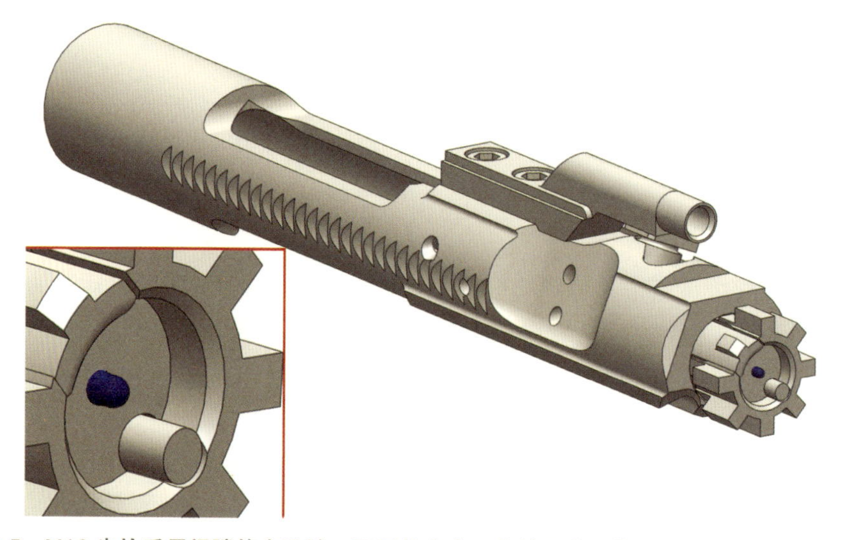

图 10-5　M16 步枪采用闭膛待击设计，图示状态中，击针凸出于枪机表面，但用手指稍用力就能将它按进去，使它“缩头”

而采用开膛待击设计的枪械，闭锁机构处于闭锁状态时，击针通常是强制凸出于枪机表面的，一旦碰到枪弹底火，就会立即将其打燃。只有这样，枪械才会在闭锁完成的瞬间完成击发。在一些简化设计的开膛待击枪械上，击针是直接加工在自动机上的，例如英国的司登冲锋枪，其击针就是在枪机上加工出的一个小凸起（图 10-6）。

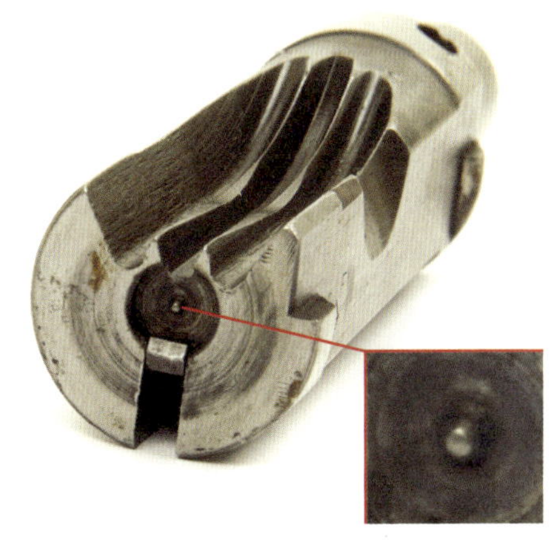

图 10-6　司登冲锋枪的枪机，正中央的小凸起就是击针

4. 开膛待击的可靠性隐患

开膛待击枪械的可靠性存在一定隐患。自动机处于待击位置时，复进簧处于高蓄能状态。此时，枪械如果受到撞击或磕碰，高蓄能状态的复进簧就可能推动自动机脱离阻铁，像脱缰的野马一样前冲，进而自行击发枪弹，这就是俗称的“走火”。容易“走火”的枪械是很危险的。历史上，采用开膛待击设计的枪械，例如英国的司登冲锋枪，就因“走火”故障频发而饱受诟病。笔者接触过一支使用多年的 54 式冲锋枪，由于其阻铁磨损严重，当自动机处于待机位置时，只要轻轻磕碰枪托就能击发。类似这种“一碰就响”的现象无疑是十分危险的。

5. 开膛待击和闭膛待击对射击精度的影响

开膛待机和闭膛待击对单发、连发射击精度有不同影响。

采用闭膛待击设计的枪械，在单发射击过程中，自动机总处于复进到位位置，不需要复进、闭锁动作，射手扣动扳机后，枪械内部只有击锤和击针的运动。击锤和击针的质量及运动幅度，相比自动机要小得多，因此对单发射击精度的影响很小，即单发射击精度较高。

在连发射击过程中，击发第 1 发枪弹时，自动机没有复进、闭锁动作，而击发第 2~n 发枪弹时，自动机都有复进、闭锁动作，以及相应的撞击和振动。换言之，第 1 发枪弹和第 2~n 发枪弹的发射击发过程是不一致的，而连发射击精度非常依赖发射击发过程的一致性。第 1 发枪弹和第 2~n 发枪弹的发射击发过程差异最终表现为，第 2~n 发枪弹的弹着点密集，而第 1 发枪弹的弹着点离群（图 10-7）。在进行多组射击后，多个第 1 发枪弹和多个第 2~n 发枪弹，就会形成两个弹着点

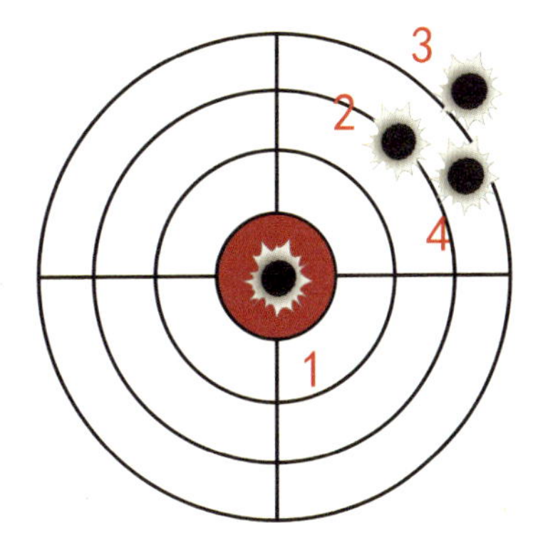

图 10-7　闭膛待击枪械的 4 发连射常见分布示意，第 1 发枪弹离群，第 2~n 发枪弹较集中，看起来像是第 1 发枪弹打偏了

散布中心，即“双中心”现象，因此连发射击精度较低。

采用开膛待击设计的枪械，在单发射击过程中，自动机总处于待击位置，射手扣动扳机后，自动机开始进行复进、闭锁动作，枪械内部的撞击、振动都很明显，对单发射击精度影响较大，即单发射击精度较低。

在连发射击过程中，击发第 1 发枪弹时，自动机要进行复进、闭锁动作。击发第 2~*n* 发枪弹时，自动机都要进行复进、闭锁动作。第 1 发枪弹和第 2~*n* 发枪弹的发射击发过程是高度一致的，几乎不存在“双中心”现象，因此连发射击精度较高。

综上，以单发射击为主的枪械，例如步枪和手枪，多采用闭膛待击设计；而以连发射击为主的枪械，例如机枪和冲锋枪，多采用开膛待击设计。

6. 前冲击发

前冲击发又名复进击发，是一种非常独特的击发方式，很容易与开膛待击混淆，两者的核心差异在于自动机复进过程的“冲量归宿”。

采用前冲击发设计的枪械，在击发枪弹瞬间，自动机复进动作（前向运动）的动量依然存在，尚未传递到枪身上。枪弹的发射药燃烧速度很快，后坐力（后坐冲量）在击发瞬间产生，此时，自动机复进动作的动量，恰好能抵消一部分后坐冲量，大幅减小后坐力，进而降低枪械内部的振动幅度，有利于保证射击精度。而采用开膛待击设计的枪械，在击发枪弹瞬间，自动机已经闭锁、撞停，其复进动作（前向运动）的动量已经传递到枪身上，在导致枪身剧烈振动的同时，也无法抵消后坐冲量（减小后坐力）。

一般而言，采用前冲击发设计的枪械，大多会同时采用开膛待击设计，而采用开膛待击设计的枪械，不一定采用前冲击发设计。例如 FN MAG/M240 机枪，只采用了开膛待击设计，而没有采用前冲击发设计；再如 SL MAG 机枪（图 10-8），利用浮动原理实现了前冲击发，同时也采用了开膛待机设计。

图 10-8　瑞士 SIG 公司的 SL MAG 机枪，发射大威力、大后坐的 8.6×63mm/.338NM 弹，为减小后坐力，不得不利用复杂的浮动原理实现前冲击发

10.2　发射机构

发射机构负责“控制”击发机构，由扳机、单发阻铁、连发阻铁、快慢机等组成。

10.2.1　按发射模式划分

按发射模式，发射机构可分为单发发射机构、连发发射机构和点射机构三种。

1. 单发发射机构

单发发射机构对应于“半自动”（注意，不是手动）。射手扣动扳机，射击一发枪弹，松开扳机，使扳机复位，再次扣动扳机，射击下一发枪弹，直至枪弹耗尽。整个射击过程可以概括为“扣扳机—啪—松扳机—扣扳机—啪—松扳机—……—枪弹耗尽—松扳机”。

2. 连发发射机构

连发发射机构对应于“全自动”。射手扣动扳机，即可持续射击枪弹，直至枪弹耗尽。射手只要松开扳机，即停止射击枪弹。整个射击过程可以概括为“扣扳机—啪啪啪啪啪 …… 枪弹耗尽—松扳机”。

3. 点射机构

点射机构类似于单发发射机构，但每次扣动扳机，不是射击一发枪弹，而是射击一组枪弹。以三发点射机构为例，射手扣动扳机，射击三发枪弹，松开扳机，使扳机复位，再次扣动扳机，射击三发枪弹，直至枪弹耗尽。整个射击过程可以概括为“扣扳机—啪啪啪—松扳机—扣扳机—啪啪啪—松扳机—……—枪弹耗尽—松扳机”。

实战中，为提高射击精度、减少枪弹消耗，射手在使用全自动枪械连发射击时，通常会选择打点射，而不是一次性地、连续地将枪弹打光，即“一扣到底”。理论上，射手是可以通过有节律的“扣扳机”与“松扳机”动作，用全自动枪械来打出点射效果的。但“人控点射”并不稳定，而且对一般士兵而言较难学习，训练成本较高。为全自动枪械配置点射机构能极大地降低相应的训练成本，让第一次使用的士兵也能轻松打出点射。不过，点射机构的结构普遍较复杂，这会推高枪械的生产和维护成本。

4. 非自动发射机构

非自动发射机构对应于“手动”。以栓动步枪为例，射手扣动扳机，射击一发枪弹，松开扳机，转动 + 后拉枪栓（拉机柄），完成抽壳、抛壳动作，前推 + 转动枪栓（拉机柄），完成推弹动作，并使击针待击、扳机复位，再次扣动扳机，射击下一发枪弹，直至枪弹耗尽。整个射击过程可以概括为“扣扳机—啪—松扳机—转动 + 后拉枪栓—前推 + 转动枪栓—扣扳机—啪—松扳机—……—枪弹耗尽—松扳机”。

5. 组合式发射机构

突击步枪 / 卡宾枪通常有多种发射模式，例如：AKM 步枪、M4A1 卡宾枪，有单发和连发两种发射模式；FNC 步枪，有单发、连发、点射三种发射模式；M16A2 步枪、M16A4 步枪，有单发、点射两种发射模式。冲锋枪通常有单发、连发两种发射模式，个别有点射模式。机枪通常只有连发模式。

10.2.2 按发射动作划分

1. 击锤式手枪 - 单动发射机构

采用单动发射机构的击锤式手枪（简称单动式击锤手枪），击锤处于“待击 / 蓄能 / 压倒”状态时，射手扣动扳机，释放击锤，击发枪弹。单动发射机构较简单，但安全性相对较差。在膛内有弹的状态下携行，射手可使击锤处于“待击 / 蓄能 / 压倒”状态，即击锤簧处于蓄能状态，即使有保险机构，“走火”的可能性仍然较大；射手也可使击锤处于“释放 / 非蓄能 / 抬起”状态，此时如果想射击，就必须手动压倒击锤，射击反应速度较慢。在膛内无弹的状态下携行最安全，需要射击时射手再手拉套筒上膛，但这样射击反应速度是最慢的。M1911 是单动式击锤手枪的代表（图 10-9）。需要注意的是，射手拉套筒将枪弹上膛后，单动式击锤手枪的击锤即处于“待击 / 蓄能 / 压倒”状态。

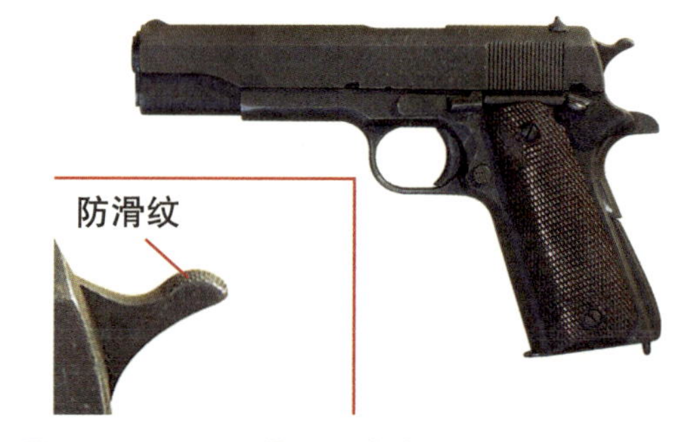

图 10-9　M1911 是一型单动式击锤手枪，击锤上有“分叉”，“分叉”上有防滑纹，射手可用手指按压分叉，使击锤处于“待击 / 蓄能 / 压倒”状态

2. 击锤式手枪 - 双动发射机构

采用双动发射机构的击锤式手枪（简称双动式击锤手枪），击锤处于“释放 / 非蓄能 / 抬起”状态时，射手扣动扳机，压倒击锤，击锤倾斜到一定角度后，就会自动回弹、释放，带动击针击发枪弹。需要注意的是，射手拉套筒将枪弹上膛后，双动式击锤手枪的击锤即处于“释放 / 非蓄能 / 抬起”状态。

双动发射机构的安全性很好，在膛内有弹的状态下携行，击锤处于“释放 / 非蓄能 / 抬起”状态，即击锤簧处于非蓄能状态，走火的可能性很小，此时如果想射击，只需扣动扳机即可，无需手动压倒击锤，射击反应速度很快。

双动发射机构的缺点在于，扳机负责压倒并释放击锤，任务负荷高，因此行程长、扳机力大。手枪大多没有枪托，射击时稳定性不佳，使用双动式击锤手枪射击时需要克服较大扳机力，破坏瞄准动作，甚至影响射击精度；尤其是在连续射击时，射手要频繁扣动扳机，很容易陷入疲劳状态，由此产生的枪身晃动也很剧烈。

我们通常称双动式击锤手枪为“纯双动手枪”，以强调其只有双动发射机构

（图 10-10）。

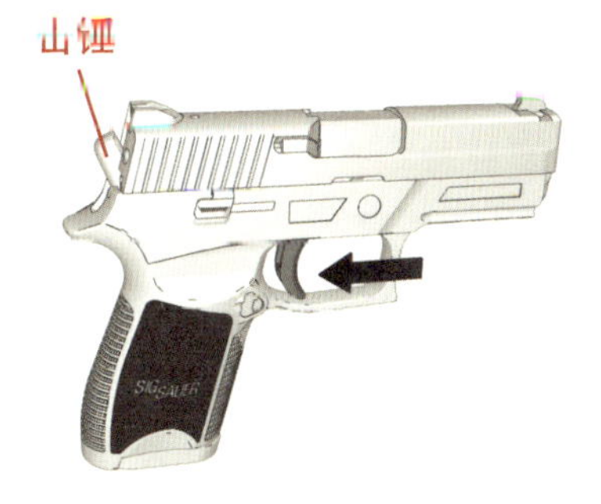

图 10-10　P250 是一型纯双动手枪，其击锤无法手动压倒，击锤上没有“分叉”，也没有防滑纹，击锤不凸出于枪身，只在扣动扳机时“冒头”，这样能减少意外钩挂

3. 击锤式手枪 - 单双动发射机构

采用单双动发射机构的击锤式手枪（简称单双动式击锤手枪），具有单动、双动两种状态，结合了单动发射机构和双动发射机构的优点，能实现“首发双动，后续单动”。当今的击锤式手枪大多采用单双动发射机构，这种发射机构的缺点是结构复杂，生产成本较高，分解维护难度较大。需要注意的是，射手拉套筒将枪弹上膛后，单双动式击锤手枪的击锤即处于“待击 / 蓄能 / 压倒”状态。

以瑞士 SIG 公司的 P226 手枪为例（图 10-11），该枪设计有击锤解脱器。射手拉套筒上膛后，击锤处于“待击 / 蓄能 / 压倒”状态，射手可先按下击锤解脱器，安全释放击锤，再携行。此时，膛内有弹，处于双动模式。需要射击时，首发以双动模式射击，射手扣动扳机即可射击。而自第二发枪弹开始的射击过程中，套筒后坐时会压倒击锤，一直以单动模式射击。

图 10-11　P226 手枪的击锤解脱器，有些手枪将击锤解脱器融入手动保险中，转动保险即可安全释放击锤

4. 击针式手枪 - 单动发射机构

采用单动发射机构的击针式手枪（简称单动式击针手枪），击针处于“待击 / 蓄能”状态时，射手扣动扳机，释放击针，击发枪弹。针对击锤式手枪，射手可手动操作击锤，实现击锤待击，而针对击针式手枪，由于击针往往是内置的，装在套筒内，无法通过手动操作实现击针待击。

半双动发射机构是一种特殊的单动发射机构，GLOCK 系列手枪就采用了这种机构。

射手使用 GLOCK 手枪时，扣动扳机，带动击针向后运动（枪口方向为前），轻微压缩击针簧，进而释放击针，击发枪弹。半双动发射机构本质上是单动发射机构，但具有一定的双动发射特性。它的击针簧储能不高，依靠扳机的“额外预压”才能击发枪弹，安全性较好；缺点是扳机力较大、扳机行程长，操作手感较差。

如果参照击锤式手枪的发射机构划分方式，则击针式手枪理论上也应该存在双动式、单双动式，但这两种形式在实际应用中非常罕见。瑞士 SIG 公司的 P320 曾被讹传为双动式击针手枪，但它实际上是单动式击针手枪。

枪械说

1. 影视剧中射手压倒击锤的情节写实吗?

很多影视剧中都有这样的情节，在弹膛内有弹的情况下，某角色用手指压倒手枪击锤，通过这一动作来表示自己要开枪了。在实战情况下，这样做真的有意义吗?

如果某角色使用的是单动式击锤手枪，在膛内有弹的前提下，压倒击锤这一动作就是必须做的，因为只有在击锤处于“待击 / 蓄能 / 压倒”状态时，手枪才能击发，在击锤没有被压倒的情况下，某角色无论如何扣动扳机都是无法击发的。

如果某角色使用的是双动式击锤手枪，压倒击锤这一动作就是不合理的，因为双动式击锤手枪没有相关扣合机构，某角色用手指压倒击锤后，只要松开，击锤就会立即恢复“释放 / 非蓄能 / 抬起”状态。

如果某角色使用的是单双动式击锤手枪，压倒击锤这一动作就是多此一举的，因为击锤处于“待击 / 蓄能 / 压倒”状态时，扣动扳机，手枪以单动模式射击，而击锤处于“释放 / 非蓄能 / 抬起”状态时，扣动扳机，手枪以双动模式射击，无论某角色是否用手指压倒击锤，只要扣动扳机，手枪就会击发。

2. 转轮手枪的单动、双动与单双动

绝大多数转轮手枪属于击锤式手枪，也可按发射机构划分为单动、双动、单双动三种。由于是非自动枪械，转轮手枪没有能压倒击锤的套筒，无论采用哪种发射机构，都存在较大弊病。

对单动式转轮手枪而言，每射击一发枪弹，射手都要手动压倒击锤一次。在一些美国西部主题影视剧中，使用转轮手枪的角色通常会“双手开枪”，实际上就是一手扣扳机，一手压 / 拨击锤，这一射击动作很难掌握。

双动式转轮手枪存在的问题，与双动式自动击锤手枪相同，就是扳机力大、扳机行程长。

单双动式转轮手枪不具备单双动式自动击锤手枪的“首发双动，后续单动”特性，因为它没有能后坐并压倒击锤的套筒，它发射首发枪弹时是双动模式，发射后续枪弹时，除非手动压倒击锤，否则一直是双动模式。

10.3 保险机构

10.3.1 防偶发保险机构与防早发保险机构

枪械保险机构分为防偶发保险机构和防早发保险机构两类。防偶发保险机构能防止枪械在磕碰、摔落时偶然击发。防早发保险机构能防止枪械在闭锁前提前击发。防早发保险机构实际上是发射机构和击发机构的一部分，枪械外表上看不到，射击时也无法操作。

按“防偶发”或“防早发”区分保险机构是专业分类方式，理解难度较大，也不

形象，以下按“与手相关的”和“与手无关的”这两类来讲解保险机构。表 10-1 所示为几种典型枪械的保险机构分类。

表 10-1　几种典型枪械的保险机构分类

枪械型号	保险机构名称	防偶发 / 防早发	是否与手有关	刻意 / 无意识
GLOCK17 手枪	扳机保险	防偶发	是	无意识
	击针保险	防偶发	否	无意识
	跌落保险	防偶发	否	无意识
M1911 手枪	握把保险	防偶发	是	无意识
HK416 步枪	击针保险	防早发	否	无意识
M16 步枪	手动保险 / 快慢机	防偶发	是	刻意
	不到位保险	防早发	否	无意识
司登冲锋枪	手动保险	防偶发	是	刻意

10.3.2　与手相关的保险机构

与手相关的保险机构是人与枪械的“媒介”，射手要用手去接触、开合这类保险机构。

1. 手动保险机构

手动保险机构是枪械的主要保险机构，它处于保险状态时，扳机或阻铁锁止，枪械无法射击；它处于解脱状态时，扳机或阻铁释放，枪械可正常射击。但也有些枪械没有设计手动保险机构，例如 GLOCK 系列手枪、SIG P226 手枪等，这些枪械的设计者认为，面对紧急状况时，射手可能因时间仓促而来不及解脱手动保险，或因过度紧张而忘操作、误操作，由此陷入被动 / 危险境地。

需要注意的是，在设计有手动保险的前提下，如果枪械只有一种发射模式，就意味着没有快慢机，只有手动保险。例如，绝大多数手枪只有半自动射击模式，没有快慢机，只有手动保险。如果枪械有多种发射模式，就意味着既有快慢机，也有手动保险。这种情况下，手动保险与快慢机又有两种组合形式，第一种是像 AKM 步枪（图 10-12）和 MP5 冲锋枪（图 10-13）一样，手动保险与快慢机合二为一，这样便于快速解脱保险，并切换到半自动或全自

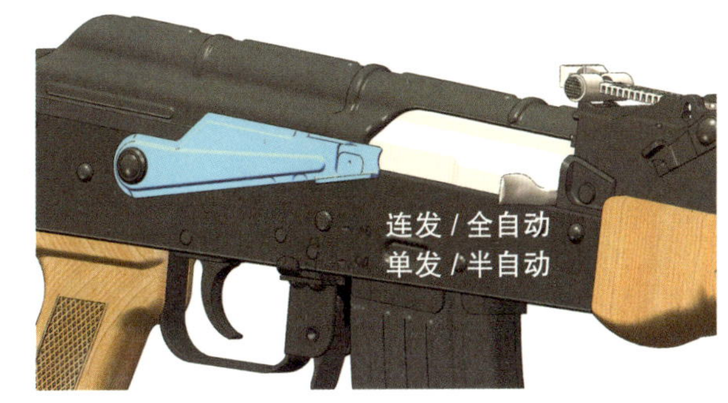

图 10-12　AKM 步枪的“大拨片”快慢机示意，图示为保险档位，顺时针拨动依次是连发 / 全自动档位、单发 / 半自动档位

动档位射击；第二种是像 M14 步枪（图 10-14）一样，手动保险与快慢机分置，相互独立，但这种设计方式目前已经基本淘汰。

图 10-13　MP5A3 冲锋枪的快慢机有保险、单发 / 半自动、三发点射、连发 / 全自动四个档位

图 10-14　M14 步枪的快慢机与手动保险分置

2. 握把保险

有些枪械设计有握把保险（图 10-15），握把保险在弹簧作用下锁止扳机或阻铁，射手握住握把，就能压下弹簧（克服弹簧力），解脱握把保险，从而释放扳机或阻铁。在射手没有握住握把的情况下，当枪械受到撞击时，握把保险不会因扳机的惯性运动而解脱，能有效防止意外击发。

图 10-15　乌齐标准型冲锋枪的握把保险（红框处），为防止射手握持疲劳，握把保险的弹簧力往往很小

3. 扳机保险

有些枪械的扳机上还有一个额外的“小扳机”，这就是扳机保险。射手扣动扳机时，扳机保险会同时压下，自动解脱。在射手没有扣动扳机的情况下，当枪械受到撞击时，扳机保险不会因扳机的惯性运动而解脱，能有效防止意外击发。

4. 刻意保险与无意识保险

与手相关的保险机构还可分为刻意保险和无意识保险两类。手动保险属于刻意保险，射手需要刻意操作，而握把保险、扳机保险属于无意识保险，射手只要正常握持握把、扣动扳机，就能解脱。一般而言，没有设置手动保险的枪械，要更注重无意识保险的设计。

10.3.3　与手无关的保险机构

与手无关的保险机构大多安置在枪身内，是枪械的组成部分，其运动状态与射手操作无关，包括不到位保险、击针保险、跌落保险等。

与手无关的保险可分为两类：第一类属于防偶发保险，作用与握把保险、扳机保险一致；第二类属于防早发保险，作用与上述保险均不同。

1. 不到位保险

不到位保险属于防早发保险，结构较复杂，在手枪、步枪、冲锋枪上的结构形式存在较大差异，其作用是使枪械在完全闭锁后再击发。有关这种保险的更多内容详见本章实例部分。

2. 击针保险

击针保险可分为两类：

第一类，属于防偶发保险，在枪械受撞击时，能有效避免击针脱离约束意外击发枪弹。GLOCK 手枪采用了这种击针保险。

第二类，属于防早发保险，作用与不到位保险相似。击针保险能牢牢锁住击针，在推弹、闭锁时，防止击针因自动机突然减速而惯性前冲，打燃枪弹底火。完全闭锁后，射手扣动扳机，释放击锤，击锤回转并在行程末端解脱击针保险，释放击针，此时击针才能在击锤的撞击下前冲，打燃枪弹底火。HK416 步枪采用了这种击针保险（图 10-16）。

3. 跌落保险

跌落保险属于防偶发保险，用于防止枪械跌落时因受冲击而意外击发。跌落保险在手枪、微型冲锋枪上应用较多，因为这类枪械体积小，存在较高的跌落风险。而步枪、机枪等体积较大的枪械，跌落风险较低，发射和击发机构冗余较高，很少设计专用跌落保险。

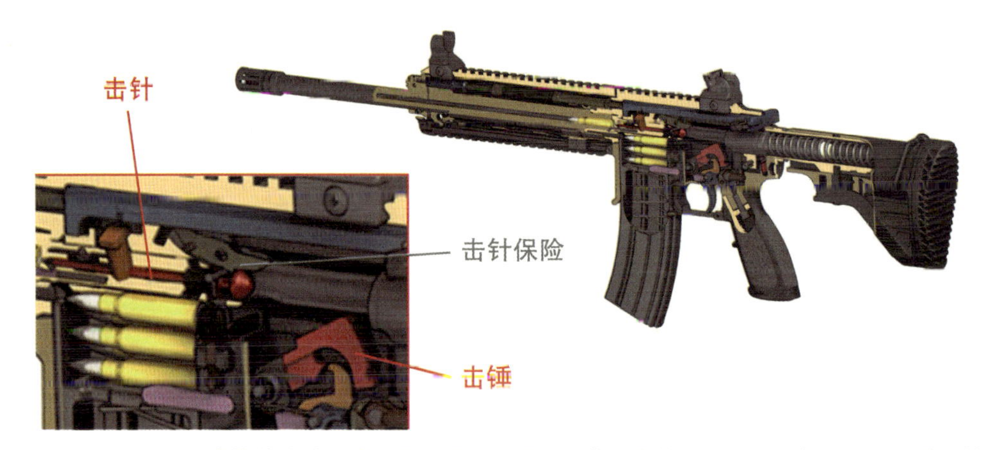

图 10-16　HK416 步枪的击针保险，击锤撞击击针时，会将击针保险向上顶起，进而释放击针

4. 等效保险措施

有些枪械的击针上设计有回针簧，用于吸收击针的惯性能量，在推弹、闭锁时，防止击针因自动机突然减速而惯性前冲，打燃枪弹底火。击针簧不会影响击针的正常击发，因为在击锤撞击击针的过程中，击锤所储备的能量远高于压缩击针簧所需的能量。

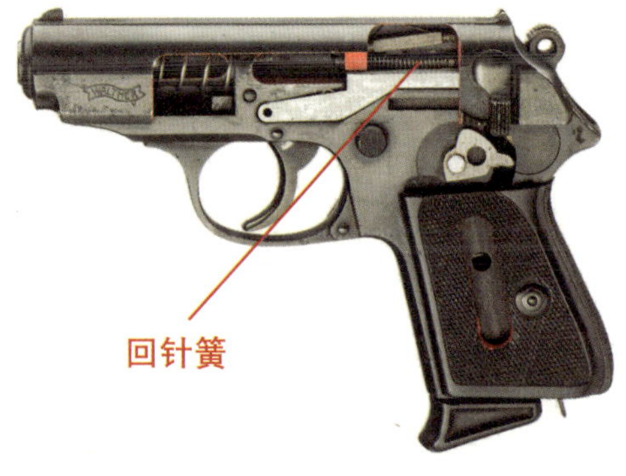

图 10-17　瓦尔特公司 PPK 手枪的回针簧，可见簧丝直径较小（细）

回针簧的作用与前述击针保险是完全相同的。相比之下，回针簧的保险效果不及“专物专用”的击针保险，同时存在一定设计难度：如果回针簧簧力较大，则保险效果好，但击锤撞击击针要消耗更高能量，而且簧力较大的回针簧本身也有很大惯性；如果回针簧簧力较小，则保险效果不明显，且使用寿命较短（图 10-17）。

10.4　发射与击发机构工作过程实例

10.4.1　GLOCK17 手枪的发射与击发机构工作过程

GLOCK17 是一型单动击针手枪，采用闭膛待击设计，只能单发 / 半自动射击。它的单动发射机构具有一定的双动特性，因此也称“半双动发射机构”。GLOCK17 设计有击针保险、扳机保险和跌落保险，没有手动保险（注意，GLOCK 系列手枪的结

构相似，本节有关GLOCK17的分析，也适用于GLOCK19等型号）。

1. GLOCK17的扳机保险

GLOCK17的扳机保险如图10-18所示。射手扣动扳机时，扳机保险被同时压下，自动解脱。在射手没有扣动扳机时，扳机保险与握把配合，阻止扳机向后运动（图中向左）。当枪械受到前后方向（图中左右方向）的力（撞击）时，质量小、惯性小的扳机保险能在簧力作用下保持原状，阻止扳机因惯性向后运动，防止意外击发。

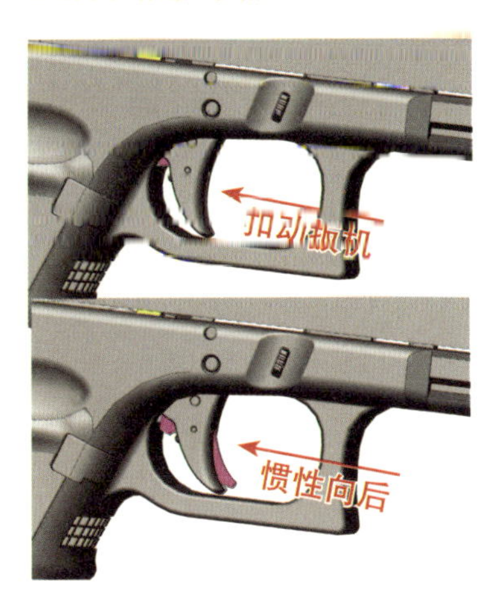

图10-18　GLOCK17手枪的扳机保险

2. GLOCK17的跌落保险

GLOCK17的扳机连杆上设计有凸起，可与限位槽配合起到跌落保险的作用，如图10-19所示。在射手扣动扳机时，扳机连杆向后运动（图中向右），到达限位槽“宽端”，转为向下运动，解脱击针。在射手没有扣动扳机时，扳机连杆位于限位槽“窄端”，无法上下运动，也就无法解脱击针，进而防止意外击发。

图10-19　GLOCK17手枪的跌落保险

3. GLOCK17的击针保险

GLOCK17的击针保险如图10-20所示，其工作原理：在射手扣动扳机时，扳机带动扳机连杆（黄色）上抬，扳机连杆顶起击针保险（绿色），解脱击针（蓝色）；在射手没有扣动扳机时，击针始终被击针保险锁死，不会解脱。GLOCK17的击针保险重在防止偶然击发，而非提前击发，与HK416的击针保险在作用上完全不同。

GLOCK17的扳机保险、跌落保险和击针保险的安置位置如图10-21所示。

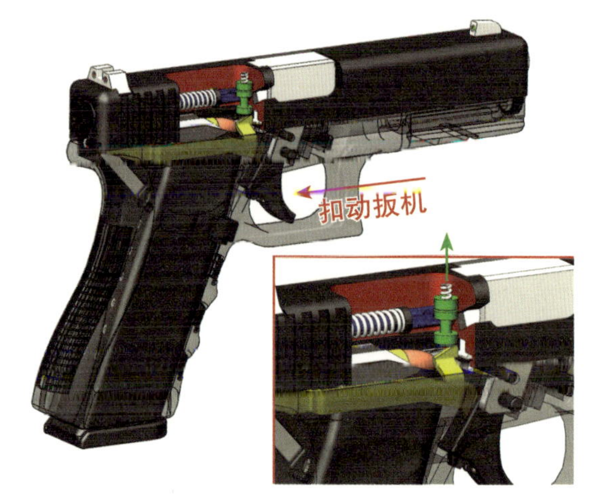

图 10-20　GLOCK17 手枪的击针保险

图 10-21　GLOCK17 手枪扳机保险、跌落保险和击针保险安置位置示意

1—扳机保险　2—击针保险　3—跌落保险

4. GLOCK17 的发射击发过程

为便于理解，以下省略了扳机保险、击针保险、跌落保险的工作过程。图 10-22 中，红色垂线是参考线，用于展示扳机位置，套筒仅展示黑色尾板部分。

在状态 a 中，枪弹未上膛，击针（图中蓝色件）处于前向极限位置（枪口方向为前，图中向右）。

在状态 b 中，射手后拉套筒，枪弹上膛，扳机连杆（图中黄色件）顶起击针，击针簧处于蓄能状态。

在状态 c 中，射手扣动扳机，扳机绕扳机轴顺时针转动，带动扳机连杆向后运动（图中向左），击针被迫向后运动，进一步压缩击针簧，这是“半双动”过程。

在状态 d 中，扳机连杆尾端接触单发杆，在橙色箭头处的单发杆曲线槽作用下，扳机连杆先向下、再向后运动，脱离击针。

在状态 e 中，击针脱离扳机连杆后，在击针簧作用下前冲，打燃枪弹底火。

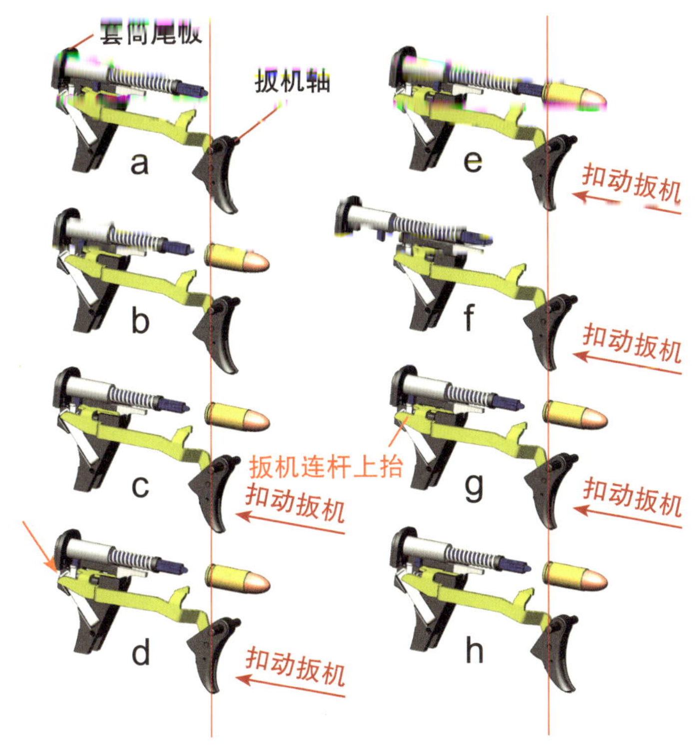

图 10-22　GLOCK17 手枪的发射击发过程

在状态 f 中，套筒开始后坐，迫使单发杆弯曲变形，单发杆与扳机连杆脱离，扳机连杆在扳机连杆簧的作用下上抬复位。

在状态 g 中，套筒复进到位时，已经抬起的扳机连杆再次挂起击针。

在状态 h 中，射手松开扳机，击针簧推动击针向前运动，带动扳机连杆、扳机向前复位，单发杆恢复原状，枪械回到状态 b，进入击发下一发枪弹的循环。

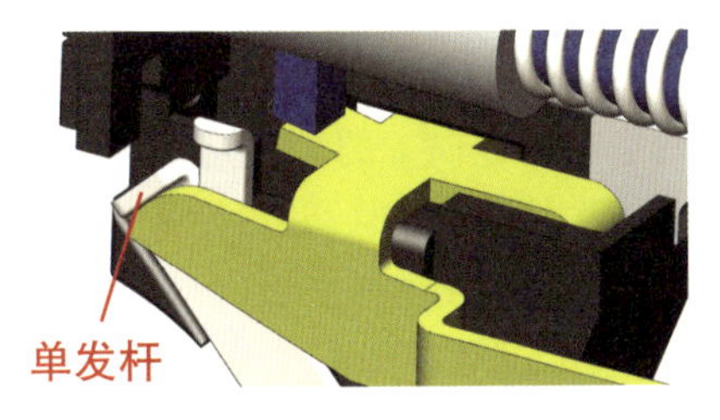

图 10-23　GLOCK17 手枪的单发杆

GLOCK17 的单发杆如图 10-23 所示。单发杆尾端有曲线槽，在扳机连杆向后（图中向左）运动时，连杆尾端在曲线槽作用下被迫先向下、再向后运动（图 10-22 状态 d）。

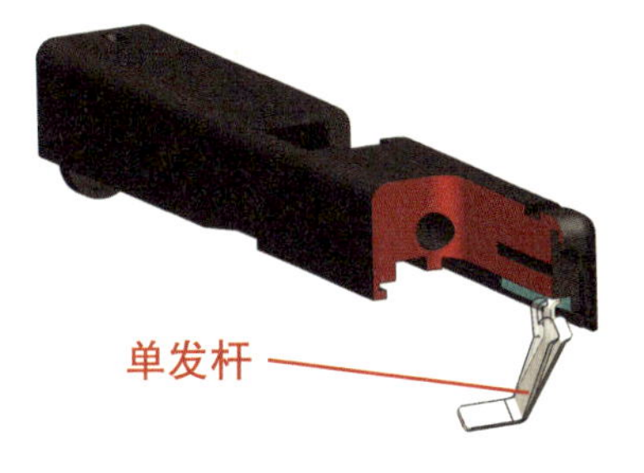

图 10-24　GLOCK17 手枪的单发杆与套筒的配合关系

GLOCK17 的单发杆与套筒的配合关系如图 10-24 所示。套筒后坐时，其上的青色斜面会迫使单发杆弯曲变形，进而使扳机连杆脱离单发杆。单发杆向左弯曲后，扳机连杆就可在扳机连杆簧作用下上抬（图 10-22 状态 e）。GLOCK17 的套筒与单发杆配合的斜面如图 10-25 中的青色平面所示。

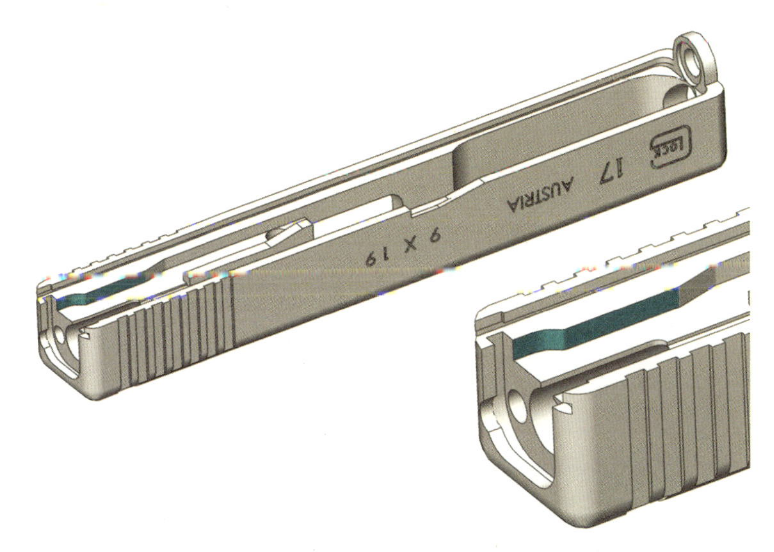

图 10-25　GLOCK17 手枪的套筒与单发杆配合的斜面

GLOCK17 的扳机连杆簧如图 10-26 所示，扳机连杆簧是拉簧，簧力方向为图中所示红色箭头方向，可分为向上（黄色箭头方向）、向后（图中向右）的两个分力。向上的分力可带动扳机连杆上抬（图 10-22 状态 e），而向后的分力可在一定程度上减小扳机力。

图 10-26　GLOCK17 手枪的扳机连杆簧

GLOCK17 采用“半双动”发射动作，射击时扳机连杆会进一步压缩击针簧（图 10-22 状态 c）。击针簧的簧力较大，因此 GLOCK17 的扳机力也较大。扳机连杆簧向后的分力，能“拉”着扳机连杆共同压缩击针簧，进而减小扳机力。从扳机连杆簧的角度看，向上的分力较小，向后的分力较大，因此减小扳机力的作用更明显。即使如此，GLOCK17 的扳机力依然较大，介于一般的单动击锤手枪与双动击锤手枪之间。

5. GLOCK17 的扳机特点

需要注意的是，GLOCK17 没有单独的扳机簧，只有扳机连杆簧和击针簧。扳机连杆向上复位依靠扳机连杆簧，而扳机连杆、扳机向前复位，依靠的是击针簧。只有

击针被顶起时，扳机才会复位（图 10-22 状态 h）。如果射手空枪击发，则套筒不会后坐、复进，击针也不会被顶起，扳机因此不会自动复位，这种扳机俗称“死扳机”，在手枪中并不多见（图 10-27）。

图 10-27　图中左上的 GLOCK17 手枪的扳机处于未复位状态，但翘起角度很小，而右下的 GLOCK17 手枪的扳机处于复位状态

此外，在图 10-22 状态 g 中，击针被扳机连杆顶起时，会向前（图中向右）推动扳机连杆，进而推动扳机绕扳机轴逆时针转动，这会使扳机回弹。换言之，GLOCK17 存在“扳机回弹顶手指”的理论设计缺陷。然而，笔者在真实体验中并没有遇到过这种现象。究其原因，可能是 GLOCK17 的击针簧簧力较小，扳机回弹力很小，人体几乎无法感知。

10.4.2　M16 步枪的发射与击发机构工作过程

M16 步枪采用击锤回转式击发机构、闭膛待击设计，具有单发 / 半自动、连发 / 全自动两种发射模式，M16A2、M16A4 等型号用三发点射模式替代了连发 / 全自动模式，本节中的 M16 指具有连发 / 全自动模式的 M16A1。M16 设计有不到位保险和手动保险，其中，手动保险与快慢机整合。快慢机档位按顺时针顺序为保险（0 度）、单发 / 半自动（90 度）、连发 / 全自动（180 度），如图 10-28 所示。

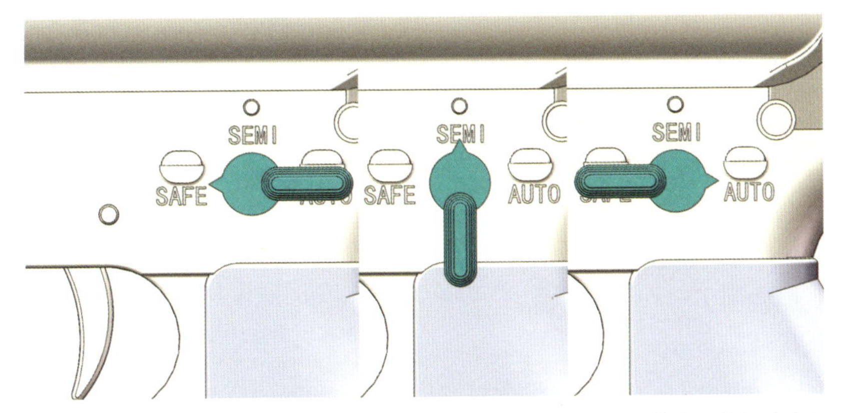

图 10-28　M16 步枪的快慢机档位，顺时针依次为保险（SAFE）、单发 / 半自动（SEMI）、连发 / 全自动（AUTO），快慢机拨杆上有一个用于指示铭文的尖凸

1. M16 的快慢机档位

如图 10-29 所示，图中蓝色件为快慢机（局部剖视），灰色件为扳机，绿色件为单发阻铁，紫色件为不到位保险。在保险档时，快慢机同时阻止扳机尾端上抬（图中灰色箭头所示方向）、单发阻铁尾端上抬（图中绿色箭头所示方向）、不到位保险转动（图中紫色箭头所示方向）。此时，射手无法扣动扳机。

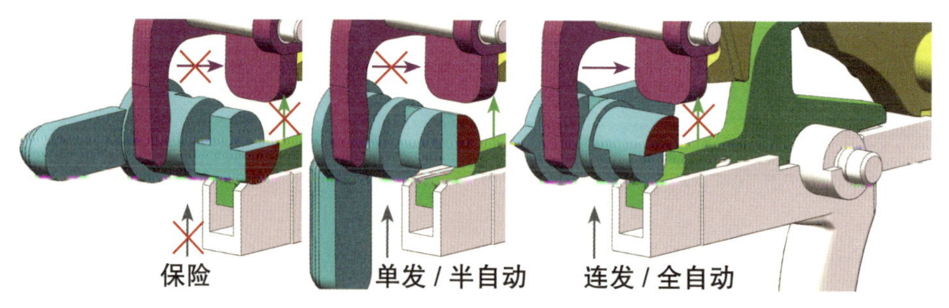

图 10-29　M16 步枪的快慢机与扳机、单发阻铁、不到位保险的作用关系

在单发 / 半自动档时，快慢机不阻止扳机尾端上抬、单发阻铁尾端上抬，但阻止不到位保险转动。此时，射手扣动扳机，只能进行单发 / 半自动射击。

在连发 / 全自动档时，快慢机不阻止扳机尾端上抬、不到位保险转动，但阻止单发阻铁尾端上抬。此时，射手扣动扳机，只能进行连发 / 全自动射击。

如图 10-30 所示，图中黄色件为击锤。在各自簧力作用下（图中紫色、黄色、灰色箭头所示为簧力方向），不到位保险、击锤、扳机 / 单发阻铁分别绕转轴做顺时针或逆时针转动。

扳机与单发阻铁的配合关系如图 10-31 所示。如果扳机绕扳机 / 单发阻铁轴逆时针转动，则扳机前端会向上运动（图 10-31 中红色箭头 1 所示方向）；同时，扳机会带动单发阻铁逆时针转动，单发阻铁挂钩运动方向如图 10-31 中红色箭头 2 所示。

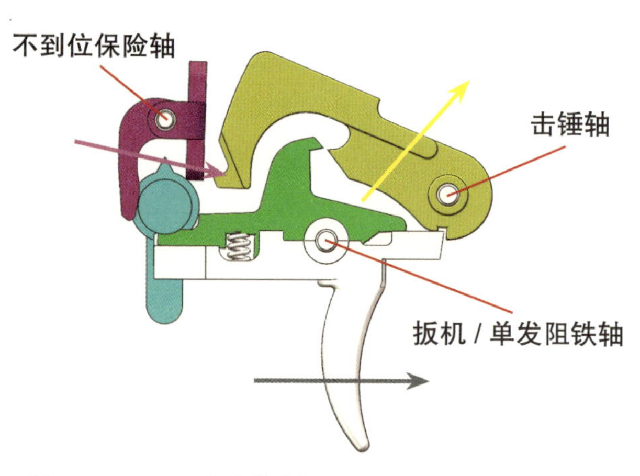

图 10-30　M16 步枪的击锤、不到位保险、扳机 / 单发阻铁在簧力作用下的运动状态

2. M16 的单发 / 半自动发射击发过程

如图 10-32 所示，在单发 / 半自动档时，不到位保险受快慢机（手动保险）限制，未参与运动。图中红色垂线是参考线，用于展现扳机位置。

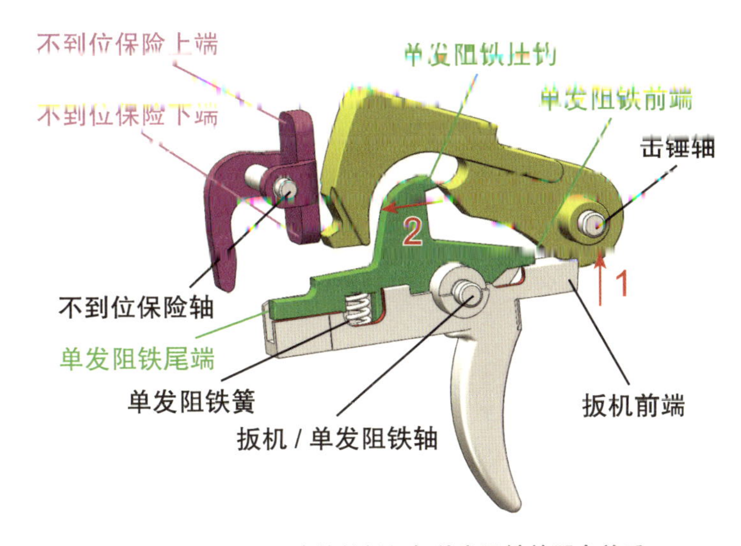

图 10-31　M16 步枪的扳机与单发阻铁的配合关系

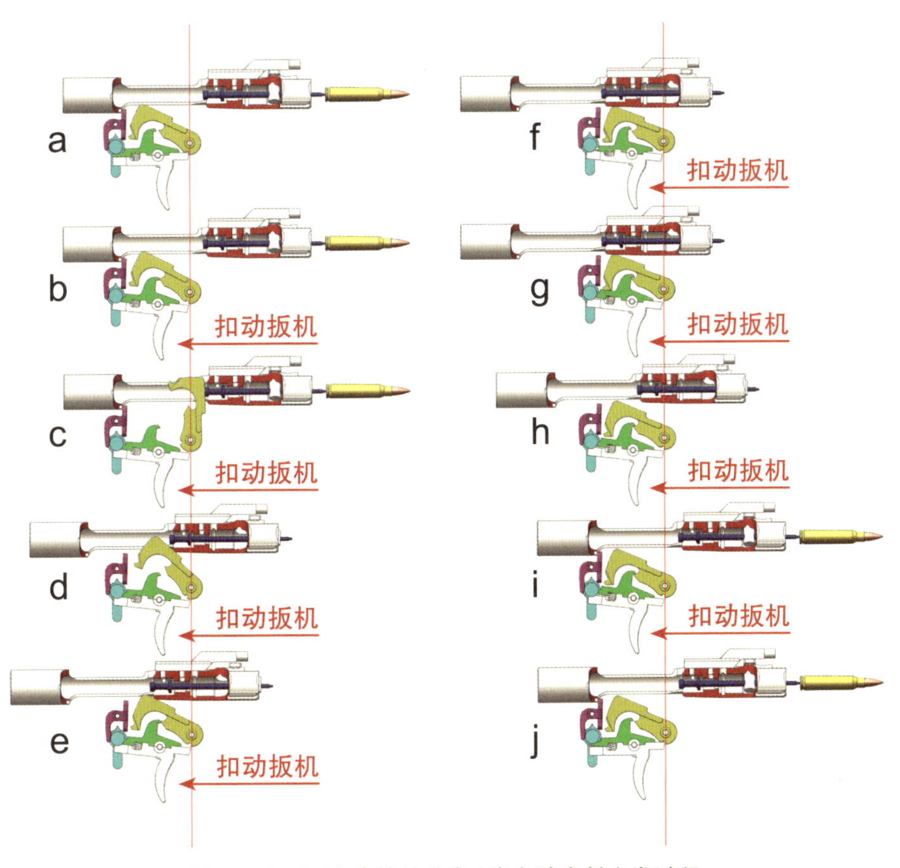

图 10-32　M16 步枪的单发 / 半自动发射击发过程

在状态 a 中，枪械处于待击状态，击锤处于“待击 / 蓄能 / 压倒”状态。

在状态 b 中，射手扣动扳机，扳机顺时针转动，扳机前端向下运动，击锤释放，单发阻铁在单发阻铁簧作用下，随扳机一起顺时针转动。

在状态 c 中，释放的击锤在击锤簧作用下顺时针转动，撞击击针，打燃枪弹底火。

在状态 d 中，自动机开始后坐，枪机框开始压倒击锤，迫使击锤逆时针转动。

在状态 e 中，自动机继续后坐，枪机框继续压倒击锤，开始与单发阻铁挂钩接触。

在状态 f 中，击锤撞击单发阻铁挂钩，迫使单发阻铁逆时针转动。同时，枪机框继续压倒击锤。

在状态 g 中，枪机框继续压倒击锤，单发阻铁在单发阻铁簧作用下顺时针转动。

在状态 h 中，自动机开始复进，枪机框不再压击锤，击锤被单发阻铁挂钩钩住。

在状态 i 中，自动机复进到位，击锤仍然被单发阻铁挂钩钩住。

在状态 j 中，射手松开扳机，扳机在扳机簧作用下逆时针转动，带动单发阻铁逆时针转动，单发阻铁挂钩与扳机前端“接力”，单发阻铁挂钩释放击锤，但击锤被扳机前端限制。枪械回归状态 a，进入击发下一发枪弹的循环。

3. M16 的连发 / 全自动发射击发过程

如图 10-33 所示，在连发 / 全自动档时，单发阻铁受快慢机（手动保险）限制，未参与运动。图中红色垂线是参考线，用于展示扳机位置。

在状态 a 中，枪械处于待击状态，击锤处于“待击 / 蓄能 / 压倒”状态。

在状态 b 中，射手扣动扳机，扳机顺时针转动，扳机前端向下运动，击锤释放。注意，此时单发阻铁尾端受快慢机（手动保险）限制，无法转动。

在状态 c 中，击锤在击锤簧作用下顺时针转动，撞击击针，打燃枪弹底火。

在状态 d 中，自动机开始后坐，枪机框开始压倒击锤，迫使击锤逆时针转动。同时，枪机框解脱不到位保险，不到位保险在不到位保险簧作用下绕不到位保险轴逆时针转动。

在状态 e 中，自动机继续后坐，枪机框继续压倒击锤，击锤与不到位保险接触。

在状态 f 中，击锤撞击不到位保险下端，迫使不到位保险顺时针转动。同时，枪机框继续压倒击锤。

在状态 g 中，枪机框继续压倒击锤，不到位保险在不到位保险簧作用下逆时针转动，顶住击锤。

在状态 h 中，自动机开始复进，枪机框不再压倒击锤，击锤被不到位保险下端钩住。注意，图中紫色箭头所指位置即将撞击不到位保险上端。

在状态 i 中，自动机复进到位，枪机框撞击不到位保险上端，不到位保险顺时针转动，击锤释放。此时，如果射手不松开扳机，则再次进入状态 b，进入击发下一发枪弹的循环，继续连发 / 全自动射击，直至枪弹耗尽。

在状态 j 中，射手松开扳机，扳机逆时针转动，扳机前端抬起，限制击锤，再次进入状态 a，停止击发枪弹，进入待击状态。

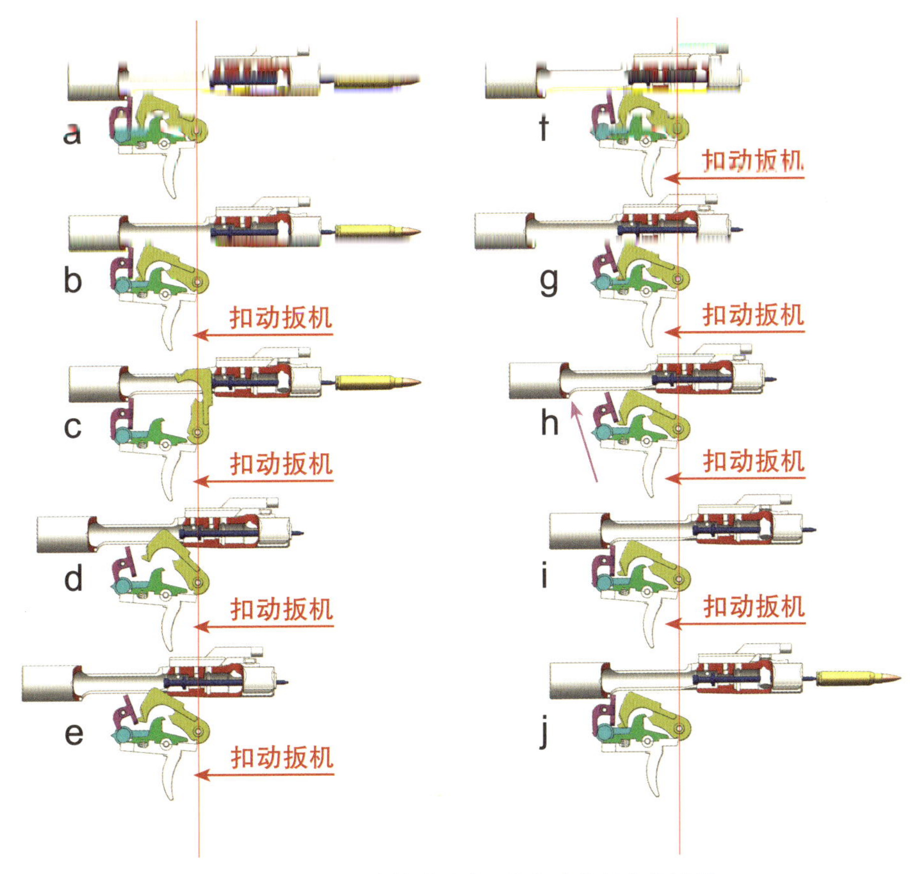

图 10-33 M16 步枪的连发 / 全自动发射击发过程

10.4.3 司登冲锋枪的发射与击发机构工作过程

司登冲锋枪采用开膛待击设计，具有单发 / 半自动、连发 / 全自动两种发射模式。司登冲锋枪设计有手动保险，射手可将枪机（自动机）拉到接近于后坐到位位置，使拉机柄卡入枪身槽内，起保险作用（图 10-34）。要解脱保险时，射手只需拍击拉机柄，使拉机柄从枪身槽内脱出即可。

图 10-34 保险状态的司登冲锋枪，此时枪机位于后坐到位位置与挂机位置之间，射手拍击拉机柄后，枪机在簧力作用下回到挂机位置

图 10-35 所示为司登冲锋枪的阻铁（图中绿色件）、单 / 连发杆（图中黄色件）。在簧力作用下（图中绿色、

黄色、灰色箭头所示为簧力方向），两者分别绕转轴顺时针或逆时针转动。

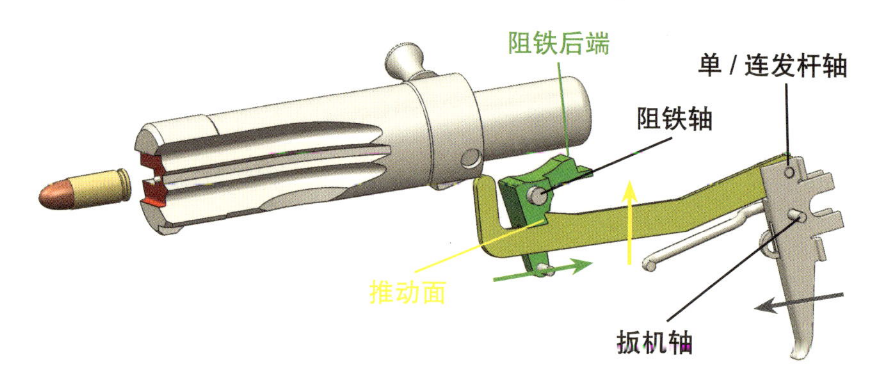

图 10-35 司登冲锋枪的阻铁、单 / 连发杆在簧力作用下的运动状态

1. 司登冲锋枪的发射击发过程

如图 10-36 所示，图中红色垂线是参考线，用于展示扳机位置。

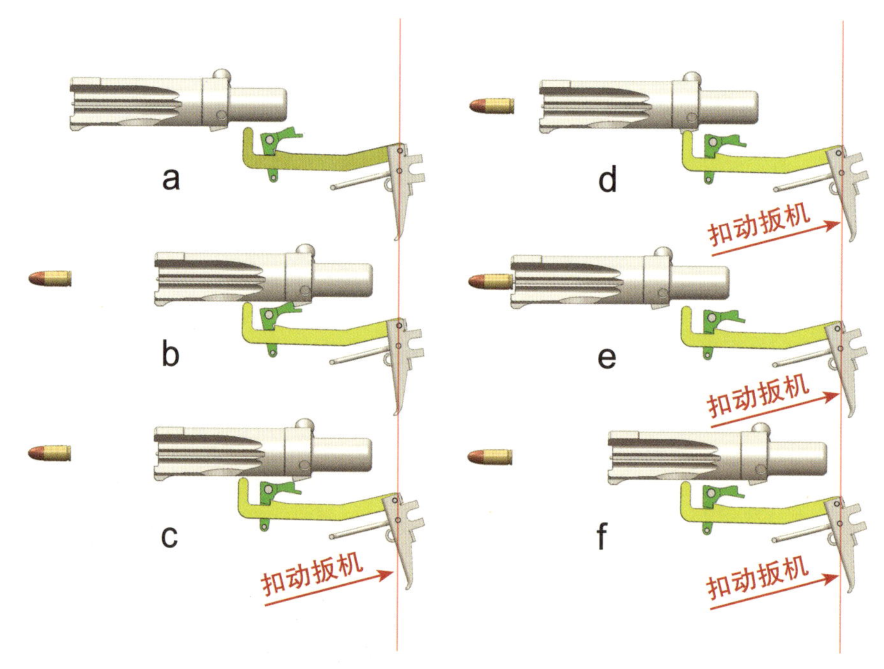

图 10-36 司登冲锋枪的发射击发过程

在状态 a 中，枪机处于复进到位位置，枪械处于非待击状态。

在状态 b 中，枪机处于挂机位置，受阻铁限制，枪械处于待击状态。

在状态 c 中，射手扣动扳机，扳机带动单 / 连发杆向前运动（图中向左），单 / 连

发杆的推动面而带动阻铁，使阻铁绕轴顺时针转动，阻铁后端向下运动，释放枪机。

在状态 d 中，枪机开始复进。

在状态 e 中，枪机复进到位，固定在枪机上的击针打燃枪弹底火。

在状态 f 中，枪机后坐，如果射手继续扣动扳机，则阻铁后端一直落下，枪机后坐到位后继续复进，再次进入状态 c，进入击发下一发枪弹的循环，继续连发 / 全自动射击，直至枪弹耗尽。如果射手松开扳机，则阻铁后端抬起，限制枪机，再次进入状态 b。如果枪弹已经耗尽，而射手继续扣动扳机，则枪机复进到位后无法后坐，再次进入状态 a。

2. 开膛待击中的“击锤”

司登冲锋枪只有枪机而没有枪机框，击针固定在枪机上，在枪机复进到位时打燃枪弹底火。因此，对司登冲锋枪而言，枪机就是击锤。以 M240/FN MAG 为代表的大多数机枪，击针是独立的，枪机框要在闭锁末段带动击针打燃枪弹底火。因此，对这类机枪而言，枪机框就是击锤。

枪械说

更换弹匣后需要再次上膛吗?

所谓上膛，就是将枪械置于待击状态。如果枪械本就处于待击状态，则不必上膛。一般而言，枪械的待击状态因开膛待击和闭膛待击而不同。

以使用弹匣、采用闭膛待击设计的 AKM 步枪为例，它的待击状态有两个必要条件：弹膛内有弹、击锤被压倒。射手更换弹匣时，如果弹膛内有弹，且击锤被压倒，则无论旧弹匣中有多少枪弹（包括没有枪弹），射手都不必再次上膛，只要扣动扳机，击锤就会释放，进而撞击击针，打燃枪弹底火。如果弹膛内无弹，则射手必须再次上膛（拉动拉机柄），即推弹入膛，使枪械进入待击状态。

再以使用弹匣、采用开膛待击设计的司登冲锋枪为例，它的待击状态有一个必要条件：枪机处于挂机位置。射手更换弹匣时，如果枪机处于挂机位置，则无论旧弹匣中有多少枪弹（包括没有枪弹），射手都不必再次上膛，只要扣动扳机，枪机就会复进，从弹匣中推弹入膛，击发枪弹。如果枪机处于复进到位位置，则射手必须再次上膛（拉动拉机柄），将枪机拉到待击位置。

Chapter 11

第11章

枪弹

枪弹如何杀伤目标?

相比枪械，枪弹是一个常常被遗忘的“小角色”。然而，从根本上讲，枪械是一种“枪弹发射器”，枪弹的属性，在很大程度上决定了枪械的定位和性能。因此，枪弹虽小，却举足轻重。

11.1 枪弹结构

一般而言，枪弹的结构可分为底火、发射药、弹壳、弹头四部分（图 11-1）。

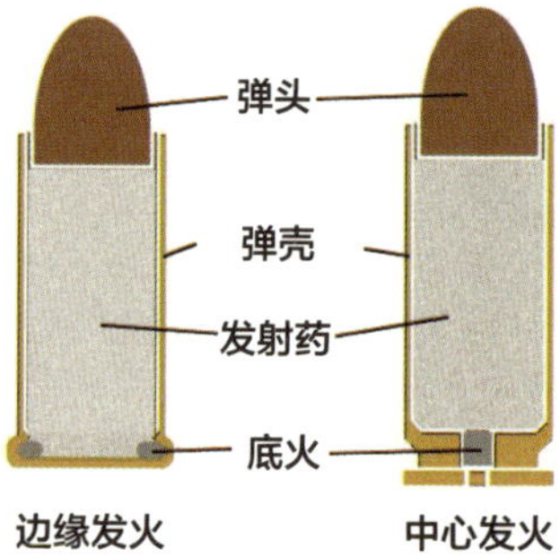

弹头
弹壳
发射药
底火
边缘发火
中心发火

图 11-1　中心发火式枪弹与边缘发火式枪弹对比

11.1.1　底火

现代枪械的击发过程是这样的：击针撞击底火，使底火内的底火药（起爆药）爆燃，由此产生的火星，通过弹壳上的传火孔进入弹壳，点燃弹壳内的发射药，发射药剧烈燃烧产生的火药燃气，推动弹头飞出枪管。

很多读者朋友可能都玩过一种叫“摔炮”的东西，用力将它摔到地上，就会发出“啪”的一声响。摔炮之所以能“一摔就响”，就在于它含有氯酸钾和赤磷，这两种材料对撞击很敏感，受撞击后就会发生爆炸。早期枪弹底火药的主要有效成分是雷汞，它的性质与氯酸钾和赤磷相似。由于雷汞具有强烈的腐蚀性，燃烧后的残渣会严重腐蚀枪械，目前已经被史蒂芬铅、四氮烯等材料取代。

在老式的击发枪上，为保护易爆的底火药，通常用一层薄铜皮将它包起来，由此得到的“铜包雷汞”就称为火帽（图 11-2）。击锤打击火帽，就能使火帽里的底火药爆燃。

图 11-2　火帽，火帽的英文是“Percussion cap”，底火的英文是“Primer”

如今，火帽与弹壳已经合二为一，整体称为底火（图 11-3）。

1. 中心发火与边缘发火

底火一般安置在枪弹的尾端（弹底），根据布置方式，可分为中心发火式和边缘发火式两种。采用中心发火式底火的枪弹（简称中心发火枪弹），弹底中央有底火孔，底火安置在底火孔内，高度略低于弹底。采用边缘发火式底火的枪弹（简称边缘发火枪弹），底火安置在弹底边缘，从外观上看不到底火。如今的枪弹大多采用中心发火式底火，很少采用边缘发火式底火（图 11-4、图 11-5）。

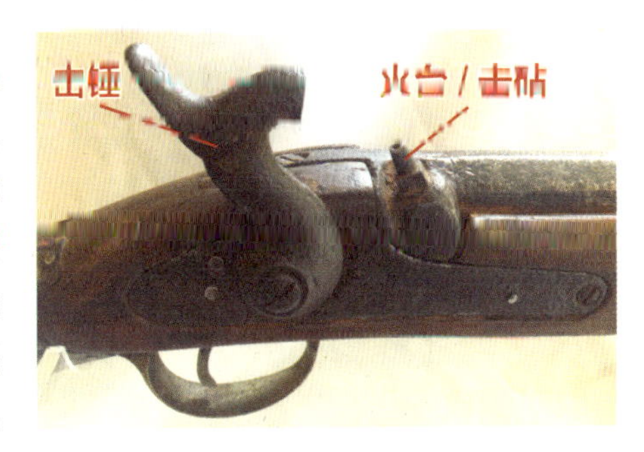

图 11-3　射击时，射手先后压击锤到位，再将火帽装到火台上，扣动扳机即可释放击锤打击火帽，火台也称击砧，内部有传火孔

图 11-4　我国称 .22LR（Long Rifle）弹为 5.6 毫米运动长弹，这是一种底缘、直筒形、边缘发火枪弹，它的底火安置在弹底边缘，从外观上看不到，有些边缘发火枪弹的商标会印在弹底中央

图 11-5　击发过的边缘发火（左）与中心发火式枪弹底火特写，击针会在底火上留下凹坑之类的永久变形

2. 博克赛底火与伯丹底火

中心发火枪弹的底火，按结构还可分为博克赛底火和伯丹底火两种。博克赛和伯丹都是人名，分别指英国人爱德华·博克赛和美国人希拉姆·伯丹。博克赛底火有一个传火孔，自带火台（与击针配合，用于打燃底火药的凸起结构），易于拆装（打过的弹壳换底火后可重复使用），但结构复杂，生产成本较高。伯丹底火有两个传火孔，火台在弹壳上，结构简单，生产成本较低（图 11-6 ~ 图 11-8）。

图 11-6　伯丹底火，注意图中银色部分不是底火药，而是底火药外的防潮密封漆

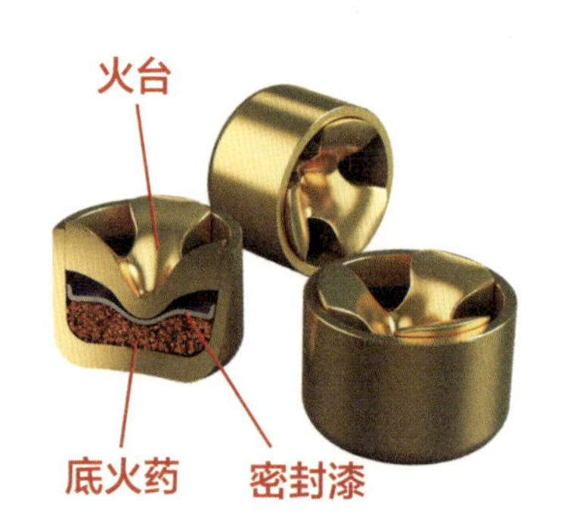

图 11-7　博克赛底火结构示意，火台采用利于传火的 Y 形设计，底火药上涂有防潮密封漆

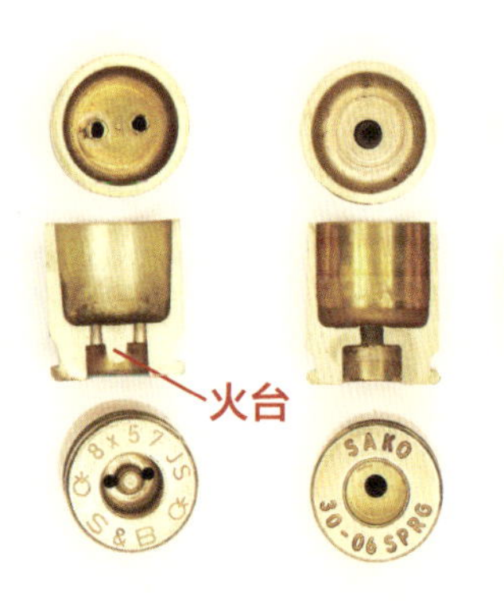

图 11-8　采用伯丹底火（左）和博克赛底火（右）的弹壳剖视图

11.1.2　发射药

发射药是枪弹的“主推进剂”，它填充在中空的弹壳内（图 11-9），“火药燃气”“装药量”中的“药”指的都是发射药。相比底火药，发射药的化学性质更稳定。只有硝化棉一种主要成分的发射药称为单基发射药，而有硝化棉、硝化甘油两种主要成分的发射药称为双基发射药。发射药有火药密度、燃烧速度、火药力、余容等一系列专用评价指标，相关计算方法十分复杂，研究深度往往超过枪械本身。此外，发射药中通常还会掺入钝化剂、除铜剂等添加剂，用于优化枪械的内外弹道性能。

图 11-9　枪弹发射药的外形多种多样，除图中所示的扁球形外，还有柱形、圆球形、片形、管形等

枪械说　**发射药能吃吗?**

双基发射药的主要成分之一是硝化甘油，它具有缓解心绞痛的作用，是速效救心丸的主要药理成分。但这并不表明发射药就是能吃的，如正文所说，双基发射药的组成成分中还有硝化棉和多种添加剂，这些物质都可能对人体构成严重伤害，读者朋友千万不要以身试险。

11.1.3　弹壳

弹壳就像枪弹的“躯干”：内部装有发射药，首部装有弹头，尾部装有底火。从外观上看，弹壳是枪弹“四大件”里最有存在感的一个。

尽管存在感很强，但弹壳其实是枪弹“四大件”中诞生最晚的一个。“弹头”和“发射药”这两大件是与“枪械”概念共同诞生的，而“底火”（火帽）是随“击发枪”概念问世的。在枪械发展的很长一段时间里，并不存在“弹壳”的概念，射手会直接将发射药倒进枪管里，再塞进弹头、装好火帽进行射击。后来，为加快射速，才催生出纸壳弹、活动弹膛等设计，进而逐渐演变出现今的金属弹壳。

现代弹壳是通过多次冲压、拉伸工艺加工成型的（图 11-10），生产流程相对复杂，要实现大批量生产，同时保证高度一致性，还是比较考验一个国家的综合技术实力的。很多战乱地区的民间作坊都有自制步枪的“手艺”，但无法大批量生产枪弹。

图 11-10　弹壳的成型工序（从左至右）

制作现代弹壳的主要材料是铜、钢或塑料。钢弹壳生产成本相对较低且硬度高，但抗腐蚀性较差，膨胀不规律，抽壳阻力较大。为减小抽壳阻力，钢弹壳枪弹的锥度往往设计得非常大，外形上“肚大头小”，相应地，配套弹匣的弧度也要设计得很大。铜弹壳的抗腐蚀性较好，膨胀规律，抽壳阻力较小，但生产成本较高且硬度不高。如今，多数钢弹壳的表面会覆一层铜或特种涂料，以提高抗腐蚀性，减小抽壳阻力（图 11-11）。一些非自动步枪的枪弹会采用生产成本更低的塑料制作，例如霰弹枪所用的霰弹（图 11-12）。

图 11-11　从左至右依次为 7.62 × 39mm、7.62 × 51mm、7.62 × 54mmR 枪弹，它们分别采用了覆铜钢弹壳、铜弹壳、覆漆钢弹壳，颜色分别为暗黄色、金黄色和灰色，图中标注了弹壳长度

11.1.4　弹头

弹头是枪弹的杀伤部分，是杀伤力的“载体”。弹头并不是很多人想象的实心钢质或铜质，而是具有较复杂的结构。

以铅心弹头为例，它由被甲（一般为铜质，少数为覆铜钢质）、铅心两部分组成。质量较大的铅用于确保弹头具有一定的存速能力和稳定性，被甲则负责保护铅心，防止硬度较低的铅心变形。为提高穿甲性能，有些枪弹的弹头中还会增加钢心（称为钢心弹）或钨心（称为钨心弹）。这类弹头中的铅，是被甲与钢心/钨心间的填充物，作用主要是稳定结构。

图 11-12　霰弹的弹壳由金属、塑料两种材料制成，核心部分（后部）是金属材料

11.2 口径

11.2.1 公制口径

口径指枪管 / 炮管的内径，通常以毫米（mm）为单位。枪械的口径一般不超过 20 毫米，而火炮的口径一般超过 20 毫米。当然，按口径来区分“枪械”与“火炮”并不是绝对的，例如，38 毫米口径的警用防暴枪，就属于“枪械”范畴，而非“火炮”范畴。对大多数步枪和机枪而言，5 毫米以下通常称为“微口径”，5 ~ 6 毫米通常称为“小口径”，6 ~ 12 毫米通常称为“中口径”，12 ~ 20 毫米通常称为“大口径”。

以上约定俗成的分类方式并不严谨，甚至存在交叉重叠的问题。枪械是一个工程学科，纠结“大中小”的概念其实没什么意义。目前，较常见的“微口径”是 4.7 毫米，较常见的“小口径”是 5.56 毫米、5.45 毫米和 5.8 毫米，较常见的“中口径”是 7.62 毫米和 8.6 毫米，较常见的“大口径”是 12.7 毫米和 14.5 毫米。至于常见的 9 毫米口径手枪，虽然口径的数值属于“中口径”范畴，但并不存在与之对应的“中口径手枪”概念；类似的还有 18.4 毫米口径霰弹枪，不存在与之对应的“大口径霰弹枪”概念。

除口径外，弹壳长度也是区分枪弹型号的重要参数。实际应用中，通常采用“**口径 × 弹壳长度**”的形式来表示枪弹的规格，例如 7.62 毫米口径枪弹，就包括 7.62 × 17mm 手枪弹、7.62 × 25mm 手枪弹、7.62 × 39mm 步枪弹、7.62 × 51mm 步枪弹、7.62 × 54mmR 步枪弹等规格。

根据规格，可大体判断枪弹的形制、装药量和用途。例如 7.62 × 39mm 弹，口径为 7.62 毫米，弹壳长为 39 毫米，外形细长，装药量较大，大概率是步枪弹或机枪弹。再如 12.7 × 99mm 弹，口径为 12.7 毫米，弹壳长为 99 毫米，外形又粗又长，装药量很大，大概率是大口径机枪弹。又如 9 × 19mm 弹，口径为 9 毫米，弹壳长为 19 毫米，外形粗短，装药量较小，大概率是手枪弹。

11.2.2 英制口径

所谓英制口径，就是以英制长度单位（通常是 in，即英寸）来表示的口径。常见的 0.38 英寸，约合 9.65 毫米（图 11-13）。在书写时，英制口径数值小数点前的“0”和单位通常会省略，例如“0.38 英寸”通常写作“.38”。美国的“.45ACP”手枪弹，口径是 0.45 英寸，约合 11.43 毫米。现代枪械和枪弹的口径已经很少采用英制单位

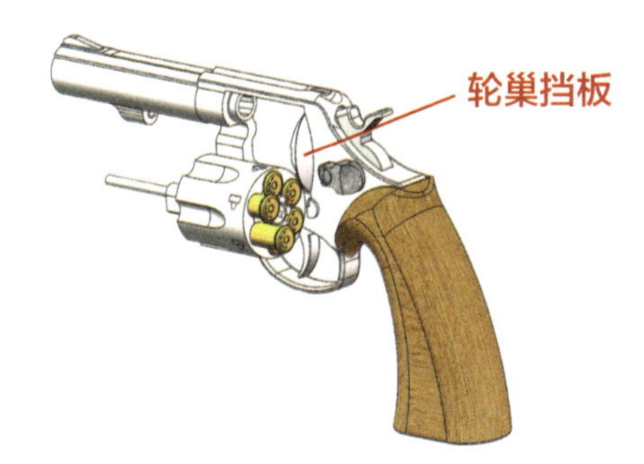

图 11-13　史密斯 & 威森 M10 手枪配套的 .38S 弹是一种凸缘弹，底缘“挂”在轮巢外，轮巢和轮巢挡板共同对枪弹进行定位

来表示了。

11.2.3 霰弹枪的口径

霰弹枪有专用的口径表示方式，既不用公制，也不用英制，而是用“号”，对应的英文是“Gauge”。

“号”的定义：取 1 磅（453.6 克）铅，分为多少等分（制成多少个等重铅球）就是多少号，例如分为 12 等分（12 个等重铅球）是 12 号，分为 20 等分（20 个等重铅球）是 20 号。“号”越大，等重铅球的数量越多，单个铅球的直径和质量就越小。

实际上，“号”是一种早期滑膛枪使用的口径表示方式，霰弹枪作为滑膛枪沿用了这种方式。目前，常见的霰弹枪口径有 12 号（18.4 毫米）和 20 号（15.6 毫米）。需要注意的是，现今的霰弹枪中，还有一个不以“号”为单位，而以英寸为单位的特殊口径，即“.410”，约合 10.4 毫米。

霰弹不像其他枪弹那样以“口径 × 弹壳长度”的形式来区分规格，它的弹壳长度通常是固定值，例如，12 号标准霰弹的弹壳长为 $2\frac{3}{4}$ 英寸，12 号马格南霰弹的弹壳长为 3 英寸，12 号超级马格南霰弹的弹壳长为 $3\frac{1}{2}$ 英寸（“马格南”是英文“Magnum”的音译，原意指大号酒瓶，在枪械中用于指代加长弹壳、增加装药量的“增强版”枪弹）。

11.2.4 霰弹枪的枪弹

绝大多数枪械射出的实际是“弹头”，而霰弹枪射出的是“弹托”，霰弹“弹头”在“弹托”的推动下飞出枪管。霰弹枪的枪管没有膛线，对弹头的约束很小，因此霰弹枪能发射多种形制的弹头。常见的霰弹 / 杀伤弹，“弹头”是很多小直径钢 / 铅珠，整体被弹托包裹。霰弹飞离枪管一定距离后，弹托脱落，弹头散开，从而实现“面杀伤”效果。

霰弹枪射程不远，但能“一打一片”，因此近距离相比其他枪械更容易命中目标。根据钢 / 铅珠的直径大小，霰弹还可分为“鸟弹”（弹头小而多）、“鹿弹”（弹头大而少）、“独头弹”（只有一个弹头）等类型（图 11-14）。此外，霰弹枪很适合发射非致命枪弹，例如橡皮弹、催泪弹等。

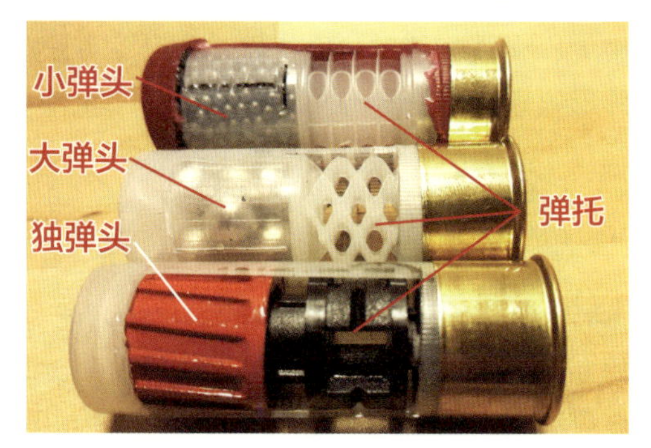

图 11-14　从远到近依次为鸟弹、鹿弹、独头弹，三者的弹托各不相同，其中，独头弹的弹头（红色）上刻有膛线状凹槽，能使弹体在飞行过程中自转，提高射击精度

11.3 枪弹分类

11.3.1　按弹头划分

按弹头不同，可将枪弹分为普通弹和特种弹两大类，特种弹又可细分为穿甲弹、燃烧弹、曳光弹、微声弹等种类。

1. 普通弹

普通弹是绝大多数步枪、手枪、中小口径机枪的常用枪弹，特点是“样样能行，样样不精”。AKM 步枪所用的 7.62×39mm M43 弹是典型的普通弹，弹头采用“覆铜钢被甲 + 铅 + 钢心”结构，兼顾杀伤力和穿甲性能，综合性能均衡（图 11-15）。

图 11-15　7.62×39mm M43 弹半剖图，弹壳口部有红色密封漆

2. 特种弹

特种弹通常是在普通弹的基础上改进而来的（图 11-16）。一般而言，手枪和冲锋枪不会配备除微声弹外的其他特种弹，因为手枪 / 冲锋枪弹的弹头空间小、威力小、射程近，专门开发特种弹效费比较低。步枪和中 / 大口径机枪会配备多种特种弹。

由于枪弹的弹道特性会随弹头变化，设计师在设计特种弹时，除满足穿甲、燃烧等特殊功能需求外，还要尽量保证弹道特性与普通弹一致。

图 11-16　从左至右依次为 5.56×45mm 规格系列弹中的 M193 普通弹、M855 普通弹、M995 穿甲弹、M196/M856 曳光弹，弹尖涂色依次为无涂色、绿色、黑色和橙色，注意，民用枪弹的弹尖往往不涂色

穿甲弹相对普通弹而言，通过优化钢心结构和提高钢心硬度，强化了穿甲性能，对高防护水平目标具有更强的穿透力。

燃烧弹相对普通弹而言，在弹头中加入了引燃剂，可通过打击燃油箱、储油桶等目标，引燃燃料，加强毁伤效果。

曳光弹相对普通弹而言，在弹头中加入了曳光管，当光照不强烈时，可清晰展现弹头的飞行轨迹（弹道）。对机枪而言，曳光弹通过指示弹道，可辅助射手修正射击诸元，具有很高的实战价值。由于曳光弹的杀伤力相较其他弹种有一定弱化，机枪通常采用混装方式配用，即弹链中每隔几发其他弹装入1发曳光弹，例如M240、M60机枪的弹链，每隔5发其他弹混装1发曳光弹。需要注意的是，曳光弹的弹道必须尽可能保证与普通弹一致，才能充分发挥指示作用（图11-17）。

图11-17　夜间射击的M249机枪，这幅照片经过“延时曝光”，可见曳光弹打在硬目标上会火花四溅

微声弹相对普通弹而言，弹头初速往往低于声速，射击噪声较低，主要用于微声枪械（弹头在空气中飞行的速度超过声速时，就会产生明显噪声）。微声弹通常会采用大口径、大质量弹头设计，以适当弥补低初速带来的威力损失（图11-18）。

图11-18　俄罗斯的9×39mm微声弹（中），在7.62×39mm弹（左）的基础上发展而来，除口径更大外，9×39mm弹的弹头（右）要长得多，深“埋”在弹壳里

现实中的特种弹通常会采用“多功能”设计，例如穿甲燃烧弹、穿甲燃烧曳光弹等。

11.3.2　辅助弹

普通弹和特种弹都属于“实弹”范畴，是用于战斗的枪弹。相应地，还有一些用于实验和教学的枪弹，称为辅助弹。

教练弹，用于教学，不能击发。教练弹的底火通常由橡胶制成，用于保护击针，弹壳内不装发射药，或以等质量的填充物（例如沙粒）替代，如图11-19所示。有些教练弹的弹壳上有开孔，用于防止生产厂工人误装发射药（装入的发射药会通过开孔漏出）。

图 11-19　采用金属弹头、弹壳上加工有凹槽的传统教练弹（左上），采用塑料弹头和底火的新式教练弹（左下），弹壳口部延伸收口的空包弹（右）

教练弹的质量接近实弹，仿真度很高，为方便从外观上区分，有些国家会在教练弹的弹壳上加工三道凹槽。

空包弹，没有弹头，用于发射枪榴弹，或演习时使用。空包弹的弹壳口部有一定延伸且加工有收口，外形上像“包子褶”。这种弹的膛压很低，自动枪械使用时通常无法“自动射击”，需要空包弹助退器等辅助装置，才能实现“自动射击”。

高压弹和**强装药弹**，用于检验枪管强度和闭锁机构的闭锁强度。在膛压上，高压弹 > 强装药弹 > 普通弹。这两种弹通常只在枪械生产厂使用。

11.3.3　特殊概念

全金属被甲弹，英文全称为“Full Metal Jacket”，缩写为 FMJ。所谓“全金属被甲”，是指弹头外表全部包覆金属被甲。这样的弹头飞行中不易变形，飞行过程稳定，精度较高，穿甲性能较好。实际上，目前绝大多数军用枪弹都属于全金属被甲弹的范畴。需要注意的是，如果弹头被甲采用后包工艺，那么弹头尾端是不包覆金属被甲的。

空尖弹，英文全称为“Jacketed Hollow Point”，缩写为 JHP，是一种半金属被甲弹。所谓“半金属被甲”，是指弹头没有全部包覆金属被甲，口部有开孔。这样的弹头击中目标后易撕裂、扩张，可释放较高能量，对无防护目标具有较好的杀伤效果，但飞行阻力大，射程近，精度不高，无法有效杀伤有防护目标。空尖弹目前常用于狩猎领域，很少用于军事领域（图 11-20、图 11-21）。

图 11-20　采用空尖弹头（左）与全金属被甲弹头（右）的 9×19mm 弹

图 11-21　图中枪弹在弹头上开孔并刻槽，弹头射入人体后，铅心会形成“开花”效果，杀伤力较大，这种枪弹的缺点是穿透障碍物的性能非常差

达姆弹。“达姆”指的是印度加尔各答附近达姆镇上的一家兵工厂，该厂生产的弹头采用了半金属被甲设计，类似于空尖弹。这种“裸铅”弹头射入人体后，易膨胀、扩张，杀伤力相当大，达姆弹因此臭名昭著。

如今，达姆弹逐渐销声匿迹的原因，表面上是被《海牙公约》禁用，本质上是不符合时代发展潮流。它与空尖弹存在相似的问题，包括飞行阻力大、射程近、精度不高、穿甲性能差等，无法满足多样化的军事用途。

毒弹头。AK74 步枪所用的 5.45×39mm M74/7N6 弹（图 11-22），弹头从首到尾采用了“空腔 + 铅套 + 钢心”复合结构，整体重心靠后。弹头射入人体后，极易失稳、翻转，钢心会在惯性作用下前冲并挤开铅套，形成天女散花般的杀伤效果。可怕的杀伤力让这种弹头获得了“毒弹头”的绰号（注意，这里的所谓“毒”并不是真的有毒，坊间有关苏联人给弹头装毒药的说法不过是以讹传讹罢了）。与此同时，这种弹头采用了全金属被甲设计且造形细长，飞行阻力较小，内部钢心也保证了一定的穿甲性能，综合性能远在达姆弹之上。

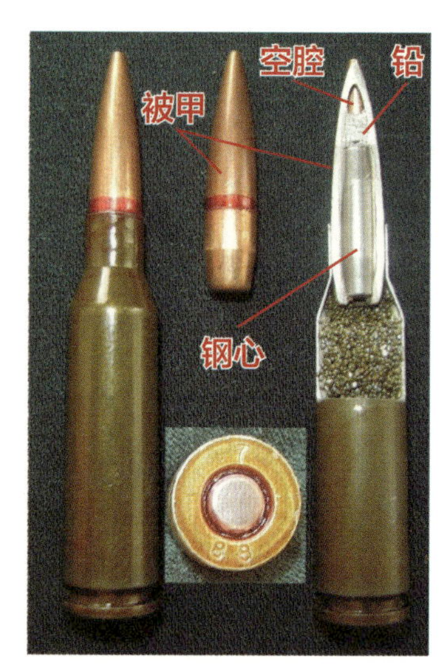

图 11-22　5.45×39mm M74/7N6 弹的弹头半剖图

11.3.4　按所匹配枪械种类划分

按所匹配枪械的种类，可将枪弹划分为步

枪弹、机枪弹、狙击弹、手枪弹、霰弹等。需要注意的是，这种划分方式下的枪弹与枪械种类并不是一一对应的，手枪和冲锋枪通常都使用手枪弹；步枪和中小口径机枪通常都使用步枪弹；真正意义上的机枪弹一般指大口径机枪使用的枪弹，这种枪弹的后坐力很大，步枪无法使用；狙击弹指加工精度很高的特制枪弹，专供狙击 / 反器材步枪使用（图 11-23、图 11-24）；霰弹通常只用于霰弹枪。常见枪弹性能参数见表 11-1。

表 11-1　常见枪弹性能参数

枪械型号	枪弹型号	按弹头用途划分	按配用枪械划分	按口径划分	按威力划分	底缘形式	弹壳形状	弹膛定位方式
GLOCK17 手枪	9×19mm 巴拉贝鲁姆	普通弹	手枪弹	—	—	无凸缘弹	直筒形	口部定位
MP5 冲锋枪	9×19mm 巴拉贝鲁姆	普通弹	手枪弹	—	—	无凸缘弹	直筒形	口部定位
AK47/AKM 突击步枪	7.62×39mm M43	普通弹	步枪弹	中口径枪弹	中间威力枪弹	无凸缘弹	瓶形	斜肩定位
Stg44 突击步枪	7.92×33mm Kurz	普通弹	步枪弹	中口径枪弹	中间威力枪弹	无凸缘弹	瓶形	斜肩定位
SVD 狙击步枪	7.62×54mmR 7N1	普通弹	狙击弹	中口径枪弹	全威力枪弹	凸缘弹	瓶形	底缘定位
M16 步枪	5.56×45mm M855	普通弹	步枪弹	小口径枪弹	—	无凸缘弹	瓶形	斜肩定位
M14 步枪	7.62×51mm M80	普通弹	步枪弹	中口径枪弹	全威力枪弹	无凸缘弹	瓶形	斜肩定位
M240 机枪	7.62×51mm M62	曳光弹	步枪弹	中口径枪弹	全威力枪弹	无凸缘弹	瓶形	斜肩定位
M40 狙击步枪	7.62×51mm M118	普通弹	狙击弹	中口径枪弹	全威力枪弹	无凸缘弹	瓶形	斜肩定位
M2 重机枪	12.7×99mm M33	普通弹	机枪弹	大口径枪弹	—	无凸缘弹	瓶形	斜肩定位
	12.7×99mm M8	穿甲燃烧弹	机枪弹	大口径枪弹	—	无凸缘弹	瓶形	斜肩定位
	12.7×99mm M17	曳光弹	机枪弹	大口径枪弹	—	无凸缘弹	瓶形	斜肩定位
M82/M107 反器材步枪	12.7×99mm M1022	普通弹	狙击弹	大口径枪弹	—	无凸缘弹	瓶形	斜肩定位
	12.7×99mm Mk211	穿甲燃烧弹	狙击弹	大口径枪弹	—	无凸缘弹	瓶形	斜肩定位

从外形上看，手枪弹多为圆弹头，步枪弹和机枪弹多为尖弹头（相比圆弹头的飞

行阻力更小，射程更远）。霰弹通常采用埋头设计，弹头置于弹壳内，外观上不可见。

图 11-23　判断一盒枪弹是不是狙击弹有一个小窍门，狙击弹的包装盒通常相对“豪华”，盒内有隔离板，用于防止弹间碰撞影响性能

图 11-24　相比狙击弹，机枪弹、步枪弹、手枪弹的包装通常要“简陋”得多，左为美国步枪弹典型包装，右为俄罗斯步枪弹典型包装

11.3.5　按威力划分（针对步枪弹）

1. 中间威力步枪弹

中间威力步枪弹诞生于第二次世界大战时期，威力和后坐力介于当时的手枪弹和步枪弹之间，典型的有德国的 7.92 × 33mm 弹和苏联的 7.62 × 39mm 弹。需要注意的是，通常只有使用中间威力步枪弹或小口径步枪弹的自动步枪，才能称为突击步枪。

2. 全威力步枪弹

所谓的“全威力步枪弹”是相对“中间威力步枪弹”而言的。实际上，自无烟火药问世后，到第二次世界大战前，步枪使用的都是“全威力步枪弹”。对自动步枪技术的不懈追求，让设计师们开始尝试通过降低“全威力步枪弹”威力（装药量）的方式，来提高点射、连发射击时的可控性和精度，进而催生了“中间威力步枪弹”（图 11-25）。

图 11-25　从左至右依次为 7.92 × 57mm 毛瑟弹、7.92 × 33mm 中间威力弹、9 × 19mm 巴拉贝鲁姆弹，分别用于步枪 / 机枪、突击步枪、手枪 / 冲锋枪

11.3.6　按弹壳底缘划分

按弹壳的底缘形制，可将枪弹划分为凸缘弹、半凸缘弹和无凸缘弹三类。

1. 凸缘弹

凸缘弹的弹壳底部有明显的凸出于弹壳的底缘，作为抽壳钩抽壳时的“钩挂平台”。凸缘弹的外形不规整（在弹匣内易相互干涉），底缘凸出部分较薄，强度不高（易损坏）。因此，如今的枪弹已经很少采用凸缘设计。对于一些先天需要（枪弹）底缘定位的枪械，例如转轮手枪，凸缘弹仍是必不可少的。苏联的 7.62 × 54mmR 弹是典型的凸缘弹，规格中的字母“R”代表凸缘。

2. 无凸缘弹

无凸缘弹的弹壳底部有环状凹槽，起类似凸缘的作用，作为抽壳钩抽壳时的“钩挂平台”。无凸缘弹的底缘不凸出于弹壳，相对凸缘弹而言外形规整，底缘较厚，强度较高。如今的枪弹大多采用无凸缘设计。常见的 5.56 × 45mm 弹、7.62 × 39mm 弹、7.62 × 51mm 弹、9 × 19mm 弹，都是典型的无凸缘弹。

3. 半凸缘弹

半凸缘弹的弹壳底部，既有类似无凸缘弹的环状凹槽，也有类似凸缘弹的凸出于弹壳的底缘（但不明显）。这种枪弹如今已经很少见。日本三八式步枪使用的 6.5 × 50mmSR 弹就是一种半凸缘弹，规格中的字母“SR”代表半凸缘（图 11-26）。

图 11-26　6.5 × 50mmSR 半凸缘弹，可见其底缘非常薄

11.3.7　按弹壳形状划分

按弹壳的形状，可将枪弹划分为直筒形

弹和瓶形弹两大类。

1. 直筒形弹

直筒形弹的弹壳形状类似水壶，装药量较少，手枪弹多采用这种形状。要增加直筒形弹的装药量，就只能增加弹壳长度，或增大口径。

2. 瓶形弹

瓶形弹的弹壳形状类似啤酒瓶，装药量相对直筒形弹更多，步枪弹和机枪弹多采用这种形状（图 11-27）。

图 11-27 9×19mm 巴拉贝鲁姆弹（左）与 5.56×45mm 弹（右），两者的弹壳分别是直筒形和瓶形

11.3.8 弹膛定位

凸缘弹、无凸缘直筒形弹、无凸缘瓶形弹之间的根本区别，在于枪弹在弹膛内的定位方式。

1. 凸缘弹定位

凸缘弹的弹身进入弹膛，而底缘在弹膛外顶住枪管，起到定位作用。其定位面在弹膛外壁，对弹膛内壁的加工精度要求相对不高。转轮手枪、早期步枪大多使用凸缘弹（图 11-28）。

2. 无凸缘直筒形弹定位

无凸缘直筒形弹利用弹壳的口部定位，弹膛内要相应地加工出一个用于抵住弹壳口部的定位面（图 11-29）。

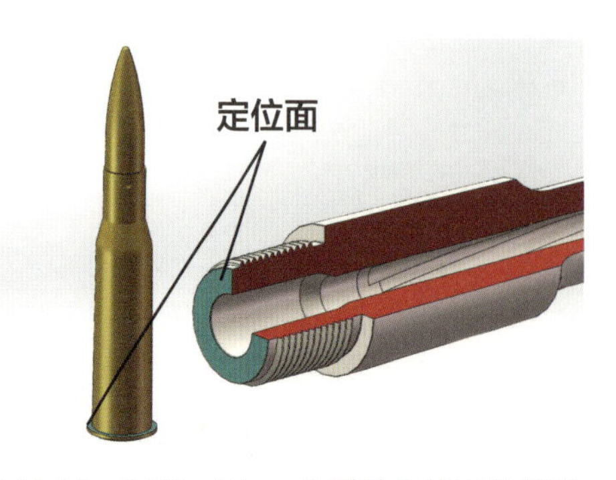

图 11-28 7.62×54mmR 弹的凸缘定位示意，蓝色面是定位面

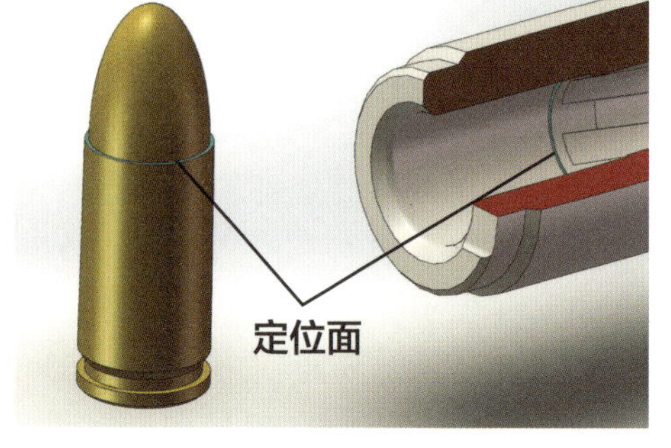

图 11-29 9×19mm 巴拉贝鲁姆弹的口部定位示意，蓝色面是定位面

3. 无凸缘瓶形弹定位

无凸缘瓶形弹的定位最复杂，它利用弹壳上的斜肩定位，弹膛内要相应地加工出

一个用于抵住弹壳斜肩的定位面（图 11-30）。

需要注意的是，无论是瓶形弹，还是直筒形弹，如果有凸缘，通常就是底缘定位；如果无凸缘，就会有口部定位与斜肩定位之分。

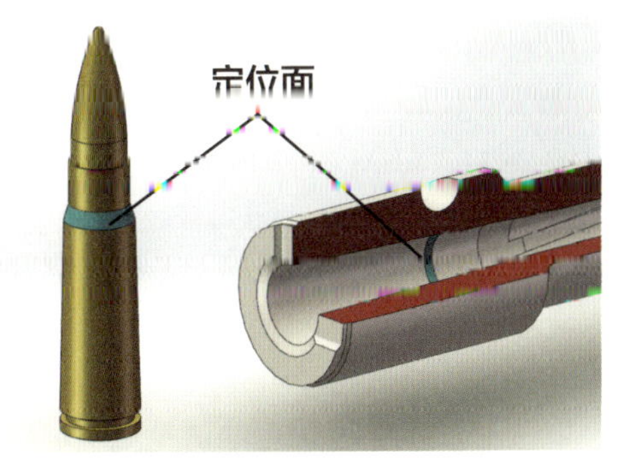

图 11-30　7.62×39mm 弹的斜肩定位示意，蓝色面是定位面

11.4　枪弹相关常识

11.4.1　先有弹再有枪

尽管看起来结构简单，但枪弹的研制和生产过程其实是繁琐且冗长的。设计师要根据初速、射程、穿甲性能等设计指标，匹配发射药质量、弹头形状等一系列参数。刚研制出的枪弹，要在专门的试验枪械（弹道枪）上进行测试，以检验它的各项指标是否达到设计要求。更重要的是，枪弹是一种耗材。研制枪械时，生产几百支试验枪就可以，而研制枪弹时，往往要生产几十万发试验弹才行。利用试验弹不断收集数据并反复调整参数，是一个费时费力的漫长过程。因此，枪弹的研发往往是先枪械一步，等到枪弹的性能基本稳定了、成熟了，才启动枪械的设计工作。

11.4.2　弹头与膛线的配合

弹头，尤其是步枪弹的弹头，外形特征大多是“尖头、大肚、细尾巴”。所谓“大肚”，是指弹头上直径最大（最粗）的部分，它要与膛线相互配合。

膛线分为阴线和阳线两部分，阳线直径小，阴线直径大。弹头的最大直径，通常与阴线直径相当，大于阳线直径。火药燃气推动弹头到达枪管的坡膛部位后，开始“挤进”过程：阳线在弹头的“大肚”上“挤”出凹槽，进而与弹头实现过盈配合（图 11-31）。弹头被甲之所以通常用铜、覆铜钢等相对较软的材料制成，且采用“大肚”设计，就是为了减小“挤进”过程的阻力，让更硬的阳线更容易“挤”出凹槽。

图 11-31　发射后的弹头，被甲上有明显的膛线（阳线）挤出的凹槽

11.4.3 口径≠弹头最大直径

我们说某型枪械的口径是 7.62 毫米，配用 7.62 毫米枪弹，并不意味着枪弹弹头的最大直径就是 7.62 毫米。换言之，枪械口径与弹头最大直径不是必然一致的。

例如，AKM 步枪的口径是 7.62 毫米，配用的是 7.62 × 39mm M43 弹，膛线的阳线直径是 7.62 毫米，阴线直径是 7.92 毫米，弹头的实际最大直径是 7.92 毫米，与口径不等，与阴线直径相等。再如，使用 9 × 19mm 巴拉贝鲁姆弹的 P226 手枪，口径是 9 毫米，膛线的阳线直径是 8.82 毫米，阴线直径是 9.02 毫米，弹头的实际最大直径是 9.03 毫米，与口径和阴线直径基本相等。

至于以英寸为单位的口径就更混乱了。例如 .223 弹（公制规格是 5.56 × 45mm），口径是 0.223 英寸，约合 5.66 毫米，膛线的阳线直径是 5.56 毫米，阴线直径是 5.69 毫米，弹头的实际最大直径是 5.70 毫米，与口径、阴线直径、阳线直径均不相等。

11.5 经典枪械配用的枪弹

1. MP5 冲锋枪和 GLOCK17 手枪的枪弹

MP5 和 GLOCK17 都配用 9 × 19mm 巴拉贝鲁姆弹。“巴拉贝鲁姆”一词源于拉丁文谚语“Si vis pacem，para bellum”（汝欲和平，必先备战）。该弹由奥地利设计师格奥尔格·鲁格设计，最初配用鲁格手枪，因此也称“9 毫米鲁格弹”。此外，它还是北大西洋公约组织（NATO）的标准弹，因此又称“9 毫米北约弹”或“9 毫米 NATO 弹”。

2. AK47 和 AKM 步枪的枪弹

AK47 和 AKM 都配用 7.62 × 39mm M1943 弹（简称 7.62 毫米 M43 弹）。该弹于 1943 年问世，随 AK47 步枪走向世界，很多国家还在其基础上开发了穿甲弹等特种弹。

3. M16 步枪的枪弹

M16 配用的 5.56 × 45mm 弹有两代：第一代型号是 M193，同代的还有 M196 曳光弹等特种弹，在越南战争时期问世，也称“.223 雷明顿弹”；第二代型号是 SS109，同代的还有 L110（M856）曳光弹等特种弹，由比利时 FN 公司在 M193 的基础上改进而来，弹头更重、射程更远。

1980 年，SS109 击败 M193 等枪弹，成为北约标准弹，因此也称“5.56 毫米 NATO 弹”。美国版 SS109 名为 M855，德国版 SS109 名为 DM11。尽管规格都是 5.56 × 45mm，但 M855 与 M193 间有较大差异，所配弹膛、膛线都有所不同。在美国民间，通常用“.223 弹”指代 M193，用“5.56 毫米 NATO 弹”指代 M855。

1. 中间威力弹与中口径弹（全威力弹）之别

在很多电子游戏中，出于平衡考虑，往往会将 AK47 步枪的威力，设定得比 M16 步枪略大些，让玩家误以为“中间威力弹”的威力大于“小口径弹”。

实际上，以 7.62×39mm 弹为代表的所谓“中间威力弹”，尽管在口径上属于“中口径”范畴，但在威力上，其实是与以 5.56×45mm 弹为代表的小口径弹相当的，弱于传统意义上的“中口径弹”，即全威力弹。

7.62×39mm 中间威力弹与 7.62×51mm 中口径弹（全威力弹）虽然有相同的口径，但在威力上是不可同日而语的。表 11–2 列举了 5.56×45mm 小口径弹、7.62×39mm 中间威力弹、7.62×51mm 中口径弹（全威力弹）的基本参数对比，便于读者朋友们明确把握三者间的区别。

表 11-2　5.56×45mm 小口径弹、7.62×39mm 中间威力弹、7.62×51mm 中口径弹基本参数对比

枪弹型号	5.56×45mm M855	7.62×39mm M43	7.62×51mm M80
配用枪械	M16A4 步枪	AKM 步枪	M14 步枪
弹头重 / 克	4	7.9	10
初速 /（米 / 秒）	950	715	850
枪口动能 / 焦耳	1805	2019	3612
枪口动量 /（千克 · 米 / 秒）	3.8	5.65	8.15

2. 专用机枪弹

机枪最初是与步枪共用步枪弹的，到第一次世界大战时期，为提高机枪的效能，一些国家相继推出了以步枪弹为基础研发的专用机枪弹，典型的如苏联的7.62×54mmR D 型重弹，相比普通步枪弹，这种弹的弹头质量更大、末端更细，飞行阻力更小（图 11–32）。

第二次世界大战后，随着枪械地位的逐渐下降，为减小后勤压力，大多数国家不再为中小口径机枪研发专用机枪弹。

图 11-32　7.62×54mmR D 型重弹，弹头涂色为黄色

Chapter 12

第12章

弹道与瞄准

射手如何瞄准目标？

枪械的弹道可大致分为内弹道和外弹道两部分。很多非专业文献中提到的“弹道”，实际上都是外弹道。内弹道发生在枪管内，研究火药燃气与弹头的作用规律；外弹道发生在枪管外，研究弹头与空气的作用规律。

12.1 内弹道

12.1.1 压力 - 距离曲线

压力 - 距离曲线反映的是膛压在枪管内的分布规律。图 12-1 中，红色曲线和蓝色曲线分别是**速燃发射药**（例如 IMR4475 单基管状药）和**缓燃发射药**（例如 WC846 双基球形药）的压力 - 距离曲线。以枪口方向为前，枪管后部膛压较高，枪管中部膛压居中，枪管前部膛压较低。导气式枪械在设计导气孔时，往往会将导气孔开在枪管中前部，这样导出的火药燃气能量相对充足，同时能避开高膛压区的高压、高速火药燃气气流。当然，这里说的膛压高低是相对的。膛压的常见计量单位是兆帕（MPa），1 兆帕相当于 10 个大气压。枪械的最高膛压通常能达到 300 兆帕左右，相当于 3 万米水深处的压强（注意，地球上实际没有这么深的水）。

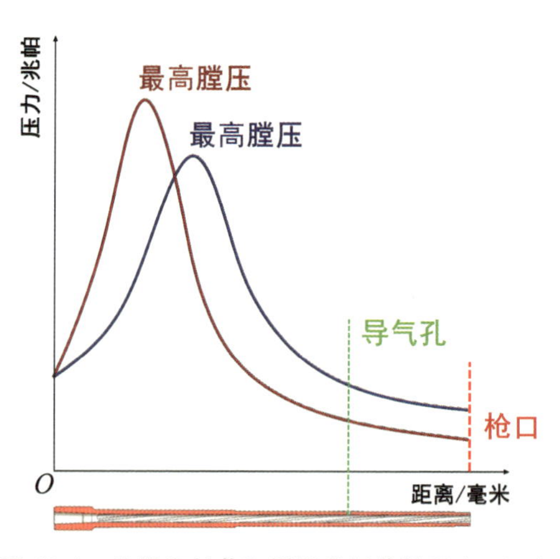

图 12-1 速燃发射药和缓燃发射药的压力 - 距离曲线，为便于描述，曲线经过变形处理，与真实压力 - 距离曲线存在差异

采用导气式自动方式的步枪，在枪管设计上通常要保障一定长度，如果枪管设计过短，在导气孔的开孔位置选择上就会面临很大问题：相对较短的枪管内几乎处处都是高膛压区，强行将导气孔开在高膛压区，导气孔和导气箍等机构很快就会在高压、

高速气流的冲击下损坏。相比之下，由于不涉及导气问题，非自动枪械的枪管长度在设计上自由度更高（图 12-2）。

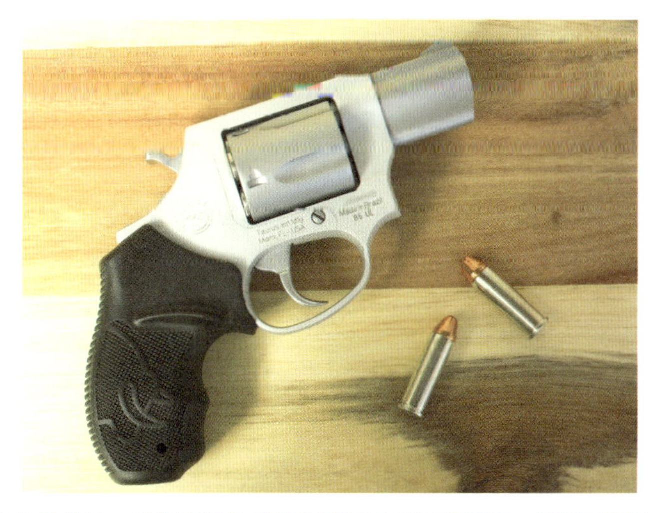

图 12-2　作为非自动枪械，转轮手枪的枪管长度可以设计得很短，线膛甚至没有枪弹长，而导气式自动枪械的枪管就很难设计得这么短

12.1.2　发射药的燃烧

严格意义上讲，发射药被点燃后在枪管内进行的是一系列复杂的“分解反应”，而不是“燃烧反应”，因为这一反应过程并不需要“燃烧反应”通常所必需的氧气。换言之，即使枪械处于水中或真空环境中，也是可以正常射击的，只是射程会发生相应的变化（图 12-3）。

图 12-3　水下射击的手枪，水的密度比空气大，因此弹头容易失稳、失速，射程会大幅缩短，通常只有不到 2 米

12.1.3 速燃发射药与缓燃发射药

枪械的发射药按燃烧速度，大致可分为速燃和缓燃两种。速燃发射药的特性是“膛压升得快，降得也快”，相应地，枪管内的最高膛压较高、枪口膛压较低。而缓燃发射药的特性正好相反，是“膛压升得慢，降得也慢”，相应地，枪管内的最高膛压较低、枪口膛压较高。

速燃发射药和缓燃发射药各有优劣。速燃发射药对应的枪口膛压较低，枪口焰、噪声较小，适用于短枪管枪械，例如短步枪 / 卡宾枪、手枪等，但它对应的最高膛压较高，对枪管使用寿命有不利影响，对闭锁机构的强度要求也更高。缓燃发射药对应的最高膛压较低，有利于保障枪管使用寿命，但它对应的枪口膛压较高，不适用于短枪管枪械。缓燃发射药在很大程度上依靠缓燃剂降低膛压，而缓燃剂就像“食品添加剂”，对枪械有一定负面影响。

此外，枪械在抽壳时，枪管内的残余压力会使弹壳膨胀，产生很大的抽壳阻力。速燃发射药“前半程烧得快”，对应的枪管残余压力比缓燃发射药低，抽壳阻力也小一些，因此与高射速枪械的“匹配度”更高。

12.1.4 M16 步枪的故障

在第 14 章中，我们讲到了有关 M16 步枪的案例：美国陆军在对 M16 步枪的改进中，将枪弹的发射药由成本相对较高的杜邦公司的 IMR4475 单基管状药，换为成本相对较低且用量更大的奥林公司的 WC846 双基球形药。结果是，M16 的最高膛压确实降低了，但导气孔处的膛压却升高了。

IMR4475 是一种速燃发射药，而 WC846 是一种缓燃发射药。我们在图 12-1 所示的“压力 - 距离曲线”上取一个点（位于枪管前部），假定这一点是 M16 的导气孔所在位置。由此不难发现，尽管 WC846 对应的最高膛压相比 IMR4475 降低了，但它对应的导气孔处的膛压（绿色虚线）却相比 IMR4475 提高了不少，相应地，导气孔导出的火药燃气会更多，能量会更高，这会导致自动机后坐速度更快、抽壳时机提前。此外，WC846 对应的枪管内残余压力也更高，这会导致抽壳阻力增大。

M16 故障频发的根本原因就在于，美军在更换发射药后并没有对枪械结构进行适应性改进。此外，WC846 的残渣较多，腐蚀性较强，也进一步增加了 M16 的故障概率。

12.2 外弹道

要想理解枪械瞄准的原理，就必须先了解与外弹道相关的知识。

12.2.1 不考虑空气阻力的外弹道

枪械水平射击时，如果不考虑空气阻力，弹头就会做标准的平抛运动：在水平方向上，弹头的飞行速度保持不变；在竖直方向上，弹头受重力影响，做匀加速下落运动，速度不断提高。假设弹头初速为 50 米 / 秒（注意，假设值与实际值相差较大，仅为方便讲解），重力加速度为 10 米 / 秒 ^{2}，那么，在弹头飞行的第 1、2、3、4、5 秒，其水平方向上的飞行距离分别为 50、100、150、200、250 米，竖直方向上的下落距离分别为 5、20、45、80、125 米。

如果将弹头的初速提高到 100 米 / 秒，重力加速度仍为 10 米 / 秒 ^{2}，那么，在弹头飞行的第 1、2、3、4、5 秒，其水平方向上的飞行距离分别为 100、200、300、400、500 米，竖直方向上的下落距离依然分别为 5、20、45、80、125 米。可见，随着初速的提升，弹头的外弹道曲线整体变得更“平直”了（图 12-4）。

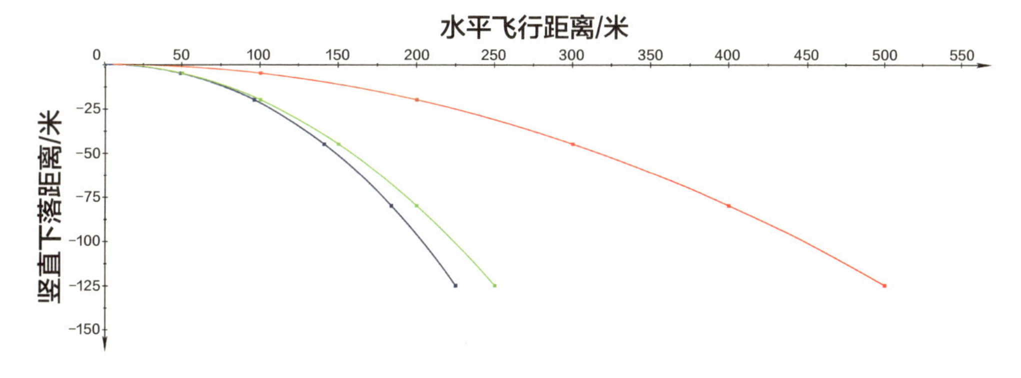

图 12-4 不考虑空气阻力时的弹头外弹道曲线（绿色曲线对应弹头初速 50 米 / 秒，红色曲线对应弹头初速 100 米 / 秒），考虑空气阻力时的弹头外弹道曲线（蓝色曲线）

12.2.2 考虑空气阻力的外弹道

枪械水平射击时，空气阻力会使弹头的飞行速度不断降低：在水平方向上，弹头的飞行速度不断降低，而在竖直方向上，弹头依然会受重力影响做匀加速下落运动。假设弹头的初速为 50 米 / 秒，空气阻力导致的减速度为 2 米 / 秒 ^{2}，重力加速度为 10 米 / 秒 ^{2}，那么，在弹头飞行的第 1、2、3、4、5 秒，其水平方向上的飞行距离分别为 49、96、141、184、225 米，竖直方向上的下落距离依然分别为 5、20、45、80、125 米。可见，弹头的外弹道曲线整体变得更“弯曲”了（图 12-4）。

当然，现实中，空气阻力与空气的温度和密度，以及弹头的飞行速度和高度等都密切相关，计算过程十分复杂，以上假设仅为说明原理。

枪械说 战列舰为什么通常采用垂直装甲？

如今的坦克普遍采用倾斜装甲，因为在装甲厚度相同的情况下，倾斜装甲相对垂直装甲的等效厚度更大，能达到更好的防弹效果。那么，第二次世界大战时期的战列舰，为什么普遍采用了垂直装甲呢？

坦克的交战距离通常较近，弹头的外弹道可近似认为是水平的，倾斜装甲确实有更好的防弹效果（图 12-5）。而战列舰的交战距离通常较远，弹头的外弹道是大幅弯曲的，弹头在接触目标时往往已经处于垂直下落状态。此时，对弹头而言，战列舰原本“垂直的”装甲板，反而变成了“倾斜的”（实际上是弹头相对装甲板的入射角问题）。因此，战列舰很少采用倾斜装甲（图 12-6）。

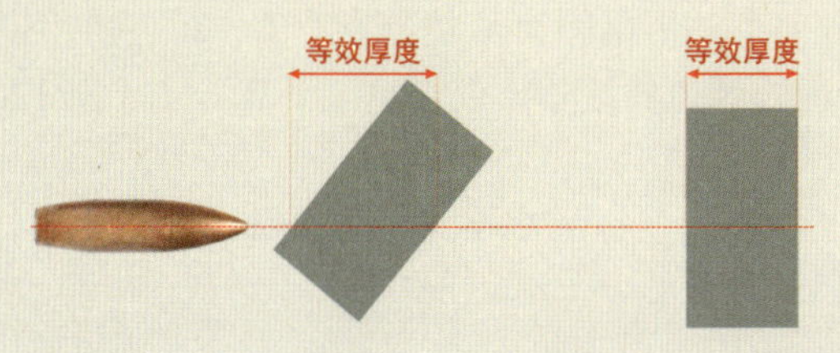

图 12-5　坦克倾斜装甲示意，图中两个灰块厚度相同，倾斜后等效厚度更大

图 12-6　主炮大仰角射击的“密苏里”号战列舰，坦克和枪械都很少进行此类大仰角射击

12.2.3　理想的外弹道

现实中，弹头的外弹道大致可分为两部分，前半部分相对“平直”，后半部分相对“弯曲”。由于枪械通常只进行水平射击，显然是外弹道越平直，杀伤效果越好。

而提高外弹道“平直度”一般有两条路径：提高弹头初速，或提高弹头存速能力。

要提高弹头初速，就必须增加发射药的装药量。但如此一来，后坐力会水涨船高，导致射击精度下降。增强弹头存速能力也有两条路径，其一是增大弹头质量，但这样也会增大后坐力，导致射击精度下降；其二是降低弹头飞行阻力，例如采用细长的全金属被甲弹头、尖弹头等。

第一次世界大战时，步枪弹弹头的质量通常为 9～12 克，初速通常为 750～820 米 / 秒。这类所谓“全威力弹”与非自动步枪（栓动步枪）匹配默契，但很难与自动步枪匹配，因为“全威力”所带来的大后坐力，会严重影响无依托射击时的点射和连发射击精度。

为解决这一问题，设计师们不得不暂时放弃对“平直外弹道”的追求，通过减小“威力”来换取更小的后坐力。第二次世界大战中，德国率先推出了 7.92 × 33mm 中间威力弹与 MP42/43/Stg44 步枪的组合。相比德军同期装备的 7.92 × 57mm 全威力弹，7.92 × 33mm 中间威力弹的后坐力大幅减小，使点射、连发射击精度都有了质的提升，但在“威力”上却全面倒退，发射药装药量、弹头质量（约 8 克）、初速（不超过 700 米 / 秒）、存速能力都大幅降低，外弹道自然也变得更弯曲。这一研发思路上的转变深刻影响了步枪的发展趋势。第二次世界大战后，苏联推出了 7.62 × 39mm 中间威力弹与 AK47 步枪的组合，背后的研发思路一脉相承，就是通过牺牲外弹道性能来换取更小的后坐力。

然而，中间威力弹的外弹道性能差（外弹道弯曲）总归是无法回避的问题。随着技术的进步和研发理念的更新，到了 20 世纪 60 年代，美国推出了 5.56 × 45mm M193 小口径弹与 M16 步枪的组合。M193 弹的初速达到约 975 米 / 秒，400 米内的外弹道相对平直，得益于此，使用 M16 步枪射击运动目标时几乎不需要打提前量，这使射击操作变得更容易、更轻松，从而降低了训练成本。更重要的是，M193 弹的弹头外形细长，飞行阻力很小，且质量只有约 3.63 克，后坐力相对中间威力弹进一步减小，使 M16 的点射和连发射击精度远高于 Stg44 和 AK47。

不过，相对较小的弹头质量也导致 M193 弹的存速能力和抗风偏能力都大幅降低。即使是弹头增重到 4.02 克的 M855 弹（M193 的替代型），存速能力和抗风偏能力依然很差。因此，小口径弹是不适合中远距离战斗场景的。中间威力弹与其他枪弹的性能参数对比见表 12-1。

表 12-1　中间威力弹与其他枪弹的性能参数对比

枪弹规格	7.92 × 57mm	7.92 × 33mm	7.62 × 54mmR	7.62 × 39mm	5.45 × 39mm	7.62 × 51mm	5.56 × 45mm
国家	德国	德国	苏联	苏联	苏联	美国	美国
弹头质量 / 克	12.8	8	9.8	7.9	3.43	10	4
初速 /（米 / 秒）	760	685	830	715	880	850	950

（续）

枪弹规格	7.92×57mm	7.92×33mm	7.62×54mmR	7.62×39mm	5.45×39mm	7.62×51mm	5.56×45mm
配用枪械	毛瑟 98k	Stg44	SVD	AK47/AKM	AK74	M14	M16A4
枪管长度/毫米	600	420	620	415	415	559	508
枪弹分类	全威力枪弹	中间威力枪弹	全威力枪弹	中间威力枪弹	小口径枪弹	全威力枪弹	小口径枪弹
备注	德国二战枪弹	德国二战枪弹	俄罗斯现役枪弹	俄罗斯现役枪弹	俄罗斯现役枪弹	美国现役枪弹	美国现役枪弹

枪械说

1. 中间威力弹与小口径弹孰优孰劣？

以正文中提到的 5.56×45mm 小口径弹和 7.62×39mm 中间威力弹为例。5.56×45mm 弹就好比“短跑运动员”，400 米（近距离）内的威力全面优于 7.62×39mm 弹。而在超过 400 米的中远距离上，7.62×39mm 弹因弹头更重、存速能力和抗风偏能力更强，其威力理论上优于 5.56×45mm 弹。

但实际上，7.62×39mm 弹的外弹道过于弯曲（被戏称为“小便弹道”），在中远距离上，即使能量相对 5.56×45mm 弹更充足，威力相对后者也没有多大优势。真正能在远中近距离上都出色发挥的“全能运动员”是 7.62×51mm 弹这类“全威力弹”，它们不仅在初速、弹头质量、存速能力、抗风偏能力上全面领先中间威力弹，外弹道性能相对后者也更好。

总之，在小口径弹问世后，中间威力弹就陷入了一个尴尬的境地：近距离威力不如小口径弹，中远距离威力不如全威力弹。这也无怪乎苏联在美国推出 5.56×45mm 弹后不久，就跟进推出了 5.45×39mm 小口径弹。

2. SKS 步枪为什么不适合改造成狙击步枪？

美国在 M14 步枪的基础上，开发了 M21 狙击步枪和 Mk14EBR 精确射手步枪。对此，很多读者朋友可能会有疑问：苏联为什么没有“照方抓药”，在 SKS 步枪的基础上开发狙击步枪或精确射手步枪呢？

归根结蒂，还是枪弹的问题。SKS 和 AK47 都使用 7.62×39mm 中间威力弹，SKS 的枪管长度是 520 毫米，比 AK47 长了 105 毫米，尽管射击精度相比 AK47 有一定提高，但初速并没有提高多少，只有约 735 米/秒，外弹道性能仍然不理想（图 12–7）。反观使用 7.62×51mm 全威力弹的 M14，其枪管长度是 559 毫米，初速达到 850 米/秒，相比 SKS 在威力和外弹道性能上都要好得多。

外弹道性能是狙击步枪和精确射手步枪最关键的性能，7.62×39mm 中间威力弹显然不是理想的选择。步枪不是加个瞄准具就能“升级”成狙击步枪或精确射手步枪的，枪弹的性能也是具有决定性的影响因素。苏联人对此心知肚明，因此专门开发了使用 7.62×54mmR 全威力弹的 SVD 狙击步枪（图 12-8）。

图 12-7　这支经过改造的 SKS 步枪很有现代狙击步枪的味道，但只要不换枪弹，它依然无法成为合格的狙击步枪或精确射手步枪

图 12-8　SVD 狙击步枪（上）与 SKS 步枪（下）的对比，除所用枪弹不同外，SVD 的枪管更长，初速更高，整枪尺度更大一些

12.3 瞄准

12.3.1　三点一线

提到射击瞄准，我们经常能听到“三点一线”这个词，即**照门－准星－目标**连成一条瞄准线。不过，严格意义上讲，射击瞄准时应该是“四点一线”，即**人眼－照门－准星－目标**。

12.3.2　抵消弹头下落

玩过射击类电子游戏的读者朋友都知道，可以用“打高度差”来抵消弹头下落，意思就是瞄准目标上方射击，让射出的弹头刚好能“落”到目标上。实战中，这种方法也是完全可行的，只是现实中对高度差的判断要比游戏中困难得多。为此，枪械设计师们想出了一个更稳妥的方法，即调节枪械瞄准线（图 12-9）：当目标距离较远时，将表尺的游标滑到远射程刻线处，使照门“抬高”（注意，此时照门、准星、目标仍然是三点一线，即瞄准线不变），进而使枪管“翘起”，向目标上方射击。

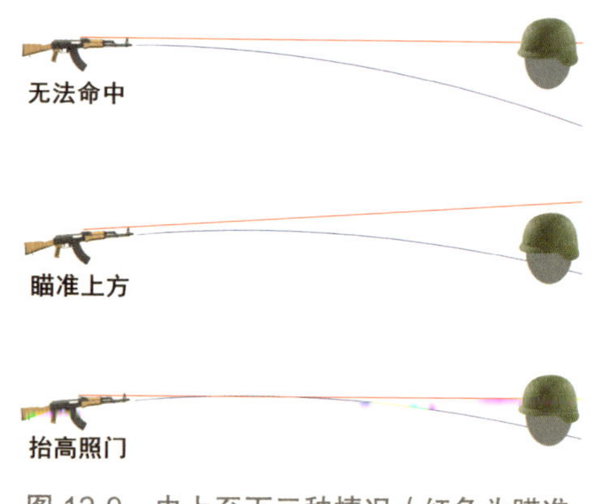

图 12-9　由上至下三种情况（红色为瞄准线，蓝色为外弹道曲线）：照门不变，瞄准线正对目标，无法命中；照门不变，瞄准线正对目标上方，刚好命中；照门抬高，瞄准线正对目标，刚好命中

可见，现实中与游戏中的操作是异曲同工的，现实中是照门“抬高”，瞄准线“不变”，枪管“翘起”，而游戏中是照门“不变”，瞄准线“抬高”，枪管“翘起”。两种方法的差异在于，游戏中的操作，瞄准线正对的是目标上方，在瞄准具的遮蔽下，目标可能会从射手的视野中消失（图 12-10）；而现实中的操作，瞄准线正对的仍然是目标，目标不会从射手的视野中消失，更为稳妥。

需要注意的是，无论如何调节照门，“外弹道曲线”都是几乎不会改变的。

图 12-10　机械瞄具对视野的影响非常大，射手瞄准目标上方射击时，很可能无法看到目标，进而无法及时跟进目标位置变化

12.3.3　弹道高

现实中，外弹道是曲线，瞄准线是直线（线段），两者是不可能重合的。瞄准线与外弹道曲线之间的高度差，就是**弹道高**。记住弹道高的概念，有助于理解直射距离的概念。

12.3.4　直射距离

直射距离是枪械的射程指标之一，其定义：枪械最大弹道高不超过典型目标高度（人体头部高度）时，弹头飞行的最大水平距离。举例来说，假设一支步枪的直射距离为 300 米，那么，只要目标距离在 300 米内，射手使用对应的照门，瞄准目标头部射击，弹道高就一定不会超过目标头部高度。换言之，只要瞄准就一定会命中。如果目标距离超过 300 米，射手就要调节表尺，抬高照门，使枪管翘起，否则就会出现“瞄准了，但打低了”的情况。

使用小口径弹（例如 5.56×45mm 弹）的步枪（不包括短步枪），直射距离通常为 350～400 米，而使用中间威力弹（例如 7.62×39mm 弹）的步枪，直射距离通常不超过 277 米。

12.3.5　瞄准线与枪管轴线不平行

照门、准星通常安置在枪管上方，两者形成的瞄准线与枪管轴线并不平行（多数侧置式照门和准星也如是），而是有一定夹角。这样设计除便于瞄准外，还可增大直射距离（图 12-11）。

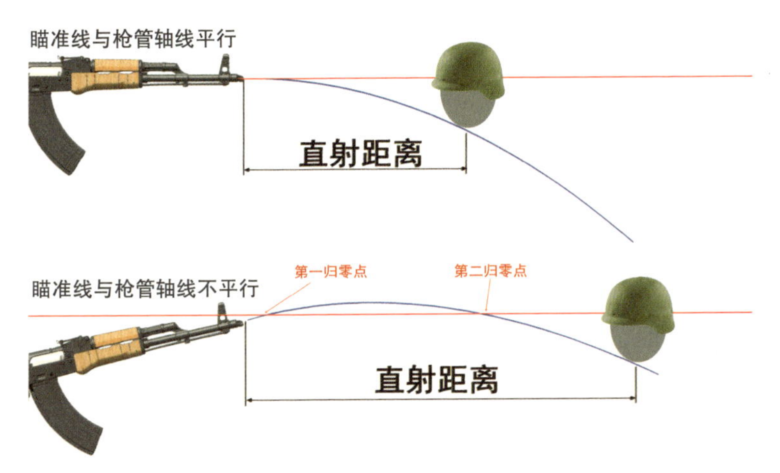

图 12-11　瞄准线与枪管轴线平行时、不平行时的直射距离示意，不平行时的直射距离明显更远（注意，为便于说明，图中曲线经过变形处理，与真实情况有一定出入）

如果瞄准线与枪管轴线平行，同时正对目标，在枪械水平射击时，弹头飞出枪管后不断下落，下落的高度（即弹道高）很快就会低于目标头部的高度。

如果枪管稍微翘起（注意，这里的“翘起”与前文瞄准远距离目标“翘起”的目的并不相同），让弹头飞出枪管后先“爬升”再“下落”，即弹头飞行高度先高于瞄准线，再低于瞄准线，就能增大弹头的水平飞行距离，进而增大直射距离。

总之，绝大多数枪械的枪管都是略微翘起，与瞄准线成一定夹角的，弹头都要先“爬升”再“下落”。

12.3.6　外弹道归零点

如上文所述，在直射距离内，由于弹头要先“爬升”再“下落”，外弹道曲线必然会与瞄准线相交两次，即有两个交点。这两个交点就是外弹道归零点（弹道高为零）。有些文献会这样描述：“枪弹飞行一段距离（例如 25 米）归零后，再飞行一段距离（例如 300 米）又会归零”，实际指的就是两个外弹道归零点。

在直射距离外，射手需要调节表尺进行“手动归零”，例如将表尺调节为 500 米，那么，弹头的水平飞行距离达到 500 米时的弹道高通常就是零。

12.3.7 枪械怎样打得准

除在两个外弹道归零点（交点）外，瞄准线与外弹道曲线间总会存在“高度差”（弹道高）。在直射距离内，射手射击人体头部大小的目标时，通常可以忽略瞄准线与外弹道曲线“高度差”的影响，因为这一“高度差”的值会保持在相对较小的范围内，绝不会超过人体头部高度。而在射击一些相对人体头部小得多的目标，例如硬币、乒乓球时，射手通常要考虑瞄准线与外弹道曲线“高度差”的影响。举例来说，假设一支步枪的两个外弹道归零点分别位于 10 米距离处和 100 米距离处，射手在射击 50 米处的枪靶靶心（10 环）时，就要“瞄低些”，例如瞄准“下 9 环”或“下 8 环”，这样弹头才能正中靶心。

12.4 瞄准具

12.4.1 机械瞄具

机械瞄具简称机瞄或铁瞄，由准星和照门组成，有的还带有表尺。照门有缺口式、觇孔式两种常见形式。表尺有弧形、立框两种常见形式。准星可按外形分为矩形、三角形等形制。机械瞄具利用人眼 - 照门 - 准星 - 目标四点实现瞄准，通过照门和准星两点确定一条直线，进而模拟枪管指向。

表尺负责“背起”或“顶起”照门，当表尺游标在不同射程刻度间沿直线滑动时，照门会随之垂向（上下）运动，起到瞄准修正作用。

由于射程有限，手枪的照门通常是固定的，且不会设置表尺（图 12-12）。而步枪和机枪通常是照门、准星、表尺一应俱全，此外还会设置风偏调节机构。

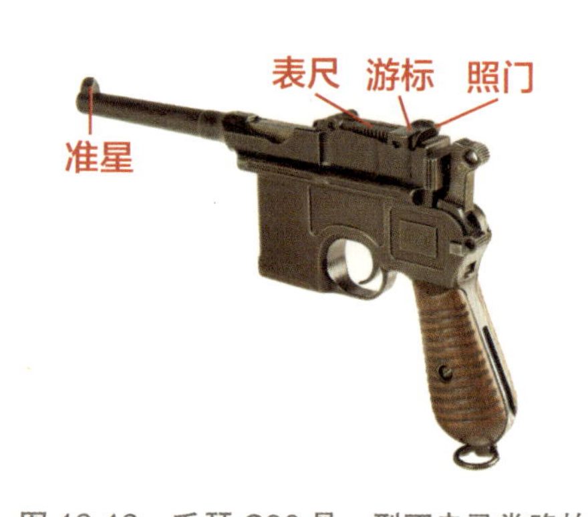

图 12-12　毛瑟 C96 是一型不走寻常路的手枪，它的表尺游标能前后直线运动（枪口为前），使表尺末端的照门上升或下降，注意，C96 的最大表尺射程达到了 1000 米，而如此大的表尺射程对手枪而言其实是毫无意义的

机械瞄具属于简易瞄具范畴，体积小、质量小、结构简单，但瞄准精度非常有限，它的主要缺陷在于：其一，相对射手的眼睛，照门、准星、目标由近至远，处在三个不同

距离上，而人眼只能对其中一个聚焦，如果聚焦在准星上，那么照门和目标就都是虚像（模糊的），三点中总有两点是虚像，瞄准的难度可想而知（图 12-13）；其二，机械瞄具对射手视野的影响非常大，在弱光环境下，即使有荧光点或氚光管辅助，使用感受也差强人意；其三，机械瞄具无法放大目标，在远距离射击时，目标甚至还没有准星宽，瞄准难度非常大。

图 12-13　可见这支手枪的照门是清晰的，而准星是模糊的，尽管人眼能适应虚像，但很难利用机械瞄具精确瞄准目标

12.4.2　望远镜式光学瞄具

望远镜式光学瞄具简称光学瞄具或光瞄。通过光学瞄具目镜看到的目标的“像”，与瞄具内的刻度线处于同一平面内，都是清晰的“实像”，不存在机械瞄具的“虚像”问题。因此，光学瞄具瞄准迅速，长时间使用不会使射手的眼睛产生疲劳感。此外，光学瞄具通常具有多个放大倍率，能将目标的“实像”放大，使射手看得更清晰、瞄得更轻松。

相对机械瞄具，光学瞄具的缺点也很明显：其一，光学瞄具的视场（视野）相对有限，特别是高放大倍率的光学瞄具，射手使用时往往要一只眼睛对准目镜，一只眼睛闭上，视野完全局限于“镜中”，对周围情况的感知能力会大幅下降；其二，光学瞄具质量大且结构强度较低，对恶劣环境的适应性相对较差；其三，光学瞄具对制造工艺要求较高，制造成本也较高，不利于大规模装备；其四，光学瞄具内部容易起雾、结霜甚至发霉，且射手通常无法自行拆解维护。

使用光学瞄具时要保持一定的**出瞳距**，即眼睛要与目镜保持一定距离（图 12-14）。很多人第一次使用带光学瞄具的枪械时，往往会下意识地将眼睛紧贴目镜，这样在枪身猛烈后坐时，即使没有被瞄具伤到，也会吓一大跳。

12.4.3　主动红外瞄具与微光瞄具

主动红外瞄具和微光瞄具都属于夜视瞄具范畴，主要用于夜晚或低能见度作战场景。主动红外瞄具先利用红外探照灯照射目标（向目标发射红外光），再捕捉目标辐射的红外光，然后通过电子技术将人眼不可见的红外光信号转化为电信号，最终将电信号转化为可见光信号，实现成像。微光瞄具直接捕捉目标辐射的微光（又称夜天光，包括月光、星光、大气辉光等），再通过电子技术将人眼不可见的微光信号转化为电信号，最终将电信号转化为可见光信号，实现成像。

主动红外瞄具的缺陷是容易导致使用者暴露自身位置（图 12-15）。微光瞄具的缺陷是在全黑或无光环境中（因为目标不辐射微光）无法工作（图 12-16）。由于现实中全黑或无光环境相对较少，相较主动红外瞄具，微光瞄具的应用范围更广。近年还出现了可串联的微光瞄具（图 12-17）。

相比传统光学瞄具，主动红外瞄具和微光瞄具的体积普遍较大，便携性和可维护性较差。

图 12-14　使用带光学瞄具的枪械射击时，有经验的射手不会将眼睛紧贴目镜

图 12-15　配装主动红外瞄具的 Stg44 突击步枪，可见硕大的红外探照灯，以及装在木箱和圆盒内的一套两件式蓄电池

图 12-16　配装 AN/PVS-2 “星光” 瞄具的 M14 步枪，AN/PVS-2 诞生于越南战争期间，属于第一代微光瞄具，体积大、质量大且使用条件苛刻，只能在月光下工作

图 12-17　配装 AN/PVS-30 微光瞄具的 M110 狙击步枪，可见微光瞄具串联在光学瞄具前部

12.4.4　环形瞄具

环形瞄具多用于防空枪 / 炮，通常由照门（也可能没有照门）和同心圆式准星组成（图 12-18）。

图 12-18　法国经典电影《虎口脱险》中对空射击的 MG42 机枪，采用了具有照门和双同心圆准星的环形瞄具

与一般枪用机械瞄具不同的是，环形瞄具对射手的视野影响较小，对空作战时不易丢失目标。环形瞄具的同心圆式准星专门针对飞机、伞兵等空中移动目标设计，用于相对精准地判断射击提前量。

12.4.5 全息瞄具和红点瞄具

全息瞄具和红点瞄具通过一组光学镜片，将内部光源发射的光线投射到某一个方向上形成光点，射手能看到光点时，就表明其视线已经与瞄准线重合，射手只需将光点再对准目标，就能实现瞄准。换言之，全息瞄具和红点瞄具利用**人眼 - 光点 - 目标**三点实现瞄准，通过内部光源发射的光路来模拟枪管指向（图 12-19、图 12-20）。

全息瞄具和红点瞄具相对机械瞄具瞄准更便捷，相对光学瞄具体积和质量更小、结构强度更高、制造成本更低（图 12-21、图 12-22），因此得到了越来越多的应用。

实际上，红点瞄具早在第二次世界大战时期就已经崭露头角，当时被称为“反射式瞄具”。但受技术水平所限，早期红点瞄具存在很多问题，例如对光源要求较高，以及为光源供电的蓄电池能量密度较低（体积大，不利于携行）等。

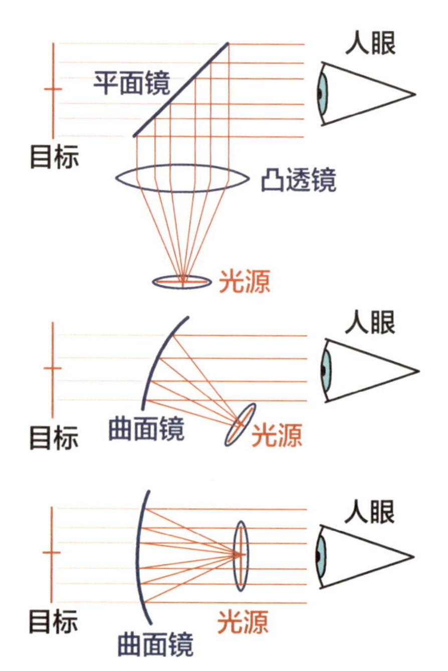

图 12-19　三种红点瞄具工作原理示意，在人眼看来，瞄具（镜组）中的光线是从目标处射出的（图中淡红色线）

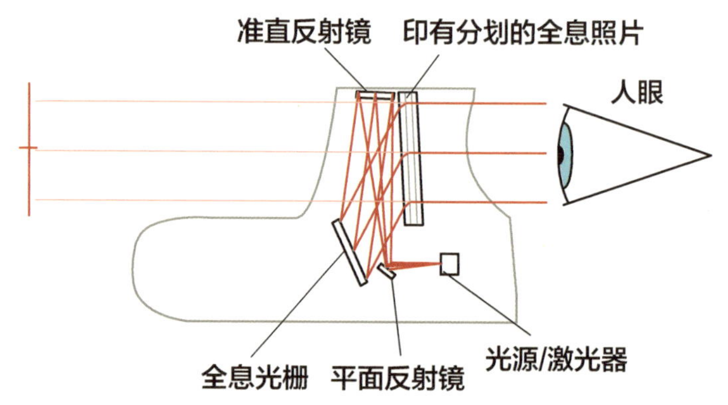

图 12-20　全息瞄具工作原理示意，在人眼看来，瞄具（镜组）中的光线同样是从目标处射出的

图 12-21　红点瞄具的结构形式多变，左为圆筒形，右为平板形

图 12-22　串联有增倍镜的全息瞄具

12.4.6　瞄准基线

准星与照门之间的连线称为**瞄准基线**。

1. 瞄准基线长度

对机械瞄具和环形瞄具而言，连接准星与照门的线段的长度，就是瞄准基线长度。对光学瞄具、主动红外瞄具、微光瞄具、全息瞄具和红点瞄具而言，有瞄准基线的概念，但没有瞄准基线长度的概念。瞄准基线长度必须控制在合理范围内，过短，无法良好地模拟枪管指向，影响射击精度；过长，影响瞄准速度。

2. 瞄准基线高度

瞄准基线与枪管轴线之间的垂直距离称为瞄准基线高度。对步枪而言，为使瞄准基线与射手的视线相匹配，必须设置合适的瞄准基线高度（图 12-23）。

瞄准基线高度过高，则射手要“伸脖子”瞄准，无法将脸颊紧靠在枪托或机匣上部以贴腮方式射击，一方面影响射击稳定性，另一方面容易暴露脆弱的头部。瞄准基线高度过低，则射手要“歪头、缩脖子”瞄准，此射击姿态易导致疲劳。在瞄准基线高度较低的情况下，为确保射击姿态相对舒适，可以选择降低贴腮位置，例如毛瑟98步枪，就通过采用下弯枪托的方式来降低贴腮位置。但这样会增加枪管轴线与枪托轴线间的高度差，射击时，在后坐力作用下，枪管会有绕枪托抵肩点旋转的趋势，导致枪口严重上跳。因此，从设计权衡角度讲，设计师宁可让瞄准基线高一些，也会尽量采用直枪托设计。

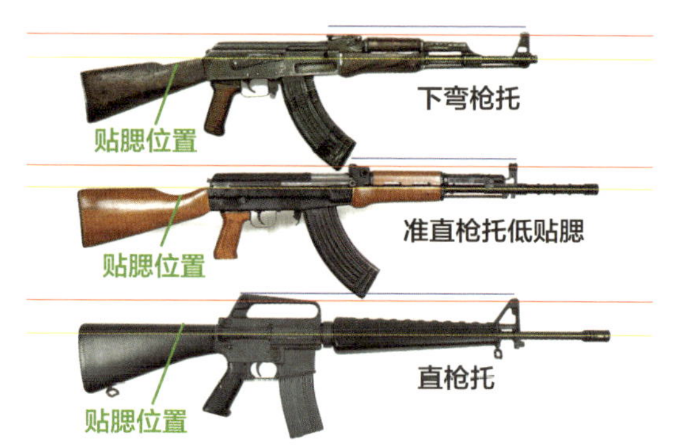

图 12-23　由上至下依次为 AK47 步枪、81 式步枪、M16 步枪，黄色线为枪管轴线，红色线为瞄准线，两线之间的垂直距离就是瞄准基线高度，蓝色线代表瞄准基线长度

12.5 瞄准具实例

12.5.1 AKM 步枪的机械瞄具

AKM 步枪采用 U 形缺口照门，照门位于表尺末端。表尺游标上有卡扣，射手按下卡扣可前后滑动游标（枪口方向为前），游标向前滑动，则照门竖起，游标向后滑动，则照门躺倒。表尺上标有俄文字母“П”和数字 1 ~ 10，字母“П”代表俄文单词“Постоянная”，意为作战距离（300 米）；数字 1 ~ 10 分别对应 100 ~ 1000 米距离（注意，表尺有字母“П”和数字“3”两个 300 米刻度）。表尺下部加工有凹槽，起定位作用（图 12-24）。

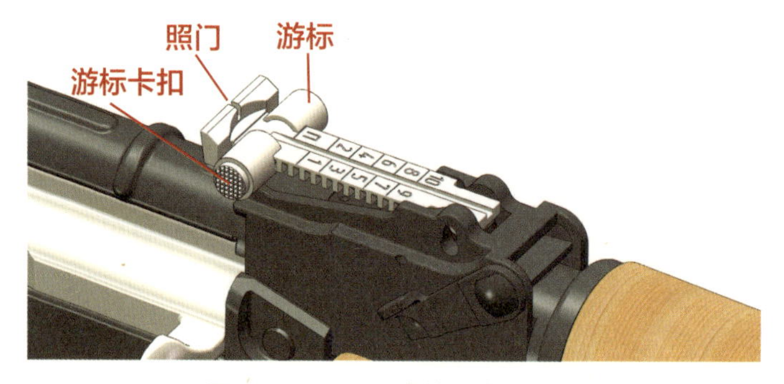

图 12-24　AKM 步枪的表尺示意

AKM 的准星为柱形，两侧有护翼，且护翼为开口圆形，一方面可避免准星因磕碰受损，另一方面可避免射手错将护翼当作准星（图 12-25）。

AKM 没有风偏调节机构，但以它为基础研制的 RPK 轻机枪有风偏调节机构，其表尺末端设计有风偏调节钮，转动调节钮，即可左右调节照门，实现风偏修正（图 12-26）。

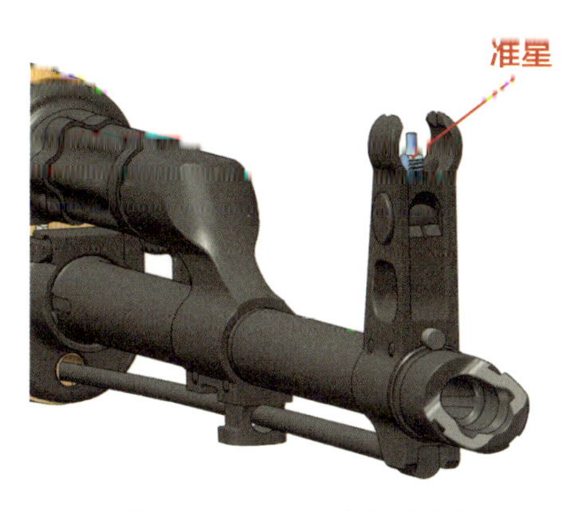

图 12-25　AKM 步枪的准星

12.5.2　M16 步枪的机械瞄具

M16 步枪采用觇孔照门，有大、小两个彼此垂直的觇孔，大觇孔对应 0 ~ 200 米距离，小觇孔对应 300 ~ 800 米距离（注意，M16/M4 系列步枪有两种常见机械瞄具，瞄准距离分别为 600 米和 800 米，本例对应 M16A2 或 M16A4 的 800 米机械瞄具）。照门下方有旋转式表尺，转动表尺，可升降包括照门在内的整个照门座。表尺上标有数字 8/3、4、5、6、7，分别对应 800 米 /300 米、400 米、500 米、600 米、700 米距离（注意，表尺处于最低位置时对应 300 米距离，转动一整圈，即 360 度，对应 800 米距离，因此有 8/3 刻度）。表尺下部加工有多个孔，起定位作用（图 12-27）。

图 12-26　带有风偏调节钮的 RPK 轻机枪表尺

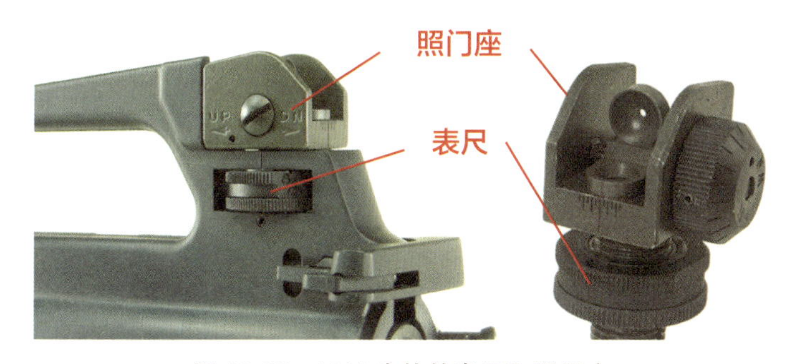

图 12-27　M16 步枪的表尺和照门座

射击 200 米距离内的目标时，使用大觇孔，表尺对准 8/3 刻度，照门座处于最低位置；射击 300 米距离上的目标时，使用小觇孔，表尺对准 8/3 刻度；射击 300 米距离外（例如 400 米距离）的目标时，使用小觇孔，表尺对准 4 刻度。

M16 的准星为柱形，两侧有护翼，且护翼外翻，一方面可避免准星因磕碰受损，另一方面可避免射手错将护翼当作准星（图 12-28）。

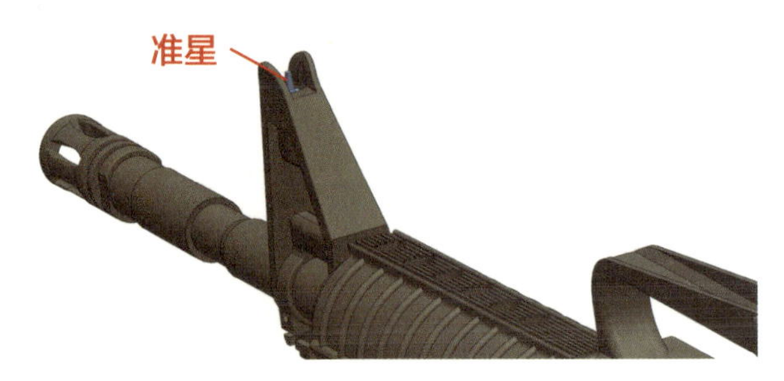

图 12-28　M16 步枪的准星

M16 设计有风偏调节机构，调节钮位于照门右侧，转动调节钮，即可左右调节照门，实现风偏修正（图 12-29）。

图 12-29　M16 步枪的两个觇孔，大觇孔上有刻度线，可与准星座的刻度线对齐，以配合风偏调节钮左右偏移

12.5.3　M240/FN MAG 机枪的机械瞄具

M240 机枪采用立框式表尺，表尺可竖起或躺倒（图 12-30）。在躺倒状态下，表尺上方（竖起时为前方）刻度为 2 ~ 8，分别对应 200 米内、300 米、400 米、500 米、600 米、700 米、800 米距离。表尺游标上有卡扣，按下卡扣可上下或前后滑动游标。表尺躺倒时，使用表尺上的觇孔照门和准星瞄准；表尺竖起时，使用游标上的缺口照门和准星瞄准。表尺竖起时，其后方刻度为 8 ~ 18，分别对应 800 ~ 1800 米距离。表尺侧壁有孔，起定位游

图 12-30　M240 机枪的表尺处于竖起状态

标作用，设计与 AKM 类似（图 12-31）。

M240 的准星设计与 M16 类似，准星左右各有一个螺钉，两个螺钉轴向交错布置，转动螺钉可左右调节包括准星、护翼在内的整个准星座，以实现风偏修正。需要注意的是，两个螺钉的转动圈数必须相同，例如左侧螺钉拧松一圈，则右侧螺钉必须拧紧一圈，否则准星就可能松动或过紧（图 12-32）。

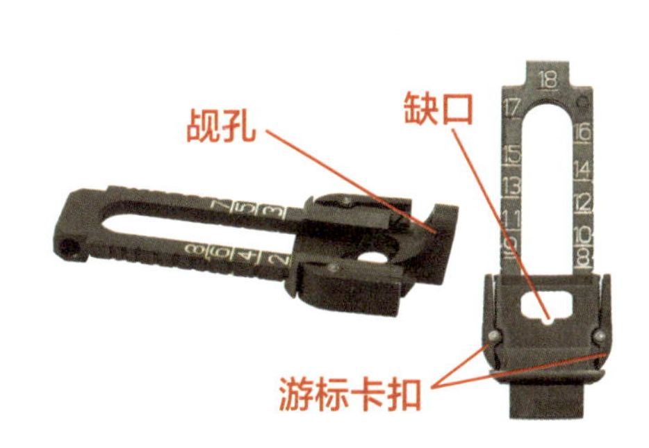

图 12-31　竖起状态的 M240 机枪的表尺

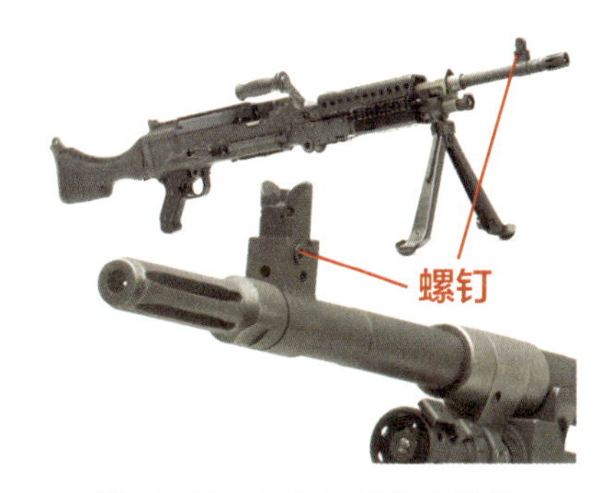

图 12-32　M240 机枪的准星

12.5.4　SVD 狙击步枪的光学瞄具

SVD 狙击步枪采用 PSO-1 型光学瞄具，放大倍率固定为 4，不可调节。PSO-1 上部有距离手轮，转动手轮可调节瞄具分划板高度，起类似升降照门的作用（图 12-33）。距离手轮的刻度盘刻度为 1 ~ 10，分别对应 100 ~ 1000 米距离，自刻度 3 开始有半刻度，例如刻度 3 与刻度 4 之间的半刻度，对应 350 米距离。PSO-1 右侧有方向手轮，转动手轮可实现左右修正，修正范围为 ±10 密位。

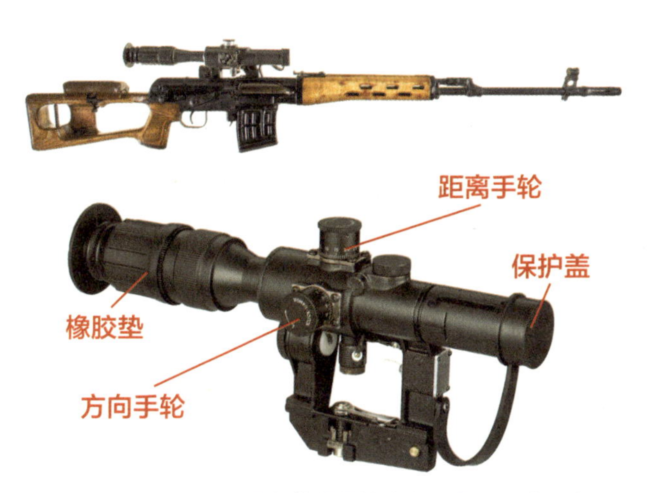

图 12-33　PSO-1 型光学瞄具的方向手轮和距离手轮

PSO-1 视野内有 4 个“Λ”形图标，4 个图标上下分布，间距不等（图 12-34、图 12-35）。射击 1000 米内的目标时，要将距离手轮转动到相应刻度，用第一个“Λ”形图标瞄准目标。射击 1000 米外的目标时，要将距离手轮转动到刻度 10，由上至下的 4 个“Λ”形图标，分别对应 1000 米、1100 米、1200 米、1300 米距离。

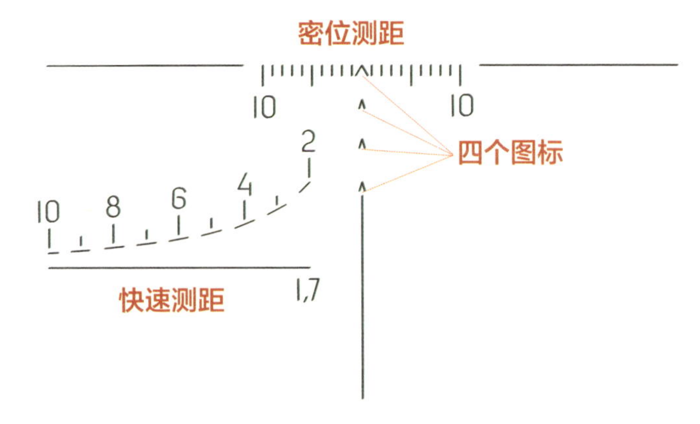

图 12-34　PSO-1 型光学瞄具的目镜分划

图 12-35　PSO-1 型光学瞄具的真实视野

PSO-1 提供两种测距方法，分别为**密位测距**和**快速测距**。

密位测距：由上至下第一个“Λ”形图标，左右两侧分别有 10 个刻度，对应 10 密位，可用于测距（图 12-36）。1000 米距离上，一个 1 米高的物体，所对应的角度就是 1 密位。如果射手已知目标大致尺寸，就可用密位测距。例如，一辆轿车

长5米，射手用PSO-1观察时，发现它占据10密位，则轿车与射手间的距离为5/10×1000＝500米。

需要注意的是，标准的1密位是1/1000米的反正切值，约合0.0573度，相当于1/6283个圆。由于这一数值较难计算，苏联将1密位简化为1/6000个圆，美国将1密位简化为1/6400个圆，因此，密位测距通常是存在固有误差的。

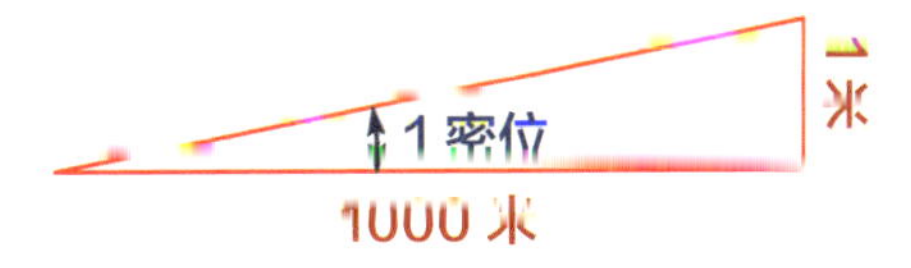

图 12-36　密位测距原理示意，北约国家的光学瞄具刻度大多以MOA为单位，1MOA=1/60度

快速测距：将目镜中的目标像（默认高度为1.7米）置于曲线与横线之间，当目标像最高点刚好与曲线相切，最低点刚好与横线相切时，对应的曲线上的数字就是距离值（图12-37）。需要注意的是，曲线线段的左右两个端点，也是可以测距的，例如数字4对应的曲线线段，其左右两个端点分别对应425米距离和375米距离（图12-38）。与密位测距一样，快速测距也存在固有误差，因为目标高度几乎不可能刚好是1.7米。优秀的狙击手会牢记一些常见参照物的尺寸，例如电线杆的高度、敌人坦克的高度等，以作为测距参考。

图 12-37　图中目标距射手距离为300米

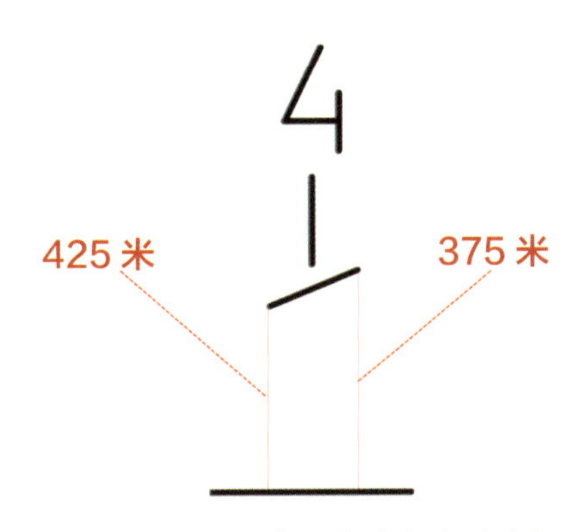

图 12-38　数字4对应的曲线线段，其左右两个端点分别对应425米距离和375米距离

Chapter 13

第13章

枪械性能评价

如何判断枪械的性能优劣?

13.1 射程

所谓射程，通俗讲就是弹头能飞多远。对枪械而言，有**直射距离**、**有效射程**、**表尺射程**、**最大射程**四个常见射程概念。

13.1.1 直射距离

在笔者看来，直射距离是四个射程概念中最具实际意义的一个，但也较难理解。第12章已经对直射距离概念进行了详细解释，这里不再赘述。

13.1.2 有效射程

有效射程可以简单理解为，以射手能有效命中目标且弹头能有效杀伤目标为前提的最大射程（注意不同于下文的最大射程），但这是一个“有欺骗性”的射程概念。

假设一支步枪的有效射程是400米，就意味着绝大多数训练有素的士兵，都能操作这支步枪准确命中400米距离内的有生目标，并使目标丧失战斗力。然而，“绝大多数”并不代表“全部”。如果某位士兵的枪法很差，那么实际的有效射程就可能减小；如果某位士兵的枪法过人，那么实际的有效射程就可能增大。

现实中会出现很多特殊情况。就有效射程400米的步枪而言，例如，某士兵操作这支步枪在100米距离上命中某目标腹部，由于该目标腹部脂肪层较厚，弹头没能形成致命伤，也没能使其丧失战斗力，这是不是能证明“有效射程不到400米”呢?显然不能。再如，某士兵操作这支步枪“漫无目的”地开了一枪，弹头在飞行1000米后刚好落到某目标头部，使其当场丧命，这是不是能证明“有效射程不止400米”呢?显然也不能。

总之，有效射程概念远没有很多人想象的那么精准有效，万不能将它视为“金科玉律”。

1. 都是400米

如今，各国的小口径步枪在有效射程指标上高度趋同，“400米”的出现频率无疑最高。这种现象显然是违背常理的：枪管长度不同、枪弹不同，有效射程就不可能一模

件。中国一款冲锋枪将有效射程标定为 100 米，大概只是不想在纸面上输了气势。

2. 虚假宣传

以色列在推销塔沃尔步枪时，曾宣称其有效射程达到 550 米。然而，这型步枪的枪管长度是 460 毫米，弹头初速是 910 米 / 秒，横比并不突出，使用的又是常见的 5.56×45mm 小口径弹，怎么可能在有效射程指标上领先其他步枪那么多呢？

有效射程的远近，取决于枪管长度，以及弹头质量、初速、穿甲能力等指标。换言之，如果在这些指标上都“庸庸碌碌”，就不可能在有效射程指标上“出类拔萃”。塔沃尔步枪 550 米的有效射程只是彻头彻尾的虚假宣传罢了。

3. 手枪迷思

手枪的标称有效射程通常是 50 米左右。然而，绝大多数手枪都没有枪托，无法抵肩射击，射手只能单手或双手握持射击，射击稳定性和精度都相对较差。经验表明，手枪能有效发挥作用的距离不过是十几米，甚至几米。如今的手枪射击训练中，射击距离越来越近，几乎到了“贴脸”的程度，甚至还有手推目标之类的训练动作。这让手枪看起来更像是一种超近距离作战武器，发挥着类似匕首的作用，所谓的 50 米有效射程早就成了纸上谈兵。

4. 瞄准镜与有效射程

如今有一种说法是“瞄准镜能增大有效射程”，这是有一定道理的。尽管瞄准镜不可能改变枪械的外弹道性能，无法提高枪械的射击精度，但它能增强射手的观察能力，减少瞄准误差，使瞄准—射击过程更高效，从这个角度讲，确实有助于增大有效射程（图 13-1）。

图 13-1　配装瞄准镜的 M16A4 步枪，瞄准镜能使瞄准—射击过程更高效，但它的采购成本居高不下，图中这具瞄准镜的采购价格要高于 M16A4 步枪

13.1.3 表尺射程

表尺射程指枪械表尺上所刻划的最大数值。表尺射程通常远大于直射距离和有效射程。以 AKM 步枪为例，它的直射距离为 277 米，有效射程为 400 米，表尺射程达到 1000 米。要知道，使用 7.62 × 51mm 枪弹的现代狙击步枪，配装大倍率光学瞄具后，有效射程也只有 800 ~ 1000 米。1000 米距离上的成人目标比准星还“小”，在没有光学瞄具的情况下几乎无法瞄准，绝大多数射手都只能靠运气射击。

换言之，能用上表尺射程的，要么是顶级射手，要么是用来射击庞大的集团目标。两次世界大战时期，枪械的表尺射程一度“虚标成风”，栓动步枪的表尺射程通常为 1500 ~ 2000 米，手枪的表尺射程甚至都有 1000 米（图 13-2）。显然，这只是当时的枪械设计师对射程不切实际的预期。

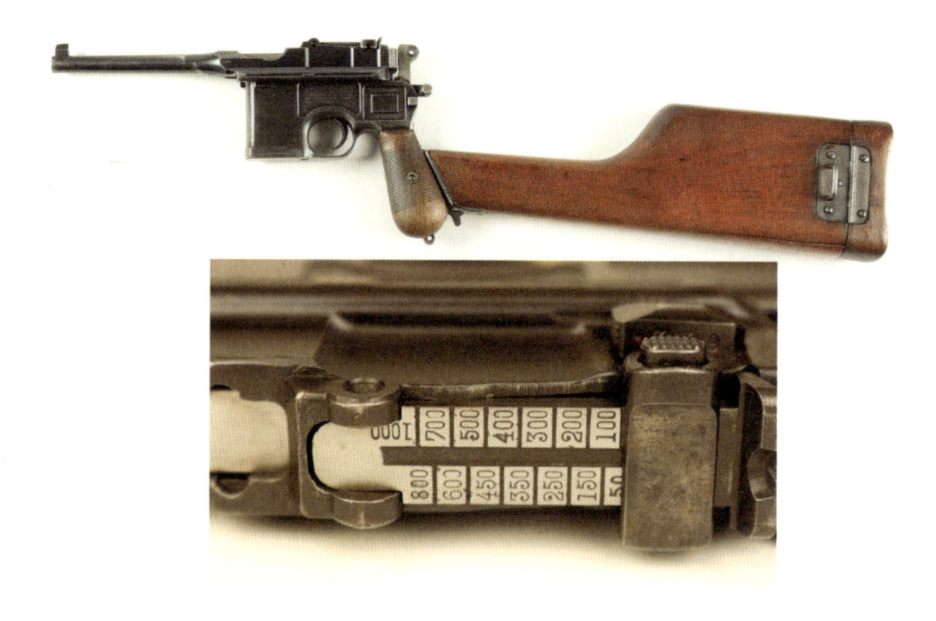

图 13-2　毛瑟 C96 手枪的表尺射程高达 1000 米，但即使在加装枪托后，它也几乎不可能击中 1000 米距离上的目标

13.1.4 最大射程

最大射程指枪械射出的弹头所能飞出的最远距离（图 13-3）。与表尺射程相似，它也是一个“脱离现实”的射程概念。通常，想实现最大射程，就要像射箭一样，斜向上对天射击。显然，这种射击方法是几乎没有任何实战价值的。

以 AKM 步枪为例，它的最大射程可达 2000 ~ 3000 米，但在如此远的距离上，

是根本无法依靠机械瞄具瞄准目标的。

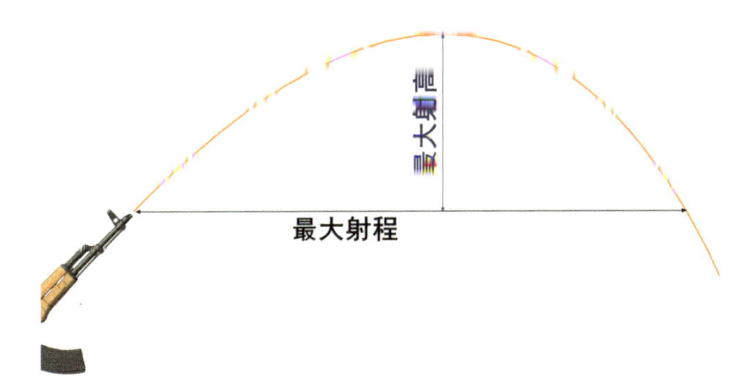

图 13-3　最大射程与最大射高示意

13.2 射速

射速包括**理论射速**和**战斗射速**两个概念。

举例来说，A、B 两名士兵，用同型机枪进行射击训练。士兵 A 选用了 1 个 600 发长弹链，士兵 B 选用了 6 个 100 发短弹链。射击开始后，士兵 A 不以命中靶标为目的，持续连射，在 1 分钟内打完了 1 个 600 发长弹链；士兵 B 以命中靶标为目的，间续点射，在 1 分钟内打完了 2 个 100 发弹链。简单计算可知，士兵 A 实现的射速是 600 发 / 分，而士兵 B 实现的射速是 200 发 / 分。前者可视为这型机枪的理论射速，而后者可视为这型机枪的战斗射速。

理论射速又称射击频率，简称射频，是理论值。就像汽车的最高行驶速度一样，理论射速在现实中是几乎用不到的参数。冲锋枪、突击步枪和机枪的理论射速大多为 500 ~ 1200 发 / 分。

战斗射速是实际值。在战斗或训练中射击时，射手要转换战位、搜索目标、瞄准目标，还要不断更换装弹具，这会耗费大量时间，导致实际（战斗）射速远低于理论射速。如果射手真的持续连射，哪怕是“瞄准”了某个目标或方向，绝大多数情况下，除了地球是什么也打不中的。

一般情况下，通用机枪和重机枪如果以长点射（3 发以上）方式为主射击，战斗射速能达到 200 ~ 300 发 / 分，冲锋枪和突击步枪如果以单发和短点射（2 ~ 3 发）方式为主射击，战斗射速能达到 80 ~ 120 发 / 分。

需要注意的是，战斗射速之所以比理论射速低，是因为我们人为地给射击过程附加了时间间隔，而不是使枪械发射枪弹的动作“放慢”了。与之不同的是，利用气体调节器和膛口装置来改变理论射速，是使枪械发射枪弹的动作“放慢”或“加快”了（图 13-4）。

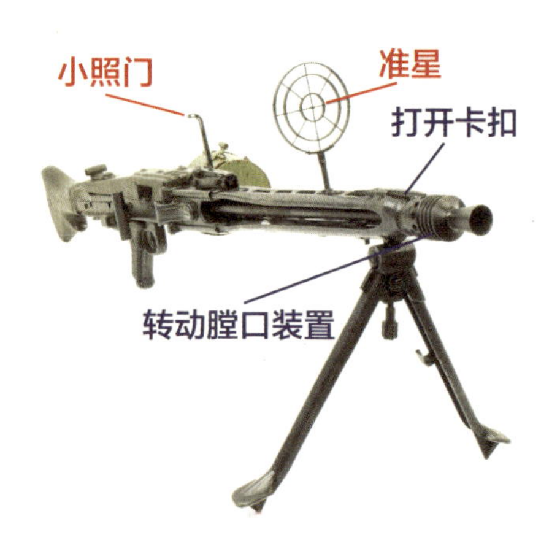

图 13-4 绰号“撕布机”的 MG42 机枪，理论射速可通过膛口装置调节，而装有气体调节器的枪械，则可通过在大、小导气孔间转换来改变理论射速

13.3 射击精度

射击精度包含**射击准确度**和**射击密集度**两个维度。

举例来说，A、B 两名士兵，用不同型步枪、相同数量枪弹，瞄准标靶靶心进行射击训练。射击完毕后，士兵 A 发现，标靶上的弹着点基本都以靶心为中心分布，且分布面积较大，用射击精度的两个维度来评价就是，射击准确度较高，射击密集度较低（图 13-5）；士兵 B 发现，标靶上的弹着点基本都分布在靶心左侧，且分布面积较小，用射击精度的两个维度来评价就是，射击准确度较低，射击密集度较高（图 13-6）。

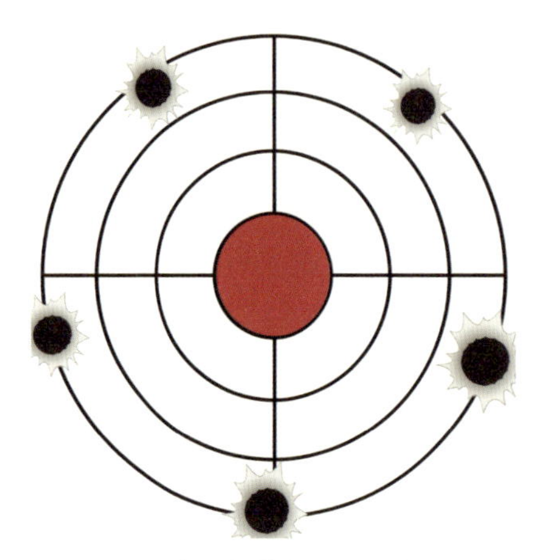

图 13-5 弹着点基本围绕标靶靶心分布，分布面积较大，射击准确度较高，射击密集度较低

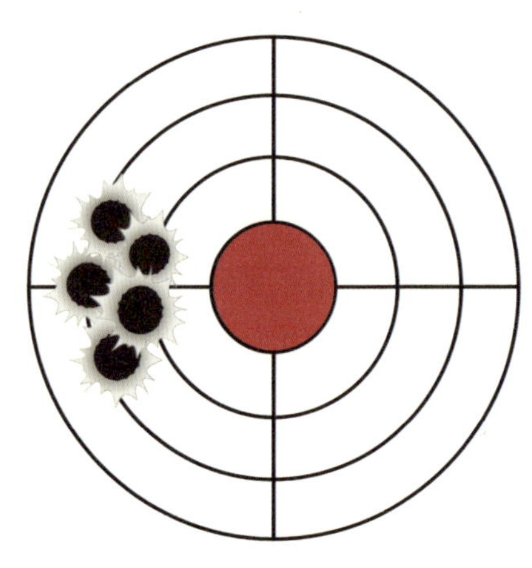

图 13-6 弹着点全部相对标靶靶心偏左，分布面积较小，射击准确度较低，射击密集度较高

般而言，枪械的射击准确度可以通过校正瞄具的方法来修正（注意，士兵 B 还可以通过瞄准标靶右侧来临时修正射击准确度），而射击密集度是无法修正的。我们通常所说的“射击精度”，指的是射击密集度，而不是射击准确度。换言之，谈论射击精度的前提，往往是枪械的射击准确度已经得到修正。

1. 全散布圆半径 / 直径

全散布圆半径 / 直径是我国及俄罗斯的常用射击精度评价方法。

以靶纸为坐标系，先找到各弹着点相对瞄准点（瞄准点通常是靶心）的坐标，计算各弹着点的平均坐标，再根据平均坐标，找到对应的平均弹着点，最后以平均弹着点为圆心，画一个包含 100% 弹着点的最小圆（图 13-7）。最小圆的半径就是全散布圆半径，以 R100 表示；最小圆的直径就是全散布圆直径，以 D100 表示，D100 = R100 × 2。

2. 概率圆半径 / 直径

概率圆半径 / 直径又称散布圆半径 / 直径，也是我国及俄罗斯的常用射击精度评价方法，它与全散布圆半径 / 直径相似，都要先找到平均弹着点，再以平均弹着点为圆心画圆。不同的是，概率圆半径 / 直径只包含 50% 的弹着点，而不是 100% 的弹着点。概率圆半径 / 直径以 R50/D50 表示。

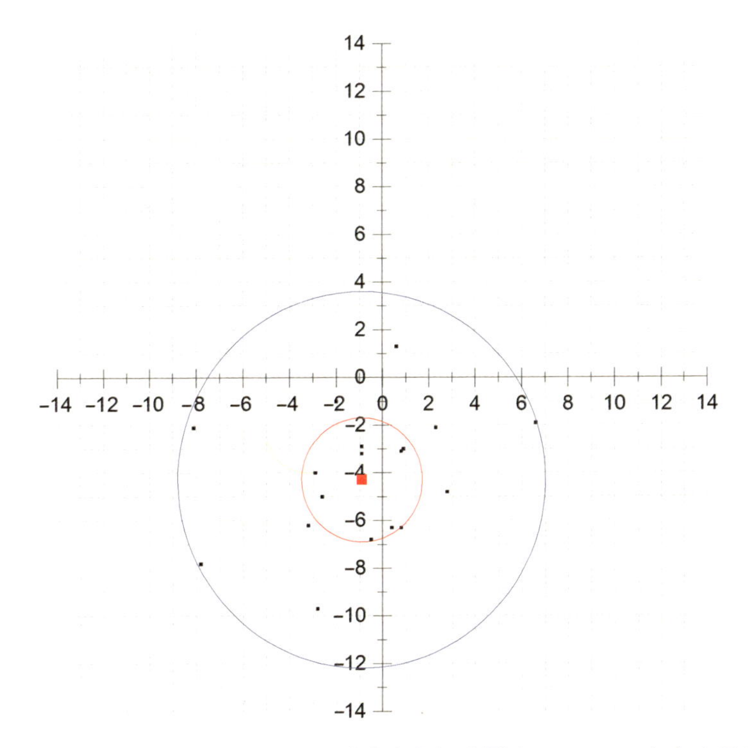

图 13-7　全散布圆（R100/D100，蓝色）与概率圆（R50/D50，红色）示意，红色方点为平均弹着点，黑色方点为弹着点

有些读者朋友可能会有疑问：既然已经有 R100/D100 了，为什么还要计算 R50/D50 呢？实际上，弹着点相对瞄准点并不是均匀分布的，而是正态分布的（图 13-8）。换言之，就是靠近平均弹着点的弹着点相对集中，远离平均弹着点的弹着点相对分散。

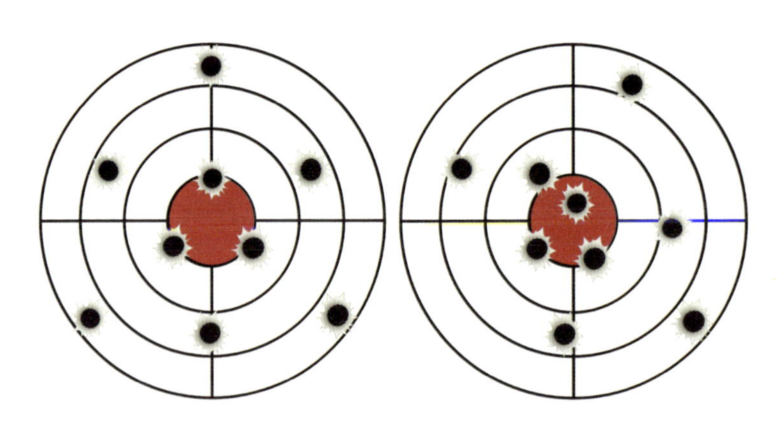

图 13-8 弹着点平均分布（左）与正态分布（右）示意，实际射击中，正态分布是“常态”，而平均分布是“非常态”

打个比方，一个班级中，假设大约 50% 的学生学习能力彼此相差较小，学习成绩也彼此相差较小，而另外 50% 的学生学习能力彼此相差较大，学习成绩也彼此相差较大。如果用学生的学习成绩来评价老师的授课能力，那么，选取 100% 的学生的学习成绩（R100/D100）来评价就不够公允，而选取学习能力相差较小的 50% 的学生的学习成绩（R50/D50）来评价就相对公允。

此外，R50/D50 与 R100/D100 间的关系，并不是很多人想象的“R100/D100 = R50/D50 × 2”那么简单。一般来说，R100/D100 大约是 R50/D50 的 2.5 倍。需要注意的是，在改进枪械射击精度时，如果 R50/D50 值提高，那么 R100/D100 值既有可能提高，也有可能下降，还有可能不变，两者间的关系变化趋势并不是恒定的。

R50/D50、R100/D100 的单位通常是厘米（cm）。例如，某型枪械在 100 米距离上进行 20 发单发射击，精度为 R50 = 4 厘米、R100 = 10.4 厘米。

3. ES

ES 是英文“Extreme Spread”的缩写，意为“极端散布”，是美国的常用射击精度评价方法，单位是角分（MOA）。在靶纸上找到相距最远的两个弹着点，测量得出的两点之间的距离值就是 ES 值（图 13-9）。采用 ES 方法评价射击精度时，射弹数量很少超过 10 发（大部分在 5 发以下），而测量 R50/R100 时，射弹数量一般在 20 发左右。

ES 常用于评价高精度步枪、狙击步枪的单发射击精度。例如，某型狙击步枪，对 100 米距离上的目标进行 4 发单发射击，ES ≤ 1MOA。

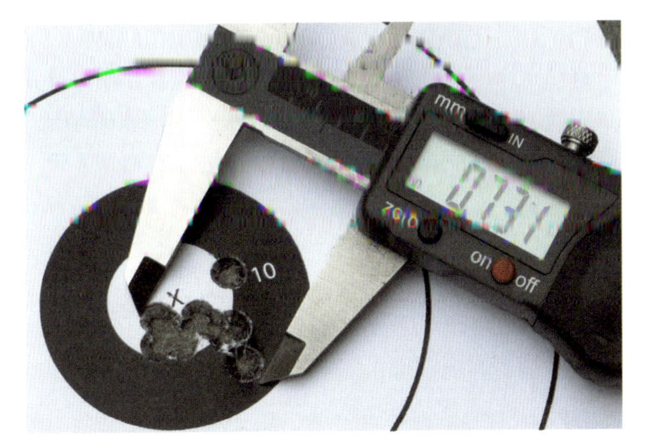

图 13-9 ES 测量示意，测量口径大、弹头粗、弹孔大（弹着点圆半径大）的枪械的 ES 值时，应测量相距最远的两个弹着点圆的圆心距离，而不应像图中这样将弹着点圆的半径包含在内

枪械说 角分（MOA）是什么？

MOA 是英文“Minute of Arc minute”的缩写，读作“角分”，通常与 ES 搭配使用。1MOA=1/60 度，一个圆是 360 度，则 1MOA 相当于 1/21600 个圆。

MOA 是角度单位，除军事领域外，还广泛应用于天文、光学、眼科、导航等领域。需要注意的是，MOA 不是评价方法，与 R50 和 R100 是完全不同的概念。那么，MOA 在射击精度评价中是如何运用的呢？

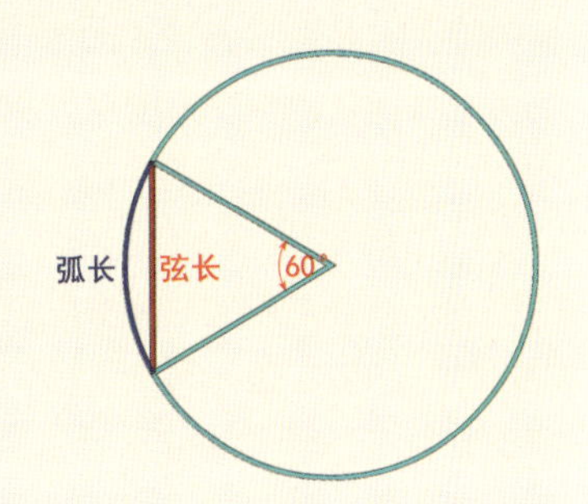

图 13-10 60 度圆心角对应的弦长与弧长，为便于说明，图中是 60 度，而不是 1/60 度

简言之，就是将角度转化为对应的弦长。枪械在 100 米距离上射击精度为 1MOA，意思就是枪械的 ES 值，与以 100 米为半径的圆的 1/60 度圆心角所对应的弦长相等，约为 2.908 厘米（图 13-10）。美国的常用长度单位是码（yd），100 码 =91.44 米，那么在 100 码距离上，1MOA=2.660 厘米，接近于 1 英寸（2.54 厘米），约等于 25 美分硬币的直径。因此，就有了 1MOA 等效于 1 英寸 /1 个硬币的说法，但仅限于 100 码距离。

在不同距离上（不同半径上），1MOA 所对应的弦长是不同的。在 200 米距离上，1MOA 对应的弦长约为 5.812 厘米；在 300 米距离上，1MOA 对应的弦长约为 8.726 厘米；在 400 米距离上，1MOA 对应的弦长约为 11.631 厘米；在 1000 米距离上，1MOA 对应的弦长约为 29.078 厘米，略小于人体的躯干宽度。

一支狙击步枪的 ES ≤ 1MOA，就意味着它在 1000 米的距离上，能高概率命中人体大小的目标。因此，ES ≤ 1MOA 已经成为现代狙击步枪的“入门”射击精度标准。

4. MR

MR 是英文“Mean Radius”的缩写，意为“所有弹着点中心到平均弹着点的平均距离”，是美国的常用射击精度评价方法。与全散布圆、概率圆相似，MR 也要找到平均弹着点，但并不画圆，而是计算每个弹着点到平均弹着点的距离，再计算平均数。

需要注意的是，MR 与 R50 和 R100 不同，不是圆的半径，而是纯粹的数值。

5. 70% 散布密集界

70% 散布密集界是我国及俄罗斯的常用射击精度评价方法，一般用于评价机枪的射击精度（以点射为主）。

在靶纸上，先画出水平线 a 和水平线 b，a、b 两线之间的区域，要囊括水平方向上的、最靠近散布中心的 70% 的弹着点。然后画出竖直线 c 和竖直线 d，c、d 两线之间的区域，要囊括竖直方向上的、最靠近散布中心的 70% 的弹着点。如果测得 a、b 两线间的距离是 15 厘米，c、d 两线间的距离是 12 厘米，就意味着枪械在 100 米距离上的 70% 散布密集界为 15 厘米 ×12 厘米（图 13-11）。

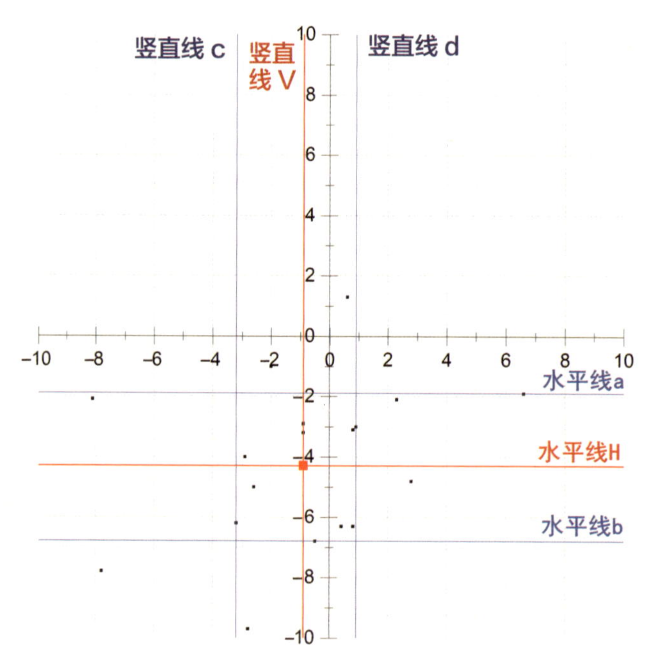

图 13-11 散布密集界示意，水平线 a、b 与竖直线 c、d 共同包围了大约 50%（70%×70% = 49% ≈ 50%）的弹着点，效果类似于概率圆，水平线 H、竖直线 V 是过散布中心的参考线

6. 离群弹

离群弹的弹着点远离其他枪弹的弹着点（图 13-12），通常是射手失误所致，在评

价枪械射击精度时，必须将其剔除。当然，如果枪械总是射出离群弹，那么也有可能是其自身故障所致，此时要对枪械做进一步试验，以确定导致离群现象的根源。

13.4 终点效应

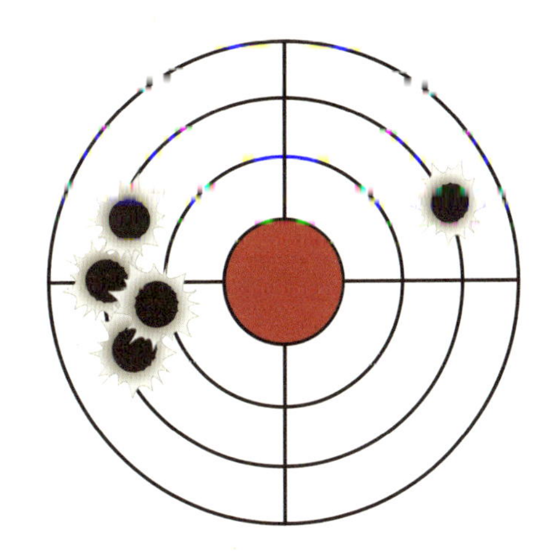

图 13-12　离群弹示意，只有明显“跑偏”的枪弹才被视为离群弹

枪弹的终点效应指弹头对目标的作用效果，可分为侵彻能力和杀伤能力两个维度。

13.4.1　侵彻能力

侵彻能力可以简单理解为穿透力。如今的战场上，士兵大多会穿戴头盔、防弹背心等护具，他们所搭乘的车辆通常也具有一定的防护能力，而土堆、沙袋、树木之类的掩体，同样能起到防护效果。为有效击穿防护物或障碍物，枪弹的弹头必须具备一定的穿透力，即侵入防护物或障碍物的能力。

一般来说，评价弹头侵彻能力的方法是相对简单的。例如，如果要求某型枪弹具备在 400 米距离上击穿某型头盔的能力，那么直接做实弹射击试验就可以了，能击穿或不能击穿一目了然（图 13-13）。此外，还可以做定量评价，例如用枪械射击树干，只要测量弹头侵入树干的深度，就能直观了解弹头的侵彻能力。

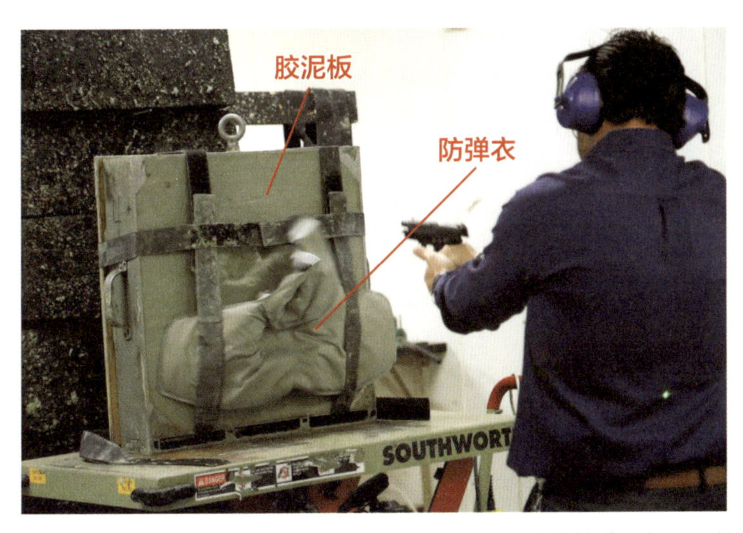

图 13-13　正在做防弹性能试验的防弹衣，防弹衣背后是模拟人体的胶泥板，即使弹头没能击穿防弹衣，也会在胶泥板上“冲”出一个凸包，通过测量胶泥板凸包的深度，就能了解弹头对人体的冲击效果

13.4.2 杀伤能力

评测枪弹杀伤能力的常用方法是**明胶测试**。一定浓度的明胶与水混合形成的明胶混合物，能在一定程度上模拟人体。用枪械射击明胶混合物，能得到瞬时空腔体积、永久空腔体积等一系列试验数据，这些试验数据就是评价枪弹弹头杀伤能力的依据（图 13-14）。

图 13-14 进行枪弹射击测试后的明胶混合物，图中可见的是弹头射入后造成的永久空腔，而瞬时空腔要比永久空腔大得多

近年来，明胶测试遭到了很多人的质疑，他们认为，明胶混合物与人体相差甚远，无法模拟人体神经系统、血液系统、器官组织等的受伤害情况，更无法模拟人体的失血、失能和痛觉情况。因此，用明胶混合物评价枪弹的杀伤能力是不合理的。

尽管这种观点有理有据，但不可否认的是，明胶混合物可重复、可定量、试验一致性好，且试验操作相对简单、成本较低，更重要的是没有伦理负担。与此同时，真实杀伤案例往往存在很多难以模拟的情况，既有身中十几枪还能活下来的幸运儿，也有挨了一发 1000 多米外飞来的流弹就丧命的倒霉蛋。因此，至少目前看来，不完美的明胶测试仍然是相对可靠的枪弹杀伤能力评价方法之一。

13.4.3 终点效应实例

M16 步枪使用的 5.56×45mm M193 弹是一种杀伤能力非常优秀的枪弹，它的弹头重量仅有 3.63 克，形制细长，初速可达约 975 米 / 秒，采用全金属被甲设计，弹心为软铅锑合金材料。M193 的弹头以高速侵入人体时，极易失去稳定性，进而在人体内高速翻滚，造成巨大伤害，杀伤能力极强。在弹头高速翻滚的同时，弹心极易碎

裂，如天女散花般在人体内散开，给救治工作造成极大困难（图 13-15、图 13-16）

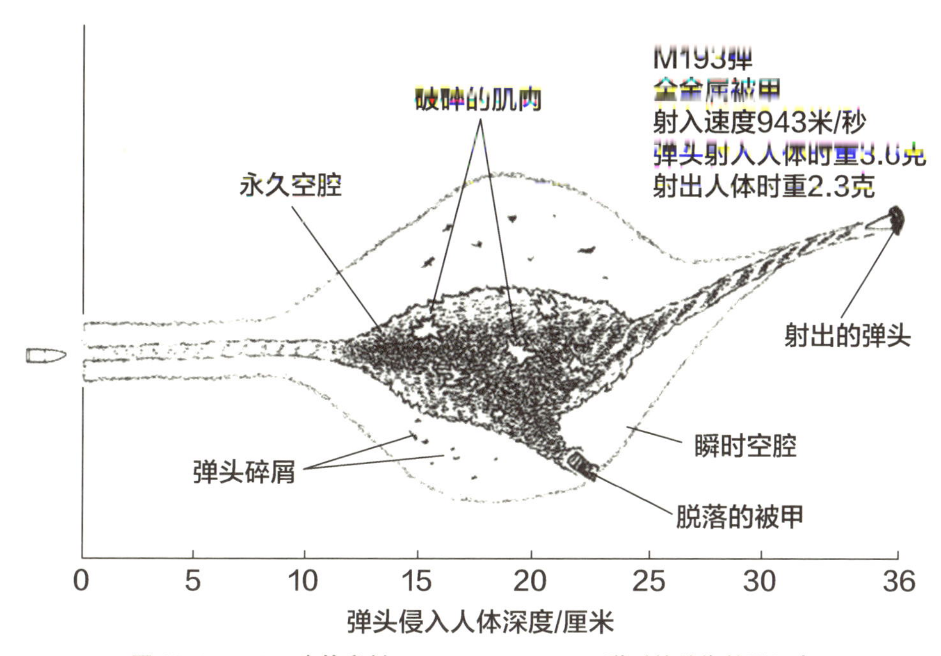

图 13-15　M16 步枪发射 5.56×45mm M193 弹时的杀伤效果示意

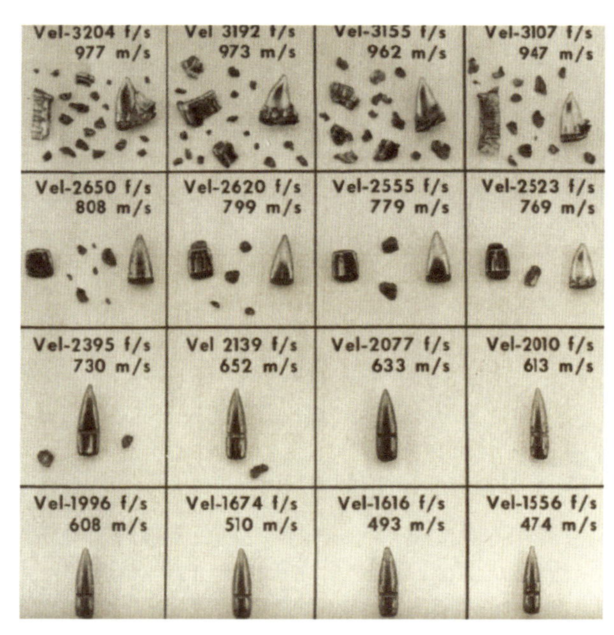

图 13-16　5.56×45mm M193 弹的弹头在不同速度下射入明胶混合物（用于模拟人体）后的破碎效果，可见射入速度越高，弹头破碎程度越高，杀伤效果越好

然而，M193弹并非完美无瑕，由于弹头内部没有用于穿甲的钢心，其侵彻能力相对较差，无法贯穿很多掩体，甚至较粗的树木。相比之下，其后继型5.56×45mm M855弹，就兼顾了杀伤能力和侵彻能力，性能更均衡（图13-17）。

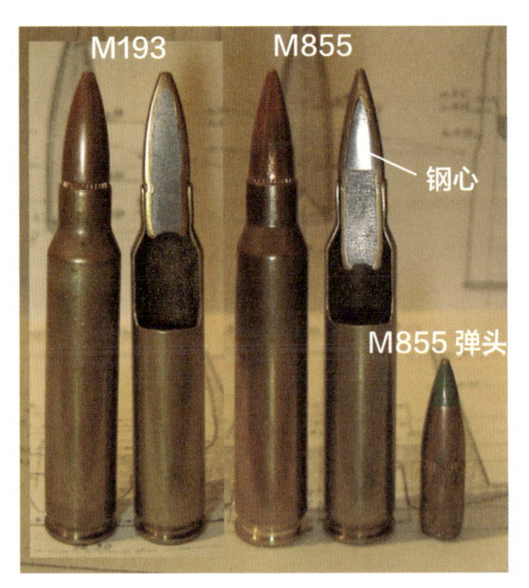

图13-17　5.56×45mm M193弹与5.56×45mm M855弹对比，可见M855的弹头更长、更重，还增加了用于穿甲的钢心

13.5 寿命

枪械的寿命，通常指**最短寿命**，如果一型枪械的寿命标称为8000发，那么实际上它的寿命≥8000发。制造厂为保证合格率，会刻意提高枪械的寿命要求，因此枪械的实际寿命往往高于标称寿命，能达到10000发，甚至11000发左右。换言之，“超寿”的枪械并不是无法使用，只是可靠性、初速、射击精度等性能可能会下降。

一般来说，机枪的寿命最长，狙击步枪的寿命最短。狙击步枪寿命最短并不是因为它最“娇气”，而是因为它的考核标准最高，只要射击精度稍有下降，狙击步枪的寿命就会终结。

13.6 可靠性

枪械的可靠性一般通过**故障率**来评价。高可靠性不意味着无故障，而是故障率低。可靠性与使用环境、寿命阶段、维护状态等息息相关。使用环境恶劣（例如沙暴天气）、接近寿命极限、维护状态不佳，都可能导致枪械可靠性下降。

第14章详细介绍了枪械故障的种类和成因，读者朋友可参考阅读。

13.7 安全性

很多读者朋友可能都知道“走火”这个词，它与枪械的安全性密切相关。一支安全的枪，应该是“绝对听话”的，只有在射手解除保险、扣动扳机时才会开火，摔落到地上或受到剧烈震荡时都不应该走火。

第14章提到的“VI类故障”，都会危及射手的人身安全，因此，降低VI类故障

的发生概率，足见对枪械安全性的重要要求。第 10 章介绍的多种枪械保险机构，在保障枪械的安全性上发挥了至关重要的作用。

13.8 储存性

储存性可以简单理解为“保质期”，枪械的“保质期”越长，储存性越好。

与很多人想象的不同，现实中分配给士兵的所谓“新枪”，通常不是刚出厂的“新货”，而是在军械储备库里存了很多年的“陈货”。一支刚出厂的真正的新枪，可能要在军械储备库里存上几十年才能派上用场。因此，枪械必须具备一定的储存性，保证在储存期间不锈蚀、不老化（图 13-18）。

图 13-18　保存至今的第二次世界大战时期生产的 MG42 机枪，枪身外包油纸，储存状态良好

13.9 互换性

互换性指同型枪同一零件之间的互换能力。第二次世界大战时期，苏联生产的 PPSh41 冲锋枪的弹鼓互换性很低，大多数只能一枪一用，即一个弹鼓只能匹配一支 PPSh41，无法匹配其他 PPSh41。随着加工水平的提升，如今的枪械在互换性上已经今非昔比。

对生产厂而言，只要加工水平达标，高互换性就意味着不必对枪械的零部件进行分组、打磨、配对，任意组合即可，这样能提高生产和装配效率。对射手而言，高互换性带来的优势不言而喻，某个零件出故障或受损后可以立即换用备件，或从同型枪上拆用旧件，甚至可以用几支坏枪“拼”出一支好枪。

枪族化和模块化理念体现的是更高层次的互换性。枪族化的内核是“多枪一族，一枪一用”，例如苏联的 AK74 枪族（AK74 步枪 -RPK74 轻机枪 -AKS74U 短步枪），彼此间绝大多数零件都能互换。模块化的内核是“一枪多管，一枪多用”，例如比利时的 FN SCAR 步枪（图 13-19），能通过更换不同枪管来转换用途（短步枪 - 标准步枪 - 精确射手步枪），互换性相对枪族化更进一步。

图 13-19　FN SCAR 步枪，左列为 L 型，右列为 H 型，下方为配装 H 型的 20 英寸（508 毫米）长枪管

13.10　人机工效

人机工效可以简单理解为使用舒适性。在人机工效概念尚未问世的时候，设计师们普遍认为枪械的重量越轻越好、长度越短越好。这种认知当然具有一定的合理性，因为“更轻更短”会带来更好的便携性，也能减轻士兵的负担。但片面追求“更轻更短”，往往会降低使用舒适性，导致人机工效恶化。

M16 步枪是人机工效的优秀代表，它的快慢机、弹匣释放钮、空仓挂机释放钮在位置、形式上都经过优化，便于快速掌握和操作。以右手持枪为例，射手只要用右

手握住握把，右手拇指就能自然触碰快慢机。更换弹匣时，射手只需将右手食指脱离扳机，并向斜上方伸直，就能自然触碰弹匣释放钮。右手食指按下弹匣释放钮，弹匣就能自动脱落。与此同时，可用“闲置”的左手从携行具中取出新弹匣，“左右开弓”提高更换弹匣的速度。插入新弹匣后，射手用左手四指握住弹匣井，左手拇指就能自然触碰机匣左侧的空仓挂机释放钮，按下释放钮，就能解脱空仓挂机，使自动机复位（图 13-20、图 13-21、图 13-22）。

图 13-20　M16 步枪的弹匣释放钮

图 13-21　M16 步枪的快慢机和空仓挂机释放钮

图 13-22 插入新弹匣后，射手用左手四指抱住弹匣井，
左手拇指就能自然触碰空仓挂机释放钮

也有些人认为，人机工效不能理解为使用舒适性，而应该理解为人与机器结合后的工作效率。在他们看来，枪械本质上是一种“人控弹头投掷器”，同一位射手在使用不同型枪械射击时，哪型枪械能将弹头“扔”得更准更远，哪型枪械的人机工效就更好。

Chapter 14

第14章

枪械故障与排障

枪械通常会发生哪些故障?

电影《战争之王》(Lord of War)对AK47步枪有一段这样的描述:它是世界上最流行的突击步枪、战士们最喜爱的武器,它由9磅钢铁与4英寸木头制成,绝不会损坏、卡壳或过热,就算粘满泥土,也能正常开火。

受影视剧和电子游戏误导,很多读者朋友会将"可靠性高"理解为"不出故障",或将"出现故障"理解为"可靠性低",只要看到一支枪出故障,就给它贴上"不可靠"的标签。然而,这个世界上没有绝对不卡壳的枪。一支枪,无论可靠性有多高,都一定有出故障的时候。

评价枪械的可靠性,应该参考的是"出现故障的概率"(故障率),而不是"是否出现故障"。

14.1 故障等级

枪械的故障按严重程度可划分为六个等级,以罗马数字Ⅰ、Ⅱ、Ⅲ、Ⅳ、Ⅴ、Ⅵ表示,一个故障现象,例如卡壳,根据严重程度,可能存在多个等级(图14-1)。

图14-1 左侧枪弹的底火凹槽很小,无法使底火药爆燃,这表明枪械出现了"击发无力"故障,根据严重程度,"击发无力"故障可能属于Ⅰ类、Ⅱ类或Ⅲ类故障

14.1.1　Ⅰ类故障

Ⅰ类故障属于极轻微故障，也最为常见。发生Ⅰ类故障时，射手不需要使用随枪工具，只需要徒手操作即可排除，排障时间通常在10秒内。故障排除后，枪械可以继续正常使用，不会有任何“后遗症”。

Ⅰ类故障主要有卡壳、空膛、上双弹、复进不到位等现象（图14-2）。

图14-2　一支发生上双弹故障的M16/M4步枪，上双弹故障与空膛故障对应，两者都是常见的Ⅰ类故障

1. Ⅰ类卡壳故障

卡壳故障指枪弹击发后，弹壳没能从枪内抛出，而是卡滞在枪内（图14-3、图14-4）。造成卡壳故障的原因主要包括：从生产上讲，如果枪械的抽壳钩或抛壳挺加工、装配不正确，导致抽/抛壳动作走形，抛壳无力，就可能造成卡壳故障；从设计上讲，如果枪械的抛壳窗位置设置不合理，导致抛壳窗边缘阻挡弹壳，就可能造成卡壳故障。

解决卡壳故障的方法相对简单，射手只需要向后（枪口方向为前）拉动拉机柄，带动自动机向后运动，使抛壳窗敞开，再侧置枪身，倒出卡滞的弹壳即可。

2. Ⅰ类空膛故障

空膛指枪械的自动机没能将待发枪弹推进弹膛（注意，这不同于枪弹耗尽后的空膛）。造成空膛故障的原因主要包括：从生产上讲，如果枪械自动机上的推弹凸榫加工尺寸过小，或自动机导轨加工不正确，导致自动机运动路径歪斜，就可能造成空膛故障，此外，供弹具加工、装配不合适，也可能造成空膛故障；从设计上讲，如果弹匣托弹簧的簧力设置过小，导致弹匣供弹速度与自动机推弹速度不匹配，就可能造成

空膛故障。

图 14-3　一支发生卡壳故障的 GLOCK 手枪

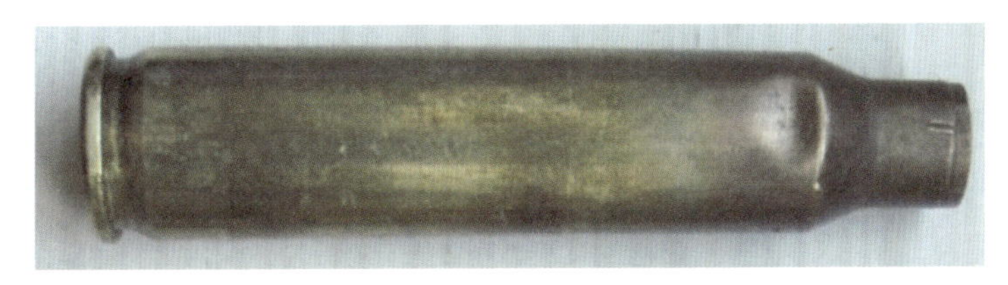

图 14-4　一枚受挤压变形的 5.56×45mm 弹的弹壳，发生卡壳故障后，卡滞的弹壳上通常会留下压痕

解决空膛故障的方法相对简单，射手只需要再次后拉并释放拉机柄，使自动机再次推弹即可。

14.1.2　Ⅱ类故障

发生Ⅱ类故障时，射手不需要使用随枪工具，只需要徒手操作即可排除，排障时间相比Ⅰ类故障更长，通常为 10～60 秒。故障排除后，枪械可以继续正常使用，不会有任何“后遗症”。

Ⅱ类故障主要有卡壳、连发挂机、击发无力等现象。

1. Ⅱ类卡壳故障

不同等级的卡壳故障在成因上基本相同，根本差别在于所需排障时间不同（图 14-5）。例如Ⅱ类卡壳故障，通常是弹壳不仅没能抛出枪外，还受自动机挤压变形，导致自动机卡滞，此时，射手需要拆解枪械，将变形的弹壳取出，才能彻底排障。

图 14-5　一支同时发生上双弹故障和卡壳故障的 AR15 步枪（民用版 M16/M4），实际上，枪械故障“祸不单行”的概率并不小

2. Ⅱ类复进不到位故障

复进不到位故障指枪械的自动机在推待发枪弹进弹膛时，尚未到达前向（枪口方向为前）极限位置即停止复进。举例来说，手枪掉进了浑浊的河水中，泥沙等杂质侵入手枪内部，阻滞了套筒（自动机）的复进路径，导致套筒无法复进到位。此时，射手需要先后拉套筒，同时尽可能甩出枪内杂质，再释放套筒，最后尝试击发，可能要如此重复 6 ~ 8 次（耗时数十秒）才能彻底排障。

14.1.3　Ⅲ类故障

发生Ⅲ类故障时，射手不需要使用随枪工具，只需要徒手操作即可排除，耗费时间相比Ⅰ类、Ⅱ类故障更长，通常为 1 ~ 5 分钟。

Ⅲ类故障主要有卡链、不闭锁、不抛壳等现象。

1. Ⅲ类卡链故障

对采用可散弹链的机枪而言，弹链的最后一节往往会滞留在枪内，不能及时排出。正常情况下，这节弹链会滞留在受弹器座中，不会导致故障。但有些特殊情况下，这节弹链可能会窜入自动机与机匣、枪管之间，造成自动机卡滞。弹链的结构刚度低，易变形，因此往往会造成很严重的卡滞，射手需要拆解枪械并耗费很大力气才能排障，排障耗时通常在 1 分钟以上。

2. Ⅲ类不闭锁故障

复进不到位故障指自动机能复进，但停在距离“终点”一步之遥的位置，而不闭锁故障指自动机完全无法进行闭锁动作。从具体现象上看，发生复进不到位故障时，由于闭锁动作基本完成，通过抛壳窗只能看到“一条缝”（图 14-6），多为Ⅰ、Ⅱ或Ⅲ类故障；而发生不闭锁故障时，由于闭锁动作无法进行，射手通过抛壳窗能看到闭锁齿，多为Ⅲ、Ⅳ类故障。

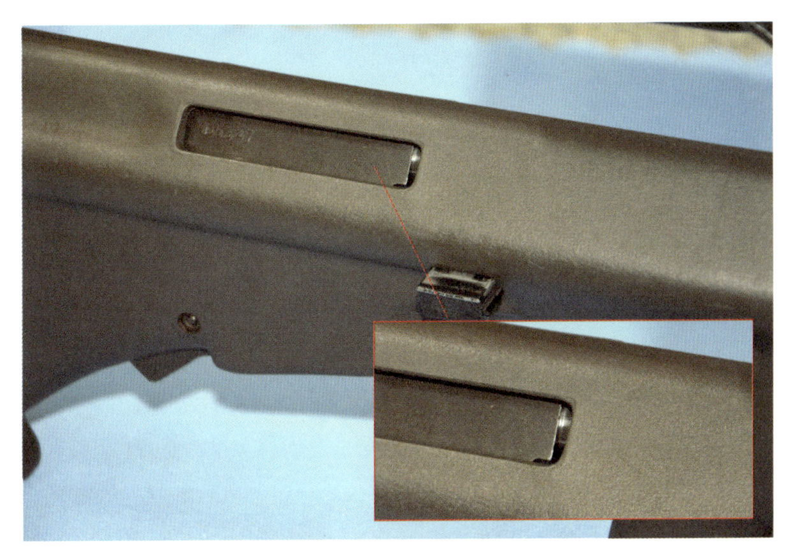

图 14-6　一支使用时间较长的 AUG 步枪，它的复进簧簧力已经衰减，即使不装弹，也偶尔会发生复进不到位故障

我国某个生产批次的 56 式冲锋枪，曾出现一在阳光下暴晒就无法闭锁的奇怪故障现象。笔者推测，这可能源于其闭锁间隙取值不合适，零部件受热膨胀后，闭锁间隙缩小，导致了不闭锁故障。

14.1.4　Ⅳ类故障

发生Ⅳ类故障时，射手需要使用随枪工具、通用工具，或更换备件，排障时间一般超过 5 分钟；也可能无法自行排障。Ⅳ类故障主要有卡壳、断壳、有备件的零部件失效等现象。

1. Ⅳ类断壳故障

断壳指弹壳横向完全断开为两部分，大多属于Ⅲ类或Ⅳ类故障。

需要注意的是，弹壳一般是先“裂”后“断”，按裂纹产生的方向，可分为横裂（径向）和纵裂（轴向）两种形式。弹壳如果是纵裂，抽壳钩钩住壳体底缘后，一般能将弹壳完整抽出，不会导致断壳故障（图 14-7）。弹壳如果是横裂，抽壳钩钩住壳体底缘后，一般只能将较厚的后半部分弹壳抽出，而将较薄的前半部分弹壳留在弹膛内，导致断壳故障（图 14-8）。

图 14-7　纵裂的弹壳，壳体底部相对完整，抽壳钩一般能完整抽出弹壳，不会导致断壳故障

图 14-8　横裂的弹壳，可见右侧两弹壳已经横向完全断开，弹壳前半部分可能要利用取断壳器才能取出

如果前半部分弹壳只需要“磕一磕、抖一抖”枪身就能排出弹膛，那么此时的断壳故障就属于Ⅲ类故障。如果前半部分弹壳粘滞在弹膛壁上，只能利用随枪工具中的

取断壳器将其取出（图 14-9），那么此时的断壳故障就属于Ⅳ类故障。

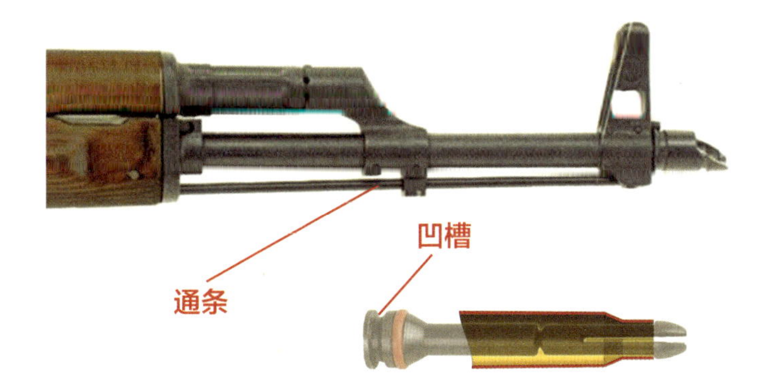

图 14-9　取断壳器工作原理示意，其尾端带凹槽，形似弹壳尾端，操作时，可用抽壳钩将取断壳器和断壳一起抽出，也可用通条由枪口伸入，将取断壳器和断壳一起捅出

2. 有备件的零部件失效

抽壳钩、抽壳钩簧、击针等零部件的使用寿命，相对整枪而言通常要短一些，可能在整枪达到寿命极限前失效，这种情况下，枪械可能频繁出现故障，必须换用备件（图 14-10、图 14-11）

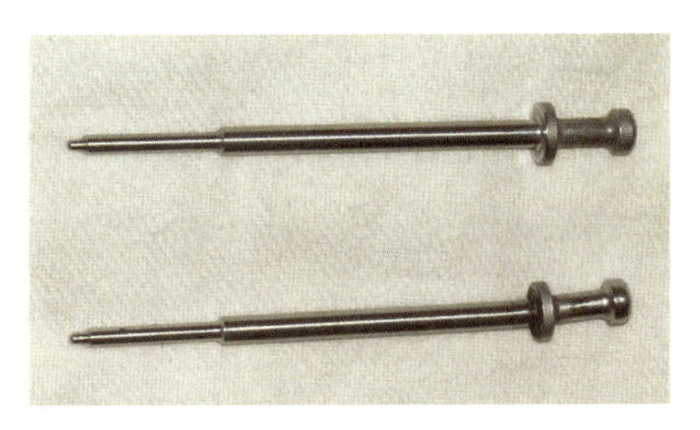

图 14-10　弯曲的 M16/M4 步枪击针（下），击针造形细长，刚度较低，受冲击后易弯曲甚至断裂

图 14-11　左为 M16 步枪的抽壳钩簧，右为 AK 步枪的抽壳钩簧，可见 M16 的抽壳钩簧采用单股设计，圈数少、体积小，美军对抽壳钩簧的使用寿命要求是不低于 3600 发，而 M16 的整枪使用寿命是不低于 6000 发

14.1.5　Ⅴ类故障

发生Ⅴ类故障时，射手无法自行排除。Ⅴ类故障主要有枪管鼓胀、主要或无备件零部件失效且影响主要功能等现象。

导致枪管鼓胀的原因很多，例如枪管烧蚀严重等。在第 3 章中，我们提到了转轮手枪的弹头留膛故障，可见，发生留膛故障后，枪管明显鼓胀，此时的枪管强度很可能已经无法满足使用要求，必须立即停用（图 14-12）。主要或无备件的零部件失效，且影响主要功能，例如机匣断裂，也必须立即停用。

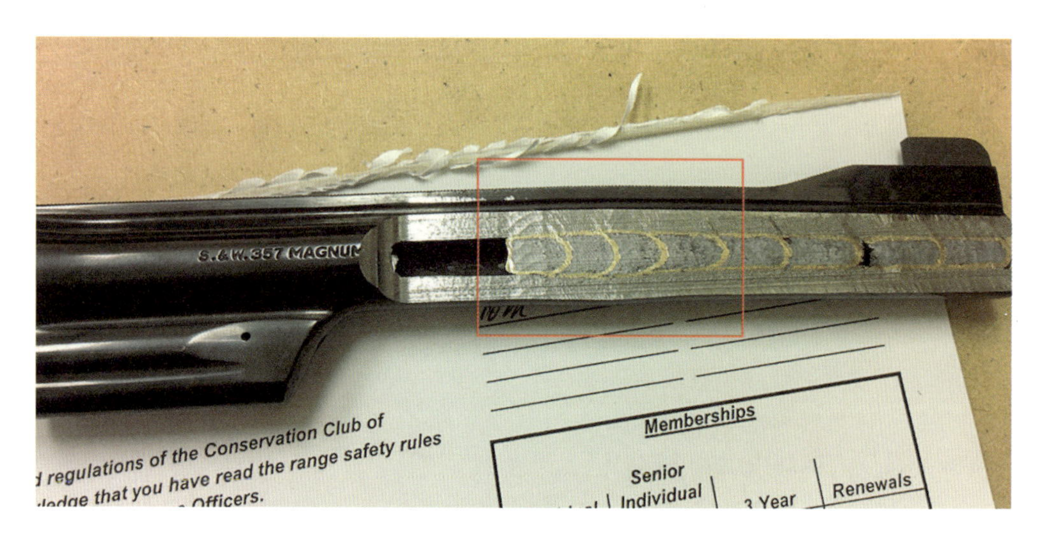

图 14-12　发生留膛故障的转轮手枪，可见枪管明显鼓胀，即使取出弹头也无法继续使用

14.1.6　Ⅵ类故障

发生Ⅵ类故障时，射手无法自行排除，且自身或周边器材的安全可能受到威胁。Ⅵ类故障主要有膛炸、后喷火、自行击发、自燃等现象。

膛炸就是俗称的“炸膛”。越南战争中，美国实施的“长子行动”，就是向越南投放一批会导致膛炸的特制弹药，故意“留给”越南士兵，在造成射手伤亡的同时，还能极大打击其他人的信心。

在笔者印象最深的一起膛炸事故中，枪械的击针脱离击针销约束，向射手头部崩飞，由射手眼部射入，到脑部停止，导致射手当场死亡，膛炸的危害性可见一斑（图 14-13、图 14-14）。正因如此，枪械设计师们会绞尽脑汁杜绝发生膛炸等Ⅵ类故障。

图 14-13　AK74 步枪膛炸过程，可见机匣盖崩飞、弹匣碎裂、枪弹洒出，幸运的是射手一切安好

图 14-14　发生膛炸故障后的 AR15 步枪，膛炸故障通常会伴随击针崩飞、机匣碎裂等危害性极大的现象

14.2 故障成因分类

枪械故障的成因可简单分为**生产问题**、**设计问题**、**使用问题**三大类。生产问题和设计问题前文已经有所阐述，而所谓的使用问题，又可分为使用不当和维护不当两类。尽管如今的枪械从设计上已经不需要频繁维护，也很少会因射手偶尔的“照顾不

周”而罢工，但维护工作做得越及时、周全、细致，枪械的表现肯定越好，射手对枪械可靠性的抱怨也越少，这是一个良性循环的过程。

需要注意的是，枪械的故障成因往往是复杂多变的，必须要具体问题具体分析，不能用上述分类生搬硬套。此外，在评价枪械的故障率时，一要“寿命合适”，二要“样本充足”。所谓“寿命合适”，就是要尽量选用处在寿命“巅峰期”的样本，而不能选用接近寿命极限的样本；所谓“样本充足”，就是要确保接受评价测试的枪械达到一定数量规模，如果样本量过小，一些个例就可能导致评价结果失真。

14.3 M16 步枪故障实例

M16 步枪刚投入越南战场时，美军为降低生产成本，在没有征得设计师同意的情况下，擅自将枪弹的发射药由相对昂贵的杜邦公司的 IMR4475 单基管状药，换为相对廉价的奥林公司的 WC846 双基球形药（M14 步枪使用的发射药）。在美军看来，WC846 的产能相比 IMR4475 更稳定，而且最大膛压更低，有利于提高枪管使用寿命，可谓百利而无一害。

然而，发射药看似毫不起眼，实则差之毫厘谬以千里。换用 WC846 后，M16 的最大膛压确实降低了，但导气孔处的膛压却升高了（原理详见第 12 章），这导致导气孔导出的火药燃气能量相应提高，进而使自动机后坐速度加快，出现了射速提高、抽壳提前等一系列问题。

早期型 M16 的枪管内壁没有镀铬，抗腐蚀能力较差，而 WC846 的残渣要比 IMR4475 多得多，腐蚀性也更强。枪管内壁遭腐蚀后会形成很多“坑洼”，这会导致弹壳在弹膛内膨胀时与弹膛贴得更紧，进而大幅增加抽壳阻力。此外，抽壳提前后，抽壳时刻的枪管内残余压力更高，也会导致弹壳与弹膛贴紧，使抽壳难上加难。

这种情况下，M16 通常会出现两种故障，其一是抽壳机构无力抽出弹壳，导致不抽壳故障；其二是将弹壳抽断，导致断壳故障。很多文献将 M16 在越南战场上发生的故障描述为“卡壳”，这是非常不专业的。如前文所述，相对一般的卡壳故障，不抽壳故障和断壳故障要严重得多，射手要借助专用工具耗费更长时间排除。

更糟糕的是，美军没有随 M16 配发取断壳器等专用工具。出现这个低级错误的原因，是 M16 的生产商柯尔特公司做了虚假宣传，他们声称 M16 是划时代的步枪，不需要日常维护，因此无需配发随枪工具。就这样，一部分早期批次的 M16“裸奔”着上了前线，催生了那个著名的“美国大兵扔 M16 捡 AK”的故事。